高等职业学校教材

化工仿真操作实训

樊亚娟　薛叙明　薛新巧　主编
赵　埔　丁章勇　主审

HUAGONG FANGZHEN
CAOZUO SHIXUN

化学工业出版社
·北京·

内容简介

《化工仿真操作实训》是适应职业教育改革，落实 1+X 证书制度，培养化工类专业技术技能型人才的一本新型活页式教材。本教材以工作过程为导向，体现项目载体、任务驱动。全书共六个模块，包括化工仿真操作知识准备、化工单元仿真操作实训、化工安全综合操作实训、石油炼制与石油化工生产操作实训、煤制甲醇生产工艺操作实训和精细化工生产工艺操作实训。每个模块遴选典型工作项目，通过项目学习目标、项目导言、项目任务、项目思考与问答、小研讨、项目操作结果评价等，阐述和强化化工生产对操作技术人员的知识、能力和素质要求，将价值塑造、能力培养、知识传授融为一体。通过 16 个典型化工项目的学习和实操，使学生具备化工生产开车、停车、故障处理和安全应急处置等操作与控制能力，同时注重对学生爱岗敬业、精益求精等工匠精神以及规范操作、安全环保、节能减排等职业素养的培养。

本书可作为高等职业院校化工类及相关专业的教材，也可供从事化工生产、管理和设计的专业技术人员参考。

图书在版编目（CIP）数据

化工仿真操作实训 / 樊亚娟，薛叙明，薛新巧主编. —北京：化学工业出版社，2022.8（2024.8 重印）
高等职业学校教材
ISBN 978-7-122-41779-4

Ⅰ. ①化…　Ⅱ. ①樊… ②薛… ③薛…　Ⅲ. ①化学工业-计算机仿真-高等职业教育-教材　Ⅳ. ①TQ015.9

中国版本图书馆 CIP 数据核字（2022）第 112299 号

责任编辑：提 岩 旷英姿	文字编辑：崔婷婷 陈小滔
责任校对：宋 玮	装帧设计：王晓宇

出版发行：化学工业出版社(北京市东城区青年湖南街 13 号 邮政编码 100011)
印　装：中煤（北京）印务有限公司
787mm×1092mm　1/16　印张 18　字数 417 千字　2024 年 8 月北京第 1 版第 2 次印刷

购书咨询：010-64518888　　　　　　售后服务：010-64518899
网　　址：http://www.cip.com.cn
凡购买本书，如有缺损质量问题，本社销售中心负责调换。

定　价：58.00 元　　　　　　　　　　　　　　　版权所有　违者必究

前言

随着两化融合不断推进，石化行业向绿色、集约和智能化方向的产业结构转型和技术升级日益加速，这对化工技术技能型人才的培养提出了新要求，尤其对化工操作与控制、生产安全等方面提出了更高要求。

本书遵循《国家职业教育改革实施方案》对职业教育教材提出的新要求，融合 2022 年新颁布的高等职业教育《应用化工技术专业教学标准》相关内容，落实 1+X 证书制度，以工作过程为导向，体现项目载体、任务驱动。全书共六个模块，通过 16 个典型化工项目的学习和实操，使学生具备化工生产开车、停车、故障处理和安全应急处置等操作与控制能力，同时注重对学生爱岗敬业、精益求精等工匠精神以及规范操作、安全环保、节能减排等职业素养的培养。

为便于教学，全书的六个模块相对独立，可单独使用。每个项目中有学习目标、思考题、小研讨和综合评价表等，并设计了各项目通用的工艺操作卡。教师可灵活选择教学内容，安排学习顺序，按需组织教学。

为便于学习，突出结构开放、内容动态、图文并茂的原则，本书对涉及的重要理论知识、设备工作原理、工艺流程、操作等较难理解或用文字难以表达的内容，配有微课、动画等多种表现形式，扫描二维码即可学习。

本书由常州工程职业技术学院樊亚娟、薛叙明，宁夏工商职业技术学院薛新巧担任主编。樊亚娟负责全书统稿、数字资源的审校及模块二项目四和模块六项目一的编写；薛叙明负责全书的整体设计和模块一的编写；薛新巧负责模块五项目一、项目二的编写；湖南化工职业技术学院刘绚艳负责模块二项目一、模块二项目二任务二的编写；湖南化工职业技术学院佘媛媛负责模块二项目二任务一、模块二项目三的编写；常州工程职业技术学院乔奇伟负责模块三、模块六项目二的编写；兰州石化职业技术大学苏雪花负责模块四的编写；宁夏工商职业技术学院孙焕红负责模块五项目三的编写；东方仿真软件技术有限公司米星负责书中数字资源的制作和整理，并参与了模块一中部分内容的编写。中国石油化工股份有限公司天津分公司炼油部联合三车间值班长、全国五一劳动奖章获得者王勇对书中的学习目标和小研讨部分提出了意见和建议。

东方仿真软件技术有限公司副总经理赵埔和常州新东化工发展有限公司氯碱厂厂长、高级工程师丁章勇担任本书主审，付出了艰辛的劳动，提出了许多宝贵的修改意见。

本书在编写过程中，得到了化学工业出版社、东方仿真软件技术有限公司及有关单位领导和专家的大力支持与帮助，还参考借鉴了相关教材和文献资料，在此一并致以衷心的感谢！

由于编者水平所限，书中不足之处在所难免，敬请广大读者批评指正！

编 者
2022 年 5 月

活页式教材使用说明

一、页码的编排方式

为了便于对教材中的内容进行更新和替换，本教材页码采用"模块序号—项目序号—页码号"三级编码方式，例如"2-1-2"表示"模块二"的"项目一"的第2页。

二、各类表、卡的使用方法

1. 任务综合评价表

教材设计了任务综合评价表（见各项目后），可根据每个项目的学习、完成情况，从知识、能力、素质、评价和反思等方面进行评价。项目学习结束后，教师可要求学生进行自我评价、填写评价表，并将其从教材中取出后提交。

2. 工艺操作卡

借鉴企业的交接班记录本和工艺记录卡，教材设计了符合教学需求的、各项目任务通用的"工艺操作卡"（见附录）。在各项目任务的实施环节，学生接受教师发布的具体任务后，取出工艺操作卡，填写基本信息和操作步骤；操作完成后，如实填写操作执行情况和存在的问题。教师根据工艺操作卡所反馈的情况，可组织集中研讨、答疑，以深化学生对操作的理解，帮助学生提高操作质量。

3. 研讨记录表

教材设计了研讨记录表（见附录），学生在进行小组合作研讨时，可利用此表格记录研讨时间、地点、主题、个人和同伴交流内容、研讨感悟等，为成长赋能。

三、活页圈的使用方法

使用活页圈，可灵活方便地将教材中的部分内容携带到一体化教学场地，也可将笔记、习题等单独上交。

四、信息化资源的使用方法

本教材配套开发了丰富的信息化资源，包含设备结构动画、操作控制动画、工艺流程配置动画、理论知识讲解微课、化工装置操作视频等，扫描书中二维码即可按需学习。

目录

模块一　化工仿真操作知识准备

项目一　认知化工仿真技术及其培训
　　　　操作要求　　　　　　　　1-1-1

学习目标

任务一　认知仿真技术及其应用　1-1-1

任务二　了解化工仿真实习系统的构成和
　　　　操作要求　　　　　　　1-1-3

项目思考与问答　　　　　　　　1-1-7

项目二　化工仿真实习教学系统的
　　　　使用　　　　　　　　　1-2-1

学习目标

任务一　学员操作站的使用　　　1-2-1

任务二　操作质量评分系统的使用　1-2-9

任务三　仿真实习教学系统教师站的
　　　　使用　　　　　　　　1-2-13

任务四　在线仿真培训学习系统的
　　　　使用　　　　　　　　1-2-22

项目思考与问答　　　　　　　1-2-31

模块二　化工单元仿真操作实训

项目一　流体输送操作　　　　　2-1-1

学习目标

项目导言

项目任务

任务一　离心泵的操作　　　　　2-1-2

任务二　液位控制系统的操作　　2-1-5

任务三　气体压缩机的操作　　　2-1-8

小研讨　　　　　　　　　　　2-1-12

项目思考与问答　　　　　　　2-1-13

项目操作结果评价　　　　　　2-1-14

项目二　传热操作　　　　　　　2-2-1

学习目标

项目导言

项目任务

任务一　列管式换热器的操作　　2-2-4

任务二　管式加热炉的操作　　　2-2-8

小研讨　　　　　　　　　　　2-2-11

项目思考与问答　　　　　　　2-2-12

项目操作结果评价　　　　　　2-2-14

项目三　传质分离操作　　　　　2-3-1

学习目标

项目导言

项目任务

任务一　吸收与解吸操作　　　　2-3-4

任务二　单塔精馏操作　　　　　2-3-8

任务三　萃取塔操作　　　　　　2-3-13

小研讨　　　　　　　　　　　2-3-17

项目思考与问答　　　　　　　2-3-18

项目操作结果评价　　　　　　2-3-20

项目四　化学反应器操作　　　　2-4-1

学习目标

项目导言

项目任务

任务一　釜式反应器的操作　　　2-4-3

任务二　固定床反应器的操作　　2-4-6

任务三　流化床反应器的操作　　2-4-9

小研讨　　2-4-13

项目思考与问答　　2-4-14

项目操作结果评价　　2-4-16

模块三　化工安全综合操作实训

项目一　着火应急处置　　3-1-1

学习目标

项目导言

项目任务

任务一　岗位初体验　　　3-1-2

任务二　精馏塔切水阀泄漏着火
　　　　应急处置　　　3-1-4

任务三　精馏塔回流泵机械密封泄漏着火
　　　　应急处置　　　3-1-6

任务四　精馏塔塔釜出料阀法兰泄漏着火
　　　　应急处置　　　3-1-7

任务五　固定床反应器入口阀门泄漏着火
　　　　应急处置　　　3-1-8

任务六　吸收塔原料进料法兰泄漏着火
　　　　应急处置　　　3-1-9

小研讨　　3-1-9

项目思考与问答　　3-1-10

项目操作结果评价　　3-1-11

项目二　泄漏中毒应急处置　　3-2-1

学习目标

项目导言

项目任务

任务一　固定床氢气进料入口调节阀前阀泄漏
　　　　中毒事故应急处置　　3-2-2

任务二　吸收塔原料进料法兰泄漏中毒事故
　　　　应急处置　　3-2-3

小研讨　　3-2-4

项目思考与问答　　3-2-5

项目操作结果评价　　3-2-6

模块四　石油炼制与石油化工生产操作实训

项目一　石油常减压蒸馏工艺
　　　　操作　　　4-1-1

学习目标

项目导言

项目任务

任务一　岗位初体验　　　4-1-3

任务二　原油的换热和脱盐工艺操作　　4-1-4

任务三　初馏塔系统和拔头原油的换热
　　　　工艺操作　　　4-1-10

任务四　常压蒸馏工艺操作　　4-1-15

任务五　减压蒸馏工艺操作　　4-1-22

任务六　常减压工艺事故处理操作　　4-1-28

小研讨　　4-1-32

项目思考与问答　　4-1-33

项目操作结果评价　　4-1-34

项目二　石油烃热裂解制乙烯生产
　　　　工艺操作　　　4-2-1

学习目标

项目导言

项目任务

任务一　裂解炉工艺操作　　　　4-2-2

任务二　急冷工艺操作　　　　　4-2-9

任务三　裂解气压缩工艺操作　　4-2-14

小研讨　　　　　　　　　　　　4-2-18

项目思考与问答　　　　　　　　4-2-19

项目操作结果评价　　　　　　　4-2-20

项目三　聚丙烯生产工艺操作　　4-3-1

学习目标

项目导言

项目任务

任务一　岗位初体验　　　　　　4-3-2

任务二　预聚合反应工艺操作　　4-3-3

任务三　聚合反应工艺操作　　　4-3-6

小研讨　　　　　　　　　　　　4-3-10

项目思考与问答　　　　　　　　4-3-11

项目操作结果评价　　　　　　　4-3-12

模块五　煤制甲醇生产工艺操作实训

项目一　煤粉气化工艺操作实训　5-1-1

学习目标

项目导言

项目任务

任务一　岗位初体验　　　　　　5-1-2

任务二　煤粉制备系统操作　　　5-1-4

任务三　煤粉加压与给料系统操作　5-1-6

任务四　煤粉气化与合成气洗涤冷却

　　　　系统操作　　　　　　　5-1-11

任务五　渣锁斗系统操作　　　　5-1-15

任务六　渣水处理系统操作　　　5-1-17

小研讨　　　　　　　　　　　　5-1-20

项目思考与问答　　　　　　　　5-1-21

项目操作结果评价　　　　　　　5-1-22

项目二　甲醇合成工艺操作实训　5-2-1

学习目标

项目导言

项目任务

任务一　岗位初体验　　　　　　5-2-2

任务二　甲醇合成系统置换操作　5-2-3

任务三　甲醇合成反应系统操作　5-2-5

小研讨　　　　　　　　　　　　5-2-7

项目思考与问答　　　　　　　　5-2-8

项目操作结果评价　　　　　　　5-2-9

项目三　甲醇精制工艺（四塔精馏）

　　　　操作实训　　　　　　　5-3-1

学习目标

项目导言

项目任务

任务一　粗甲醇加压精馏操作　　5-3-2

任务二　粗甲醇常压精馏操作　　5-3-7

任务三　煤制甲醇精制预塔再沸器着火

　　　　应急处置　　　　　　　5-3-10

小研讨　　　　　　　　　　　　5-3-11

项目思考与问答　　　　　　　　5-3-12

项目操作结果评价　　　　　　　5-3-13

模块六 精细化工生产工艺操作实训

项目一 丙烯酸甲酯生产工艺操作
　　　　实训　　　　　　　　　　6-1-1

学习目标

项目导言

项目任务

任务一 岗位初体验　　　　　　　6-1-2

任务二 丙烯酸与甲醇的酯化反应操作 6-1-6

任务三 分离操作　　　　　　　　6-1-10

任务四 全流程开、停车操作　　　6-1-14

任务五 丙烯酸甲酯生产应急处置——
　　　　泄漏着火　　　　　　　　6-1-15

小研讨　　　　　　　　　　　　　6-1-16

项目思考与问答　　　　　　　　　6-1-17

项目操作结果评价　　　　　　　　6-1-18

项目二 乙酸乙酯生产工艺
　　　　操作实训　　　　　　　　6-2-1

学习目标

项目导言

项目任务

任务一 岗位初体验　　　　　　　6-2-2

任务二 酯化与中和反应操作　　　6-2-3

任务三 乙酸乙酯萃取精馏操作　　6-2-6

任务四 乙二醇精馏操作　　　　　6-2-8

小研讨　　　　　　　　　　　　　6-2-10

项目思考与问答　　　　　　　　　6-2-11

项目操作结果评价　　　　　　　　6-2-12

附表1 工艺操作卡

附表2 研讨记录表

参考文献

二维码资源目录

序号	资源名称		资源类型	页码
1	学员站使用指导	仿真软件基本操作（2D）	视频	1-2-1
		仿真软件基本操作（3D）	视频	
2		教师站使用指导	视频	1-2-13
3		在线练习指导	视频	1-2-22
4	离心泵结构及操作	离心泵结构及原理	微课	2-1-2
		离心泵气缚	微课	
		汽蚀	动画	
		离心泵单元工艺流程和控制方案	视频	
5	液位控制单元知识及操作	液位控制单元基础知识	微课	2-1-6
		液位控制方案	微课	
6	压缩机结构及操作	单级离心式制冷压缩机	动画	2-1-9
		单级压缩机控制方案	微课	
7	换热器结构及操作	U 形管换热器结构	动画	2-2-5
		换热器单元工艺流程及操作	视频	
8	加热炉结构及操作	加热炉结构	动画	2-2-8
		加热炉控制方案	微课	
		加热炉操作	视频	
9		填料塔结构	动画	2-3-5
10	精馏塔结构及操作	板式塔结构	动画	2-3-9
		精馏单元工艺流程及操作	视频	
11		萃取设备及操作	视频	2-3-13
12	釜式反应器结构及操作	釜式反应器结构	动画	2-4-3
		釜式反应器生产控制方案	微课	
		间歇釜式反应器操作	视频	
13		固定床反应器操作	视频	2-4-8
14		火灾的分类	动画	3-1-3

续表

序号	资源名称		资源类型	页码
15	呼吸的佩戴		动画	3-1-4
16	电脱盐罐结构和原理	电脱盐罐内部结构	动画	4-1-6
		电脱盐罐工作原理	动画	
17	初馏和拔头原油换热工段的原理和设备	常压分馏原理	PDF	4-1-11
		空冷器原理	动画	
		空冷器结构	动画	
18	常压蒸馏工段设备及工艺流程	箱式加热炉原理	动画	4-1-15
		圆筒式加热炉原理	动画	
		汽提塔结构和原理	动画	
		常压塔蒸馏工艺流程	PDF	
19	减压蒸馏原理及设备	减压蒸馏原理	PDF	4-1-23
		真空喷射泵结构及原理	动画	
20	裂解炉结构及工作过程		PDF	4-2-3
21	急冷工段工艺流程		PDF	4-2-10
22	压缩工段工艺流程		PDF	4-2-15
23	聚合釜结构和工作过程		动画	4-3-5
24	煤粉气化工艺流程		视频	5-1-4
25	煤粉制备设备及操作	磨煤机结构	动画	5-1-4
		煤粉制备开车操作	视频	
26	煤粉加压与给料系统操作		视频	5-1-10
27	气化炉结构与原理		动画	5-1-11
28	锁斗系统设备及操作	锁斗系统结构	动画	5-1-16
		锁斗开车操作	视频	
29	渣水处理系统设备及操作	沉降槽	动画	5-1-18
		渣水处理系统操作	视频	
30	甲醇生产工艺流程		PDF	5-2-3
31	甲醇合成系统置换操作及事故案例	氮气置换操作	视频	5-2-5
		氮气置换事故案例	视频	
32	甲醇合成工段设备及操作	甲醇合成塔结构及工作原理	动画	5-2-6
		甲醇合成工段开车 引原料气操作	视频	
		甲醇合成工段开车 调节至正常操作	视频	
		甲醇合成工段正常停车操作	视频	

续表

序号	资源名称		资源类型	页码
33	粗甲醇加压精馏工段操作	投用预塔再沸器建立回流操作	视频	5-3-6
		建立三塔塔釜液位操作	视频	
		加压塔塔釜液位稳态调整操作	视频	
34	粗甲醇常压精馏工段操作	常压塔塔釜液位稳态调整操作	视频	5-3-10
		回收塔开车建立回流及侧采操作	视频	
35		现场心肺复苏术	动画	5-3-11
36	内操巡检和交接班记录表	内操巡检记录表	PDF	6-1-5
		交接班记录表	PDF	
37	冷态开车操作	R101 引粗液，并循环升温	视频	6-1-15
		T130、T140 建立水循环	视频	
		T160、V161 脱水	视频	
		抽真空	视频	
38	正常停车操作	停止供给原料	视频	6-1-15
		停 T110 系统	视频	
39	事故处理	停电	视频	6-1-15
		原料流量减小	视频	

模块一 化工仿真操作知识准备

项目一 认知化工仿真技术及其培训操作要求

学习目标

知识目标
1. 了解仿真技术及其分类、应用和发展趋势。
2. 了解化工仿真实习系统的构成、主要应用和基本操作与教学要求。

能力目标
1. 能理解化工仿真实习系统与实际生产过程之间的关系。
2. 能在充分理解化工仿真实训基本要求的基础上,自主规范地进行仿真训练。

素质目标
1. 逐步养成勤于思考和实践的学习习惯,培养敬业爱岗、勤学肯干的职业精神。
2. 初步树立严格遵守操作规程的职业操守和安全生产、环保节能的职业意识。

任务一 认知仿真技术及其应用

一、认知仿真技术

1. 基本概念

仿真技术是应用仿真硬件和仿真软件,借助某些数值计算和问题求解,反映系统行为或过程的实验模仿技术。仿真技术是一门与计算机技术密切相关,并通过建立模型进行科学实验的多学科综合性技术。

2. 分类方法

仿真有多种分类方法:按所用的模型,可分为物理仿真、计算机仿真(数学仿真)、半实物仿真三类；按所用计算机的类型（模拟计算机、数字计算机、混合计算机），可分为模拟仿真、数字仿真和混合仿真；按仿真对象中的信号流（连续的、离散的）类型，可分为连续系统仿真和离散系统仿真；按仿真时间与实际时间的比例关系，可分为实时仿真（仿真时间标尺等于自然时间标尺）、超实时仿真（仿真时间标尺小于自然时间标尺）和亚实时仿真（仿真时间标尺大于自然时间标尺）；按仿真对象的性质，可分为宇宙飞船仿真、化工系统仿真、经济系统仿真等。

3. 发展与应用

仿真技术得以发展的主要原因，是它所带来的巨大社会经济效益。仿真技术在 20 世纪初已有了初步应用，如在实验室中建立水利模型，进行水利学方面的研究。20 世纪 40～50 年代，伴随着计算机技术的发展而逐步形成了系统仿真技术这门新兴学科，并在航空、航天和原子能等价格昂贵、周期长、危险性大、实际系统试验难以实现的工业领域得到了应用。20 世纪 60 年代，计算机技术的突飞猛进提供了先进的仿真工具，加速了仿真技术的发展，其应用逐步发展到电力、石油、化工、冶金、机械等一些主要工业部门，并进一步扩大到社会系统、经济系统、交通运输系统、生态系统、教育培训系统等一些非工程系统领域。可以说，现代系统仿真技术和综合性仿真系统已经成为任何复杂系统，特别是高技术产业不可缺少的分析、研究、设计、评价、决策和训练的重要手段。

二、认知化工仿真实习系统与应用

1. 化工仿真实习系统及其产生背景

化工仿真实习系统是仿真技术应用的一个重要分支，主要是对集散控制系统化工过程操作的仿真，主要用于化工生产装置操作人员开车、停车、事故处理等过程的操作方法和操作技能的培训与训练。

在化工仿真实习技术尚未出现之前，化工类专业学生职业岗位技能的培养，很大程度上取决于学生的下厂实习实践教学环节。由于化工行业属于高度自动化、技术密集型行业；生产过程具有化工生产装置大型化、生产过程连续化和过程控制自动化等特点，且由于化工物料大多易燃易爆、有毒有害，生产过程对安全和环保要求高等特殊要求，导致化工企业一般不允许实习学生动手操作，因此下厂实习效果普遍不好。

20 世纪 80 年代中期以来，由于国产化工过程仿真实习系统的研制成功，采用仿真技术解决生产实习的化工类本科、高职、中职院校迅速增多。1995 年以后，随着微型计算机性能大幅度提高，价格下降，以及国产化工仿真实习系统日趋成熟，为仿真实习技术广泛普及创造了条件。目前，现代化工仿真技术作为国际公认的现代化教学手段，已成为当前职业教育实践教学和企业员工培训的强有力工具，许多职业院校将化工仿真实习与现场实习结合进行，作为训练学生综合职业技能的重要教学环节，有些企业已将仿真实习列为考核操作工人取得上岗资格的必要手段。

2. 化工仿真实习系统的主要教学应用

（1）在化工认识实习中的应用　对于从未见过真实化工过程的下厂认识实习学生而言，生产实习前到工厂进行认识实习是十分必要的，但出于化工安全和工艺保密等原因，学生实际入厂参观学习的机会具有很大局限性。仿真认识实习将学生引入三维虚拟化工企业，帮助学生通过系列认知任务建立化工安全意识，了解企业岗位组织结构和产业发展前沿，认知各种化工单元设备的原理和结构特点、管道内物料种类和流向、装置的空间构成、工艺过程原理和控制系统的组成等，从而建立起成体系的化工工业概念。

（2）在化工生产实习中的应用　在仿真化工生产实习中，学生可以从常见的典型化工单元操作开始，经过工段级各岗位实习，进而体验大型复杂工业过程的开车、停车及事故处理等系列实训，借助仿真算法和仿真时钟的帮助，将原本需要1～2月才能完成的真实生产实习，缩短至1～2周，而且可以聚焦实习重点难点反复练习。学生可以在学习工艺原理与流程、重点设备、控制系统原理、检测控制点、正常工况的工艺参数范围以及开车规程等过程中，逐渐培养学习化工知识的方法和思维模式。对于大型复杂的工业过程仿真，通过联合操作的模式，增强学生的团队合作意识。随着实习的深入，越复杂的流程系统，可能出现的非正常工况越多，学生要在熟练掌握工艺流程和操作规程的基础上，培养对各变量的控制（包括手动和自动）能力，动态过程的综合分析能力，才能自如地驾驭复杂工艺过程。仿真化工生产实习，可大大缩短学生从化工新人到不同工艺各岗位熟练操作人员的学习时间。

（3）在安全教育中的应用　安全教育在化工类学生的实习中是必须进行的内容。仿真实习可以通过事故排除训练、安全应急处置训练等使安全教育具体化、实用化。通过仿真实习，学生可以了解事故产生的原因、危险如何扩散、会造成什么后果、如何排除以及最佳排除方案是什么。若配合网络多媒体设备演示典型事故案例的录像，同时辅以教师讲解和分析，效果会更好。

（4）在优化生产试验中的应用　除了以上所进行的各种基本教学内容和素质训练外，仿真实习还可以锻炼学生的创新能力。例如，借助于仿真实习高效、无公害的特点，学生可以自己设计、试验最优开车方案，探索最优操作条件和最优控制方案，分析现有工艺流程的缺点和不足，提出技术改造方案，并通过仿真试验进行可行性论证等。

任务 二
了解化工仿真实习系统的构成和操作要求

一、了解化工仿真实习系统的构成

在了解化工仿真实习系统的构成之前，先来熟悉一下实际化工生产操作和控制过程。

1. 实际化工生产过程

实际化工生产过程是由操作人员根据自己的工艺理论知识和装置的操作规程，在控制室和装置现场进行的操作；操作内涵包括将操作信息传送到生产现场，在生产装置内完成生产过程中的物理变化和化学变化，同时一些主要生产工艺指标经测量单元、变送器等反馈至控制室；控制室操作人员通过观察、分析反馈来的生产信息，判断装置的生产状况，进行进一步的操作，使控制室和生产现场形成一个闭合回路，逐渐使装置达到满负荷平稳生产状态。实际化工生产过程包括控制室、生产装置、操作人员、干扰和事故四个要素，如图1-1所示。

控制室和生产装置是生产的硬件环境，在生产装置建成后，工艺和设备基本不变。操作人员分为内操和外操，内操在控制室内通过DCS（Distributed Control System，分布式控制系统）对装置进行操作和过程控制，是化工生产的主要操作人员；外操在生产现

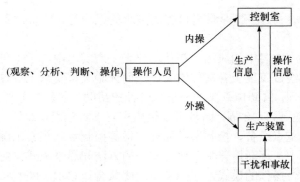

图 1-1 实际化工生产过程示意简图

场进行诸如生产准备性操作、非连续性操作、一些机泵的就地操作和现场巡检。干扰是指生产环境、公用工程等外界因素变化对生产过程的影响，如环境温度的变化等。事故是指生产装置的意外故障或因操作人员的误操作所造成的生产工艺指标超标的事件。干扰和事故是生产中的不定因素，对生产有很大的负面影响。操作人员对干扰和事故的应变能力和处理能力是影响生产的主要因素。

2. 化工仿真实习系统的构成

化工仿真实习系统必须以实际生产过程为基础，通过建立生产装置中各种过程单元的动态特征模型及各种设备的特征模型，模拟生产的动态过程特性，创造与真实装置非常相似的操作环境，包括各种画面的布置、颜色、数值信息动态显示、状态信息动态指示、操作方式等方面，使学员完成相应的模拟操作与控制。

目前，化工仿真实习系统主要由硬件系统和软件系统两部分构成。硬件系统是由一台上位机（教师指令台）和最多十几台下位机（学员操作站）构成的网络系统（可以构成一个局域网系统，也可以是借助互联网的线上系统）。硬件系统主要有两种形式，一种是 PTS（Plant Training System，工厂培训系统）结构，PTS 结构的硬件系统是由一台上位机（教师指令台）和下位机（学员操作站）构成的网络系统（主要为局域网），通常是装置级仿真培训系统，适合于化工企业在岗职工的在职培训；另一种为 STS（School Teaching System，学校教学系统）结构，STS 结构硬件系统则是由一台上位机（教师指令台）和多台下位机（学员操作站）组成的网络系统（可以是局域网或直接利用互联网），通常是单元级和工段级仿真培训软件，也可以开发装置级软件，STS 结构软件可以上、下机联网培训，也可以单机培训，适用于学生实训和工厂新职工的岗前培训。本书所介绍的化工单元仿真教学系统是 STS 结构系统。

化工仿真实习系统的操作主要借助于学员操作站和系统软件构建的仿控制室（包括 DCS 操作画面和控制功能、图形化现场操作界面），学员在仿控制室进行相关操作，操作信息通过网络送到工艺仿真软件处理系统。仿真软件完成实际生产过程中物理变化和化学变化的模拟运算，一些主要的工艺指标（仿生产信息）经网络系统反馈到仿控制室。学员通过观察、分析反馈回来的仿生产信息，判断系统运行状况，进行进一步的操作。在仿控制室和工艺仿真软件处理系统间形成了一个闭合回路，逐渐操作、将装置调整到满负荷平稳运行状态。干扰排除和事故处理操作由培训教师通过教师指令台的人/机界面进行设置。

二、化工仿真实习系统的操作训练要求

1. 仿真实训前的准备

仿真实训前应到工厂进行认识实习，了解各种化工单元设备的空间几何形状和结构特点、工艺过程的组成、控制系统的组成、管道走向、阀门的大小和位置等，建立起一个完整的、真实的化工过程的概念。同时应有一定理论知识的准备，需要掌握相关专业知识，如化工单元操作技术、化工生产技术、化学反应工程相关知识等。主要有以下几方面。

（1）了解物料的性质和变化　了解物料的性质和过程中所发生的物理变化及化学变化，对于深入理解操作规程、安全运行化工装置和正确处理事故都有重要意义。

（2）熟悉设备和装置的工作原理及工艺流程　实训操作前，首先要读懂带指示仪表和控制点的工艺流程图，并熟悉主要设备的工作原理。确认主要设备及其空间位置、阀门的位置、检测点和控制点的位置，清楚物料流走向，记住开车达到正常设计工况的各重要参数，如压力、流量、液位、温度等。

仿真操作过程中，主要操作设备包括所有控制室和现场的手动设备和自动执行机构，主要有控制室的调节器、遥控阀、电开关、事故联锁开关和现场的快开阀门、手动可调阀门、调节阀、电开关等。

自动控制系统在化工过程中起到维持平稳生产、提高产品质量、确保安全生产的重要作用，了解自动控制系统的作用原理及使用方法，才能进行正确操作。

本书中主要设备、调节器、显示仪表的位号、显示变量和正常值等都以表格的形式列出。

（3）熟悉操作规程和主要设备操作要点　仿真操作规程通常包括冷态开车操作规程、正常停车操作规程、正常操作规程、紧急停车操作规程和事故处理方法。学员应在训练前预习操作规程和设备操作要点，了解每一步操作的作用。

2. 仿真实训操作基本要点

在具有一定理论知识、经过下厂认识实习、熟悉流程和开停车规程的基础上，可以进入仿真实训阶段，进行典型单元操作和典型化工产品生产过程的开车、停车、正常操作、事故判断和排除练习。主要有以下基本要求。

（1）分清操作步骤的顺序关系　操作步骤之间有一定的顺序关系，操作过程中要考虑生产安全和工艺过程的自身规律。有些操作如果不按顺序进行会引发事故，所以不能随意更改，必须严格按顺序操作。有些操作步骤之间没有顺序关系，可以更改前后顺序。明确操作步骤顺序关系的前提是熟悉工艺流程，了解每一步操作的作用。

（2）分清调整变量和被调变量　调整变量是指调节器的输出所作用的变量，被调变量是指调节器的输入或设置调节器所要达到的目的。如在离心泵单元中，通过调整调节阀的开度控制泵的出口流量，则调整变量是泵出口流量管线上调节阀的开度，被调变量是泵的出口流量。

（3）了解变量的上下限　装置开车前，先了解变量的上下限。在仪表上下限以内，变量的报警分为高限（HI）和高高限（HH）、低限（LO）和低低限（LL）。若超高限或低限先警告一次提醒注意，超过高高限或低低限则必须立即处理。

除报警限外，还要了解在正常工况时各变量允许波动的上下范围，这个范围比报警限要小。有些变量的变化对产品质量非常敏感，要严格控制。各调节阀的阀位与变量的

模块一 化工仿真操作知识准备

上下限密相关。当正常工况时，阀位通常设计在 50%～60%，尤其要避开阀门开度在 10% 以下和 90% 以上的非线性区。

（4）操作时避免大起大落 大型化工装置的流量、液位、压力、温度或组成等变化，都呈现较大的惯性和滞后性。由于系统的惯性和滞后性，调整阀门后，不会立刻出现明显效果。如果急于求成，继续对阀门进行大幅度操作，将会使系统难于稳定在预期的工况。

正确的操作是每进行一次阀门操作，先适当观察一段时间，权衡被调变量与预期值的差距再进行下一步操作。越接近预期值，操作量应越小。这种方法看似缓慢，其实是稳定工况的最佳途径。

（5）调整好开车负荷 无论动设备还是静设备，无论单个设备还是整个流程，都有一条开车基本安全规则：先低后升，即：先低负荷开车达正常工况，然后缓慢提升负荷。

（6）自动控制系统有问题立即改为手动 当自动控制系统有问题时，立即换为手动，这是一条重要操作经验。但需要说明控制系统的故障不一定出现在调节器本身，也可能出现在检测仪表、执行机构或信号线路方面。切换为手动包括直接到现场手动调整调节阀或旁路阀。

（7）热态停车原则 热态停车是指不把系统停至开车前状态（冷态）而进行的局部停车操作。即有些事故状态并不一定要将全部系统都停下，可以局部停车，将事故排除后能尽快恢复正常。这是某些事故状态下的一种合理处理方法。

热态停车的原则是：处理事故所消耗的能量及原料最少，对产品的影响最小，恢复正常生产的时间最短；在满足事故处理的前提下，局部停车的部位越少越好。

（8）出现事故要准确判断根源 排除事故的基本原则是找到根源，如果事故原因不明确，则不能解决事故发生的根本问题。

（9）谨慎投联锁系统操作 联锁保护控制系统是在事故状态下自动进行热态停车的自动化装置。而联锁动作的触发条件是确保系统处于正常工况的逻辑关系，因此只有当系统处于联锁保护的条件之内并保持稳定后才能投联锁（开车过程的工况处于非正常状态）。操作人员必须从原理上清楚联锁系统的功能、作用、动作机理和联锁条件，才能正确投用联锁系统。

实训过程中，学员必须注意力集中，反应迅速。首次仿真开车，难免出现顾此失彼的情况，教师应帮助和指导学生及时分析所出现问题的原因，总结经验教训，体会开车技巧，提高仿真实训效率。

3. 仿真实训报告的撰写

仿真实训完成后，学员必须写出详细的仿真实训报告。主要应体现：对主要设备装置的工作原理、操作要点的掌握情况，重要工艺参数的调节与控制，相关操作岗位技能掌握情况，实训反思和改进等。

三、化工仿真操作实训的教学要求

化工仿真操作实训作为重要的实践教学环节，要求指导教师从教学理念、教学办法与手段、教学资源利用、教学运行与管理、教学评价等方面进行综合设计，从而更好地提升教学效果和提高教学质量。包括但不限于以下几点要求：

1-1-6

（1）对标教学目标，设计教学过程　秉承以学生为中心的教学理念，根据学生学情，将职业成长规律与职业认知规律融合、工作规律与学习规律融合，基于工作过程设计教学项目和任务的难度梯度，注重学习兴趣与学习体验，丰富课堂教学手段。

（2）善用教学资源，实现资源共享　充分利用云平台技术，整合多元化教学资源，实现教学资源的共建共享；构建OMO（即线下仿真教学平台、移动端教学云课堂、线上仿真教学平台）混合式教学模式。

（3）体现学生主体，倡导自主学习　利用仿真教学服务系统的扫码攻略，促进学生形成自主学习的意识。利用教学组织辅助工具，在课堂上实行分组比赛机制，培养学生合作精神，提升课堂学习氛围，增强学生学习参与程度。

（4）对接技能标准，优化教学评价　评价标准与职业技能标准对接，借助大数据和人工智能技术，应用信息化教学辅助工具，优化教学评价体系，收集可量化教学数据，整合形成"过程+结果"评估。

（5）注重学习总结，强调反思改进　利用仿真教学服务系统，优化实习报告模式，实现对重点参数的过程操作记录，增强个性化工程实践的思考与分析过程。

项目思考与问答

1. 什么是仿真技术？仿真技术有哪些工业应用？

2. 化工仿真实习系统目前有哪几种形式？各有什么特点？

3. 化工仿真实习系统的基本操作要点有哪些，如何正确理解？

项目二 化工仿真实习教学系统的使用

学习目标

知识目标

1. 了解化工仿真实习教学系统的建立及操作使用步骤。
2. 熟悉化工仿真实习教学系统画面及菜单、界面符号及所代表的意义。
3. 掌握化工仿真实习教学系统操作原理。

能力目标

1. 能熟练进行化工仿真实习教学系统的启动与退出、画面切换、阀门启闭与开度调节及典型设备开停等基本操作。
2. 能根据操作要求对操作参数进行设置；能正确分析和处理操作中出现的问题。

素质目标

1. 逐步养成严谨的学习态度、良好的操作习惯，严格遵守操作规程的职业操守和安全生产、环保节能的职业意识。
2. 帮助学生树立正确的工程技术观念。

任务 一
学员操作站的使用

教师指令台（教师站）和学员操作站的作用和功能不同，因此在教师指令台和学员操作站上所运行的软件也不同。在学员操作站上运行的是仿真培训软件，仿真培训软件包括工艺仿真软件、仿DCS软件和操作质量评分系统软件三部分。

学员站
使用指导

一、仿真软件的启动

1. 程序启动

启动安装有化工仿真培训软件的计算机，单击"开始"，弹出上拉菜单，将光标移到"所有程序"，随后将光标移到"东方仿真"，点击"东方仿真客户端"；学员也可以直接双击桌面快捷图标"东方仿真客户端"。软件启动之后，弹出运行界面，如图1-2所示。

图 1-2　系统启动界面

2. 运行方式选择

系统启动界面出现之后会出现主界面（如图 1-3 所示），输入姓名、学号，设置正确的本机机器号和教师站 IP（教师机 IP 地址或者教师机计算机名），同时根据教师要求选择"单机练习"或者"局域网模式"，进入软件操作界面。

单机练习：即学员站不连接教师机，独立运行，不受教师站软件的监控。

局域网模式：即学员站与教师站连接，老师可以通过教师站软件实时监控学员的成绩，规定学员的培训内容，组织考试，汇总学生成绩等。

提示：考试必须在局域网模式下运行软件，建议平时练习也通过局域网模式。

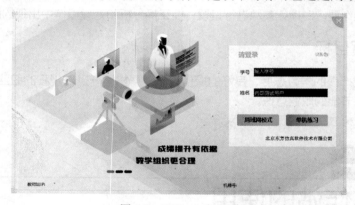

图 1-3　PISP.net 主界面

3. 产品选择

如果用户选择"单机练习"模式，则会进入软件的"产品选择"页面，如图 1-4 所示。此页面列出了本机安装的所有仿真培训产品，如果产品较多，可以通过关键词进行搜索。

4. 工艺和培训项目选择

选择产品后，进入"工艺和培训项目"列表框，如图 1-5 所示。学员需从左侧选择所要练习的工艺，从右侧选择该工艺下的培训项目，如冷态开车、正常停车、事故处理等。每个工艺可以包括多个培训项目。

5. DCS 类型选择

ESST（东方仿真）提供的仿真软件，包含多种 DCS 风格。常见的有：通用 DCS，类似于国内大多数 DCS 厂商界面；TDC3000，类似于美国 Honywell 公司的操作界面；IA，类似于 Foxboro 公司的操作界面；CS3000，类似于日本横河公司的操作界面。如

图 1-6 所示。

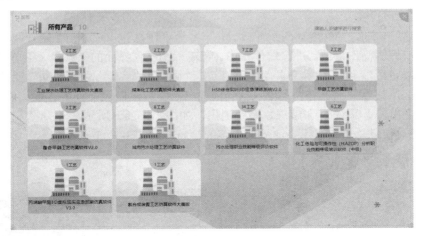

图 1-4　产品选择

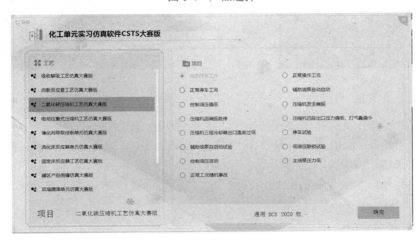

图 1-5　培训项目选择

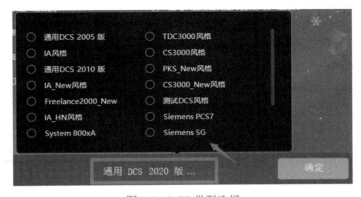

图 1-6　DCS 类型选择

点击图 1-6 所示对话框底部 DCS 选择按钮，根据需要选择所要运行 DCS 类型，单击确定按钮，就可以进入仿真软件操作画面，即仿真实习教学系统；操作质量评分系统也同时打开。

二、主界面操作

1. 菜单介绍

仿真系统启动之后，启动两个窗口，一个是流程图操作窗口，一个是智能评价系统。首先进入流程图操作窗口，进行软件操作。在流程图操作界面的上部是"菜单栏"，下部是"功能按钮栏"。上部"菜单栏"有"工艺""画面""工具"和"帮助"四项。

（1）工艺菜单　"工艺"菜单包括当前信息总览、重做当前任务、重选任务、进度存盘、进度重演、系统冻结/解冻、系统退出，如图1-7（a）所示。

① 当前信息总览。显示当前培训内容的信息，如图1-7（b）所示。

（a）工艺菜单

（b）信息总览

图1-7　工艺菜单界面

② 重做当前任务。系统进行初始化，重新启动当前培训项目。

③ 重选任务。退出当前培训项目，重新选择培训工艺。所有的相关信息都将被重新设置，出现如图1-8所示的提示界面。

④ 进度存盘。保存当前数据，以便下次调用时可直接从当前工艺状态开始操作。界面如图1-9所示。

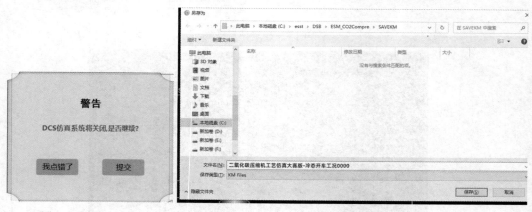

图1-8　退出工艺　　　　　图1-9　进度存盘画面

⑤ 进度重演。读取所保存的快门文件（*.sav），恢复以前所存储的工艺状态。

⑥ 系统冻结/解冻。类似于暂停键。系统"冻结"后，DCS软件不接受任何操作，后台的数学模型也停止运算。

⑦ 系统退出。退出仿真系统。

（2）画面菜单 "画面"菜单包括程序中的所有画面，有流程图画面、控制组画面、趋势画面、报警画面、辅助画面。选择菜单项（或按相应的快捷键）可以切换到相应的画面。如图 1-10 所示。

（3）工具菜单 设置菜单可以用来监视变量、对仿真时钟进行设置。如图 1-11 所示。

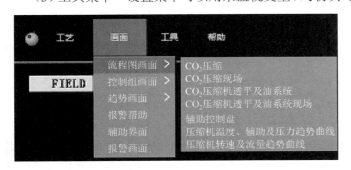

图 1-10　画面菜单

图 1-11　设置工具菜单

① 变量监视。可实时监视变量的当前值，查看变量所对应的流程图中的数据点以及对数据点的描述和数据点的上下限。如图 1-12 所示。

② 仿真时钟设置。即时标设置，设置仿真程序运行的时标。选择该项会弹出设置时标对话框，如图 1-13 所示。时标以百分制表示，默认为 100%，选择不同的时标可加快或减慢系统运行的速度。系统运行的速度与时标成正比。

图 1-12　变量监视

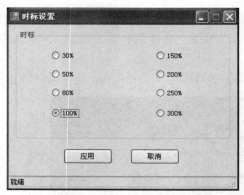

图 1-13　仿真时钟设置窗口

（4）扫码看攻略菜单（限通用 DCS2020 风格）　将鼠标放在窗口标题栏上的图标上，将弹出本任务工况对应的攻略二维码，手机扫码后即可查看相关的操作攻略文档或视频。如图 1-14 所示。

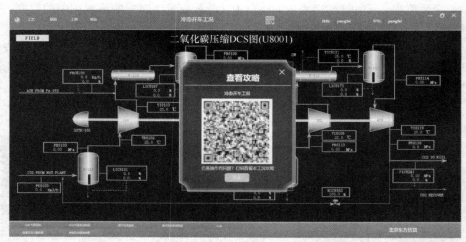

图 1-14　扫码看攻略

图 1-15　帮助菜单

（5）帮助菜单　帮助菜单包括操作手册、激活管理、关于三个选项。如图 1-15 所示。

① 操作手册。打开仿真系统平台操作手册。

② 激活管理。查看产品的激活状态。

③ 关于。显示软件的版本信息、用户名称和激活信息。

2. 画面介绍

（1）流程图画面　流程图画面主要有 DCS 图和现场图两种。DCS 图的画面和工厂 DCS 控制室中的实际操作画面一致。在 DCS 图中显示所有工艺参数，包括温度、压力、流量和液位，同时在 DCS 图中只能操作自控阀门，而不能操作手动阀门。现场图是仿真软件独有的，是把在现场操作的设备虚拟在一张流程图上。在现场图中只可以操作手动阀门，而不能操作自控阀门。

流程图画面是主要的操作界面，包括流程图、显示区域和可操作区域。在流程图操作画面中，当鼠标光标移到可操作的区域上面时会变成一个手的形状，表示可以操作。

鼠标单击时会根据所操作的区域，弹出相应的对话框。如点击按钮 TO DCS 可以切换到 DCS 图，但是对于不同风格的操作系统弹出的对话框也不同。

① 现场图。现场图中的阀门主要有开关阀和手动调节阀两种，在阀门调节对话框的左上角标有阀门的位号和说明。

开关阀：此类阀门只有"开和关"两种状态。直接点击"打开"和"关闭"即可实现阀门的开关。如图 1-16 所示。

手动调节阀：此类阀门手动输入 0～100 的数字调节阀门的开度，即可实现阀门开关大小的调节。或者点击"开大和关小"按钮以 5% 的进度调节。如图 1-17 所示。

图 1-16　开关阀

图 1-17　手动调节阀

② DCS 图。在 DCS 图中通过 PID 控制器调整气动阀、电动阀和电磁阀等自动阀门的开关。在 PID 控制器中可以实现自动/AUT、手动/MAN、串级/CAS 三种控制模式的切换。如图 1-18 所示。

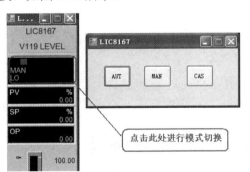
图 1-18　切换模式

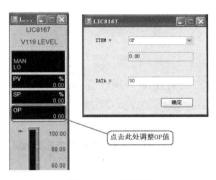
图 1-19　OP 设定

AUT：计算机自动控制。

MAN：计算机手动控制。

CAS：串级控制。两只调节器串联起来工作，其中一个调节器的输出作为另一个调节器的给定值。

PV 值：实际测量值，由传感器测得。

SP 值：设定值，计算机根据 SP 值和 PV 值之间的偏差，自动调节阀门的开度；在自动/AUT 模式下可以调节此参数。（调节方式同 OP 值）

OP 值：计算机手动设定值，输入 0～100 的数据调节阀门的开度；在手动/MAN 模式下调节此参数。如图 1-19 所示。

（2）控制组画面　把各个控制点集中在一个画面，便于工艺控制。控制组画面包括流程中所有的控制仪表和显示仪表，如图 1-20 所示。

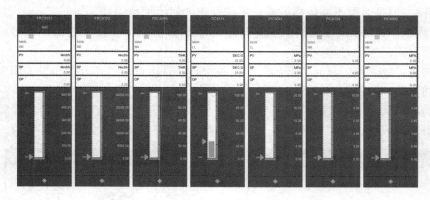

图 1-20　DCS 控制组画面

（3）报警画面　即将出现报警的控制点集中在同一个界面。选择"报警"菜单中的"显示表报警列表"，将弹出报警列表窗口，如图 1-21 所示。其中，报警的时间是指报警时计算机的当前时间；报警点名为报警点所在流程中的工位号；报警点描述是对报警点工位号物理意义的描述；报警的级别则是根据工艺指标的当前值接近其上下限的程度来划定，分为高高报（HH）、高报（HI）、低报（LO）、低低报（LL）四级；报警值是指发生报警时工艺指标的当前值。一般情况下，在冷态开车过程中容易出现低报，此时可以不予理睬。

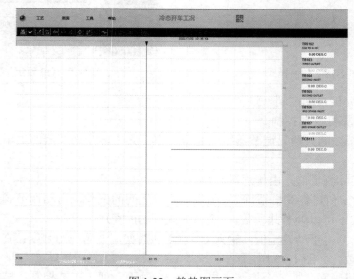

图 1-21　报警列表

（4）趋势画面　用于保存各个工艺控制点的历史数据。在"趋势"菜单中选择某一菜单项，会弹出如图 1-22 所示的趋势图，该画面一共可同时显示 8 个点的当前值和历史趋势。在趋势画面中可以用鼠标点击相应的变量位号，查看该变量趋势曲线，同时有一个绿色箭头进行指示。也可以通过上部的快捷图标栏调节横、纵坐标的比例；还可以用鼠标拖动白色的标尺，查看详细历史数据。

任务 二 操作质量评分系统的使用

启动软件系统进入操作平台，同时也就启动了操作质量评分系统。如图1-23所示。

操作质量评分系统是智能操作指导、诊断、评测软件，它通过对用户的操作过程进行跟踪，在线为用户提供下列功能。

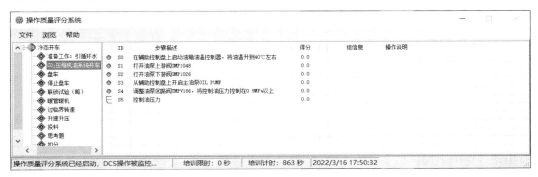

图1-23　操作质量评分系统界面

一、操作状态指示

该功能对当前操作步骤和操作质量所进行的状态以不同的图标表示出来。如图1-24所示。

1. 操作步骤状态图标及提示

图标 ● （红色）：为普通步骤，表示本步还没有开始操作，即还没有满足此步的起始条件。

图标 ● （绿色）：表示本步已经开始操作，但还没有操作完。即满足此步的起始条件，但此操作步骤还没有完成。

图标 ✓ （绿色）：表示本步操作已经结束，并且操作完全正确（得分等于100%）。

图标 ✗ （红色）：表示本步操作已经结束，但操作不正确（得分为0）。

图标 ○ （蓝色）：表示过程终止条件已满足，本步操作无论是否完成都被强迫结束。

图标 ◆ （红色）：表示此过程的起始条件没有满足，该过程不参与评分。

图标 ◆ （绿色）：表示此过程的起始条件满足，开始对过程中的步骤进行评分。

2. 操作质量图标及提示

图标 ▤ （红色）：表示这条质量指标还没有开始评判，即起始条件未满足。

图标 ▥ （红色）：表示起始条件满足，本步骤已经开始参与评分，若本步评分没有终止条件，则会一直处于评分状态。

图标 ○ （蓝色）：表示过程终止条件已满足，本步操作无论是否完成都被强迫结束。

模块一　化工仿真操作知识准备

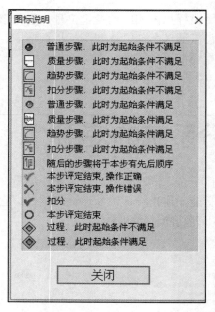

图 1-24　评分操作图标说明

图标 ▨（红色）：在 PISP-2000 的评分系统中包括了扣分步骤，主要是当操作严重不当，可能引起重大事故时，从已得分数中扣分，此图标表示起始条件不满足，即还没有出现严重失误操作。

图标 ▨（蓝色）：表示起始条件满足，已经出现严重失误的操作，开始扣分。

二、操作方法指导

该功能可以在线给出操作步骤的指导说明，对操作步骤的具体实现步骤进行具体的描述，如图 1-25 所示。

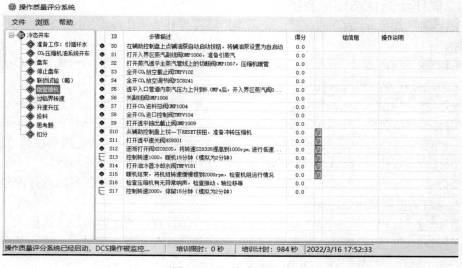

图 1-25　操作步骤说明

1-2-10

当鼠标移到质量步骤一栏时，所在栏就变蓝，双击鼠标左键便会出现操作所需要的详细操作质量信息对话框，如图 1-26 所示。通过该对话框就能查看该质量指标的运行情况，质量指标的目标值、上下允许范围、上下评定范围等。

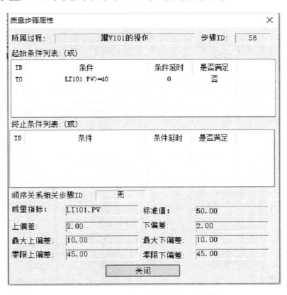

图 1-26　操作质量信息对话框

三、操作诊断与评定

该功能通过对操作过程的实时跟踪检查、诊断和成绩评定，将操作得分情况、错误的操作过程或操作动作一一加以说明。提醒学员对这些错误操作查找原因并及时纠正，以便在今后的训练中进行改正及重点训练。操作诊断结果框如图 1-27 所示。

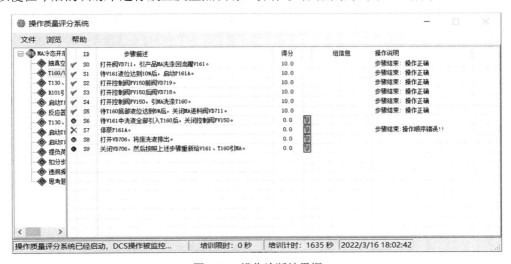

图 1-27　操作诊断结果框

四、其他辅助功能

操作质量评分系统除了以上功能外，还具有其他的一些辅助功能。

① 生成学员成绩单。单击"浏览"菜单中的"成绩",就会弹出如图 1-28 所示的对话框,可以生成学员成绩列表,通过学员成绩单可以浏览学员资料、操作单元、学员的总成绩、各项分步成绩、操作步骤得分和详细说明。学员成绩单既可以保存也可以打印。

图 1-28　学员成绩单

② 成绩单读取和保存。单击"文件"菜单下面的"打开",可以打开以前保存过的成绩单,利用"保存"菜单可以通过保存新的成绩单来覆盖旧的成绩单,利用"另存为"则不会覆盖原来保存过的成绩单。

③ 退出系统。单击"文件"下面的"系统退出"来退出操作系统。

④ 帮助信息。单击"帮助"菜单下面的"光标说明",可以查看相关的光标说明。如图 1-29 所示。

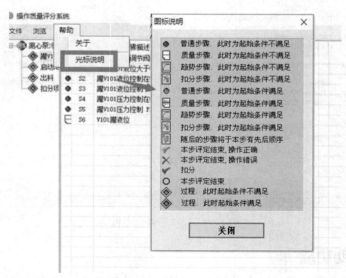

图 1-29　帮助菜单

任务三
仿真实习教学系统教师站的使用

教师站和学员站的连接使用 TCP/IP 协议，当教师站启动时，在局域网中广播自己的位置及其他设定的信息。学员站根据这些信息连接教师站。

教师站
使用指导

一、启动教师站软件

教师站软件安装完毕，自动在桌面和"开始菜单"生成快捷图标。启动教师站的方式有两种：一种是直接双击桌面快捷图标 ，即启动教师站软件；另一种是通过"开始"菜单—"所有程序"—"东方仿真"—"教师站"，启动软件。

教师站启动之后，选择进入自由训练经典培训室，见图 1-30。点击"确定"，出现如图 1-31 所示界面，教师站的上部为功能菜单和快捷图标栏，左边为教师站所组建的多个培训室，右边为各个培训室的详细信息，左下为教师站和相关培训室的基本信息，右下部显示学员站的连接信息。

图 1-30 教室选择

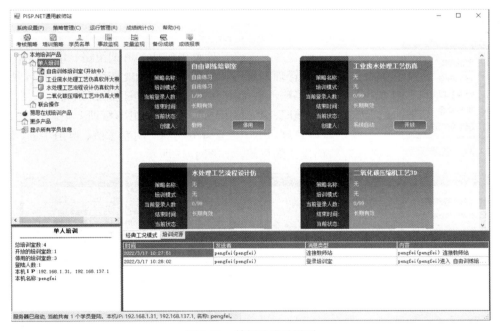

图 1-31 教师站登录界面

二、了解教师站功能

1. 功能菜单

教师站的功能菜单包括有系统设置、策略管理、运行管理、成绩统计以及帮助五个功能菜单。

（1）系统设置　用鼠标右键点击"系统设置"，出现下拉菜单，包括：系统状态、自定义显示、培训室视图、服务器设置和退出五个功能菜单。如图 1-32 所示。

① 系统状态。显示系统的相关信息，包括培训规模和实际连接的学员站台数，如图 1-33 所示。

图 1-32　系统设置

图 1-33　教师站系统状态

② 自定义显示。根据需要设置教师站中显示的学员信息。

③ 培训室视图。用于调整培训室在教师站中的显示模式。其中"详细信息"使各个培训室以详细信息的模式显示；"缩略图"调整各个培训室以缩略图的模式显示。

④ 服务器设置。设置服务器所连接的最大人数、服务器的名称、是否使用培训室学员名单等功能。

图 1-34　管理策略

⑤ 退出。退出教师站程序。

（2）策略管理　策略管理菜单包括有考试策略、培训策略、权限策略、事故管理和思考题管理等 5 个功能按钮。如图 1-34 所示。

① 考试策略。教师用于编辑修改和组建考试试卷。

② 培训策略。教师用于编辑修改和组建培训方案。

③ 权限管理。用于设置开卷考核、闭卷考核、自由培训、联合操作等培训模式的权限，如图 1-35 所示。

图 1-35　授权信息

图 1-36　修改授权信息

开卷考核：开放评分系统，屏蔽时标调整、DCS 类型选择，不可以调整工艺和培训项目。

项目二　化工仿真实习教学系统的使用

闭卷考核：屏蔽评分系统、时标调整、DCS 类型选择，不可以调整工艺和培训项目。

自由培训：开放软件所有功能，学员按照教师要求练习仿真软件。

联合操作：多人分组操作同一个仿真软件。

点击"修改"按钮可以修改已有权限策略（注：某些权限设置对特定的培训模式不起作用）。如图 1-36 所示。

④ 事故管理。用于添加、修改各种事故；改变事故作用的时间，改变处理事故的难易程度。

⑤ 思考题管理。用于添加、编辑、修改思考题。

2. 快捷图标

快捷图标栏位于功能菜单栏的下部，快捷图标是把教师站中经常使用的功能以快捷图标的形式单独列出来，为用户提供更加方便快捷的操作，便于用户操作教师站，其功能在功能菜单中都能够找到。如图 1-37 所示。

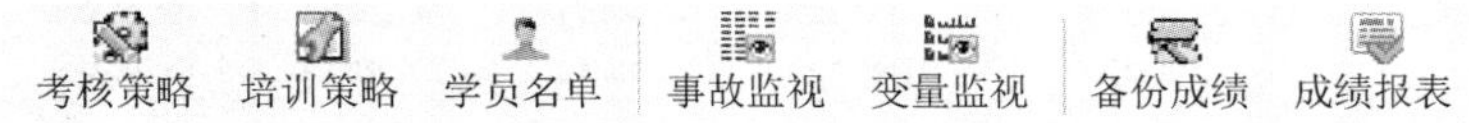

考核策略　培训策略　学员名单　事故监视　变量监视　备份成绩　成绩报表

图 1-37　快捷图标

（1）考核策略　用于教师组在培训前组建新试卷或编辑已有试卷的内容。试卷内容分为一道或者多道工艺题和思考题。

（2）培训策略　用于教师在培训前组建、编辑培训方案。让学员按照培训过程练习仿真软件工艺内容。

（3）学员名单　用于教师在培训前设置服务器所连接的最大人数、服务器的名称、是否使用培训室学员名单功能。

（4）事故监视　用于培训过程中查看教师站下发给某个学员的临时事故的名称、时间和数量。如图 1-38 所示。

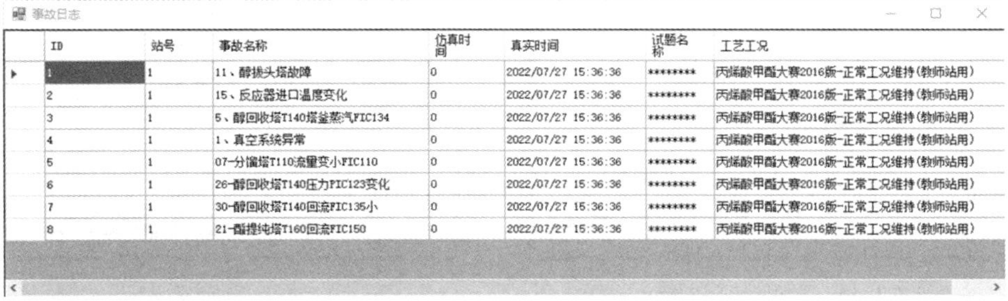

图 1-38　事故日志

（5）变量监视　用于在培训过程中教师实时查看学员操作的工艺指标，监视学生的操作。如图 1-39 所示。

（6）备份成绩　备份培训或考核时学员的成绩。

（7）成绩报表　生成成绩报表。

三、教师站的设置和策略管理

1. 教师站的设置

点击菜单"系统设置/服务器设置"，可以设置教师站的名字、所能连接的最大学生

1-2-15

人数，选取培训室使用学员名单功能复选框（注：如果培训室使用了学员名单功能，并且教师在培训前为某个培训室导入了学员名单，那么在培训过程中，学员连接/登录教师站后将被自动分配进入该培训室，而不需要学员手动选择进入某个培训室）。点击“完成”按钮，重启教师站后该设置生效。如图 1-40 所示。

ID	点名	描述	当前点值	当前变量值	点值上限
1	FI101	T-101 FEED	5.391177	5.399910	10.000000
2	FI102	E-101 FEED	5.643541	5.645072	10.000000
3	FI103	T-101 REFLUX	0.000000	0.000000	20.000000
4	FI104	T-101 BOTTO...	6.972379	6.932700	20.000000
5	FI105	T-102 FEED	6.972379	6.932700	20.000000
6	FI106	T-102 REFLUX	0.000000	0.000000	20.000000
7	FI107	T-102 TO D-101 FLOW	88665	13.783978	100.000000
8	FI108	E-105 SL FLOW	0.000000	0.000000	10.000000
9	TI101	T-101 TOP T...	42.000000	42.000000	50.000000
10	TI102	T-101 BOTTO...	40.540127	40.536510	50.000000
11	TI103	E-102 TO D-...	20.000000	63.072369	20.000000

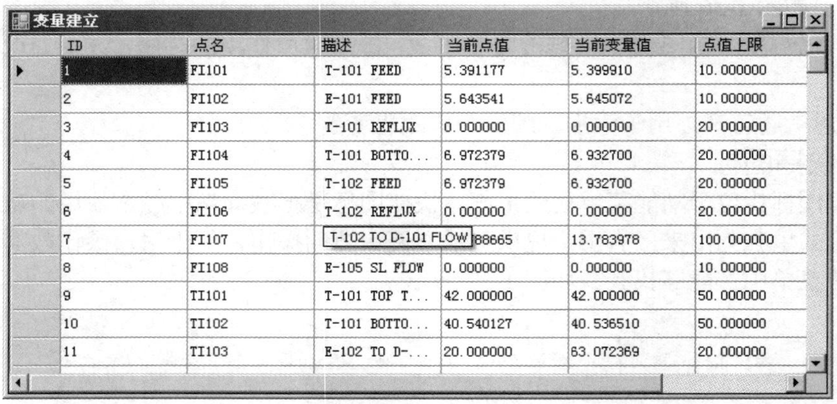

图 1-39　变量监视

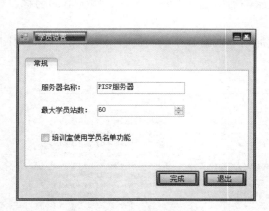

图 1-40　学员数量设置

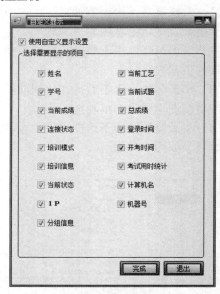

图 1-41　自定义显示

点击菜单“系统设置/自定义显示”，可以设置在教师站中显示的学员信息项目。选中要显示的项目前的复选框，点击“完成”按钮即可。教师站设置完毕，如图 1-41 所示。其中“分组信息”的含义是：培训前，教师导入培训室的学员名单中，为联合操作小组所指定的名称。

2. 教师站的策略管理

教师站和学员站间的连接控制模式分为培训模式、考核模式、联合操作模式及自由练习模式四种模式。

教师站下发的培训项目或试题是分别通过“策略管理-培训策略”和“策略管理-考试策略”命令完成的。随机事故是通过“策略管理-事故管理”命令完成的。

项目二　化工仿真实习教学系统的使用

图 1-42　培训方案编辑

（1）编辑培训方案　培训方案只能组建仿真软件工艺内容，可以选择培训内容（开车、停车、事故处理等项目），设置时标、DCS 类型。

点击"培训策略"菜单或快捷键，在出现的培训策略编辑界面上（如图 1-42 所示），右击"培训方案"，按步骤选择"添加培训方案"—"添加培训题"，进行培训工艺、培训项目、时标、DCS 类型的设置。如图 1-43 所示。

图 1-43　编辑培训题目

（2）编辑考试方案　点击"考核策略"菜单或快捷键，进入考试试卷编辑界面，左下方为试卷、思考题、工艺题切换按钮。如图 1-44 所示。

在组建试题的过程中工艺题可以自由选择考核的内容（开车、停车、事故处理等项目），设置该题的考试时间、DCS 类型、时标、该题分数在整个试卷中所占比重、事故配置等。设置时，右击"考试策略"，选择"添加试卷"—"添加试题"等命令，完成培训工艺、培训项目、运行时标、DCS 类型、本题完成时间、本题在试卷中的比重、事故配置（分本地事故、网络事故）等设置，完成试卷的编辑，出现如图 1-45 所示界面。

模块一　化工仿真操作知识准备

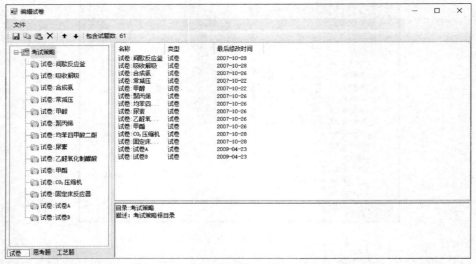

图 1-44　试卷编辑

图 1-45　编辑试题

（3）编辑事故　点击"事故管理"菜单，进入事故编辑界面。单击每一单元前的"+"，可以选择该单元事故类型，如图 1-46 所示。在其中一个事故类型上单击鼠标右键，选择添加事故，出现如图 1-47 所示画面。组完事故，点击"确定"按钮。

（4）临时下发事故　可以通过临时下发事故，用以提升学生分析问题、解决问题的能力。

① 设置临时事故。该类事故可以在培训或考核的过程中对单个或者多个学员下发，实施干扰，提高学员的应对能力。通过教师站的"运行管理/临时故障设置"菜单下发。如图 1-48 所示。

点击"临时故障设置"，弹出"培训事故设置"对话框，如图 1-49 所示，选择所考核的工艺，然后再选择需要发送的事故，点击"添加"按钮添到右边事故列表框中。

项目二 化工仿真实习教学系统的使用

图 1-46 事故编辑

图 1-47 事故编辑

图 1-48 运行管理

图 1-49 培训事故设置

选择事故后,点击"下一步",出现"选择学员"对话框,如图 1-50 所示,可以选择单个或者多个学员。选择学员后,点击"完成"按钮即可下发事故。

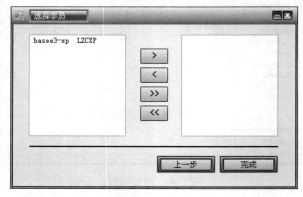

图 1-50 选择学员

② 正常工况随机事故。正常工况随机事故题目是指在规定的时间内,教师站根据编辑好的事故类型,随机下发一定个数的事故(时间和顺序都是随机),学员可以采用多种办法调整阀门,维持工艺参数的稳定。考验学生对工艺的理解和对随机事故处理的应变能力。具体设置时,可以通过"编辑试题"界面,添加正常工况维持题目,完成相关事故配置(选择本地事故、网络事故),如图 1-51、图 1-52 所示。

提示:如果教师站软件所在的电脑没有连接互联网,则无法获取网络事故策略,"选择事故策略"对话框中的内容为空。

(5) 编辑思考题 点击"思考题策略",弹出思考题编辑器界面。如图 1-53 所示。

① 题库编辑。右击"题库",选择"添加题目"命令,出现添加思考题界面,输入标题、题干、选项;同时在正确的答案前面打勾。思考题题型可以是单选题,也可以是多选题。编辑完毕,点击"确定"按钮保存题目。如图 1-54 所示。

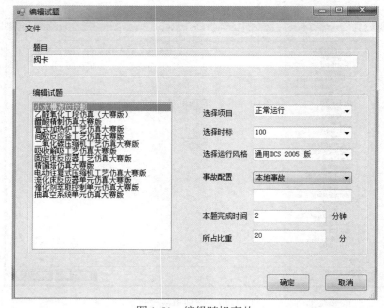

图 1-51 编辑随机事故

项目二　化工仿真实习教学系统的使用

图 1-52　选择事故策略

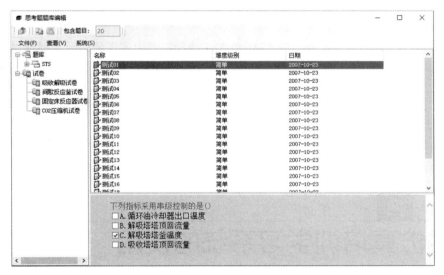

图 1-53　思考题题库编辑

图 1-54　思考题修改

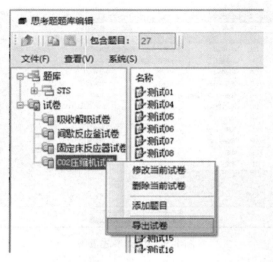

图 1-55 导出试卷

题目可以插入图片、音乐、FLASH 和 AVI 动画，采用多媒体的形式展现思考题。

② 试卷编辑。右击"试卷"，选择"添加试卷"命令，填入试卷名称。在考核试卷中如果希望添加思考题，则需要把"题库"中的思考题先粘贴、复制到思考题策略编辑器中的"试卷"目录下，然后才能把思考题添加到考核试卷中；同时也可以直接在"试卷"目录下添加思考题。

编辑好试卷思考题后，右键点击试卷名称，出现操作菜单。可以对试卷中的思考题进行修改、添加和删除；同时还可以把试卷中的题目以 htm 格式导出。如图 1-55 所示。

任务 四
在线仿真培训学习系统的使用

在线仿真培训学习系统，可以通过 Internet 网络访问，学习地点和方式都较为灵活自由。软件练习与学员站学习内容相同，仿真培训软件包括工艺仿真软件、仿 DCS 软件和操作质量评分系统软件三部分。

在线练习指导

一、登录及信息设置

1. 登录学习系统

访问网址 https://www.es-online.com.cn/，点击导航栏"登录"，出现登录界面，输入账号密码和验证码登录，进入课程学习页面。如图 1-56 所示。

2. 账号信息设置

（1）首次登录　为保护使用者数据安全，学习系统依据国家信息安全等级三级保护要求，首次登录学习系统，需设置个人信息，如图 1-57 所示。

（2）非首次登录　点击"个人设置"可上传头像、修改密码、修改个人信息、切换账号、退出登录等，如图 1-58 所示。

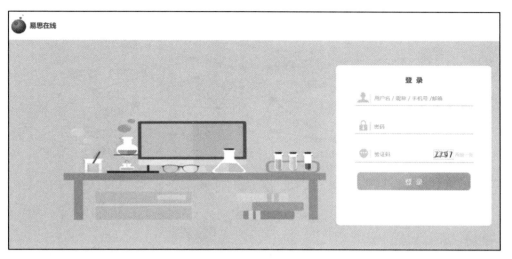

图 1-56　易思在线登录

图 1-57　首次登录账号信息

二、仿真学习

1. 安装客户端

开始进行仿真练习前，需要先安装仿真客户端插件，登录系统后点击"仿真学习"进入仿真课程总览页面，如图 1-59 所示，点击任意一个课程的"开始学习"按钮进入课程详情页，如图 1-60 所示；点击"下载客户端"按钮进行客户端插件的下载，下载完成后解压并运行安装程序完成客户端的自动安装，如图 1-61 所示。

2. 学习页面

在仿真课程总览页面（图 1-59），选择需要学习的课程，点击"开始学习"按钮，进入课程详情页（图 1-60），在课程详情页学员可进行相关理论知识的学习，以及仿真软件操作手册的下载，点击"仿真操作"启动仿真软件，如图 1-62 所示。

模块一 化工仿真操作知识准备

图 1-58 易思在线登录（修改密码）

图 1-59 在线仿真培训学习系统界面

图 1-60 在线仿真培训学习系统客户端的下载

图 1-61　在线仿真培训学习系统客户端的安装

提示：解压下载的客户端安装文件 EsstWebPispSetupFull.rar，右键"以管理员身份运行"文件夹中的 setup.exe 文件。安装前关闭 360 安全卫士、金山卫士、Windows 等防火墙，或设置例外。

图 1-62　仿真课程课程详情页-启动仿真软件

3. 启动仿真软件

在仿真详情页点击"仿真操作"按钮后，进入课程包加载页面，点击"确定"按钮加载课程包，如图 1-63 所示；课程包加载完成后，选择相应的工艺和培训项目，点击"确定"按钮开始相应的学习，如图 1-64 所示。

4. 仿真主界面操作

具体操作参照该项目下"任务一学员操作站的使用"，这里不再赘述。

图 1-63　课程包加载页面

三、理论学习

1. 开始学习

点击菜单栏上"理论学习"—"理论课程"进入理论课程学习界面进行学习，如图 1-65 所示；点击"开始学习"进入理论课程详情页，可以进行相关的视频、文档、测验、作业的学习，如图 1-66 所示。

模块一　化工仿真操作知识准备

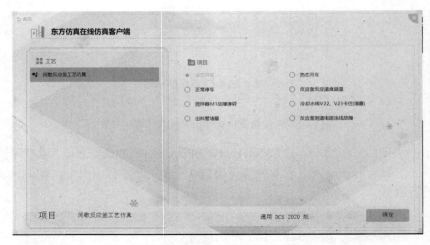

图 1-64　选择工艺和培训项目

图 1-65　理论课程学习界面

图 1-66　理论课程详情页面

2. 题库自测

点击菜单栏上"理论学习"—"题库自测"进入理论题库练习页面，如图 1-67 所示；点击"开始自测"按钮可以按照不同的规则、模式对理论题库进行练习（可随机练习，也可按照自己的意愿进行选择练习），如图 1-68 所示。

答题完成后点击"显示本页答案"可以对自己答题情况进行浏览，如图 1-69 所示。

图 1-67　理论题库练习页面

图 1-68　自测练习页面

图 1-69　题库练习情况浏览

四、在线考试

点击菜单栏上"在线考试"按钮进入考试页面，考试支持理论+仿真的混合考试模式，如有正在进行的考试，系统会进行明显提示，如图 1-70 所示；点击"开始考试"按钮进入需要进行的考试，如图 1-71～图 1-73 所示。

图 1-70　考试总览页面

图 1-71　进入仿真考试过程页面

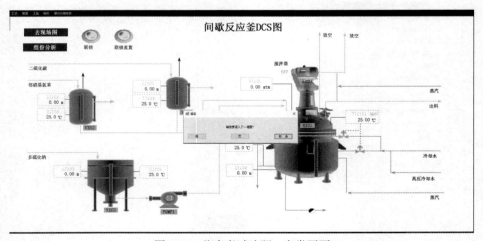

图 1-72　仿真考试选题、交卷页面

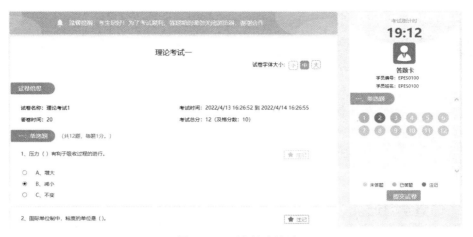

图 1-73　理论考试页面

五、学习记录查阅

1. 理论学习记录

点击菜单栏上“学习记录”—“理论学习记录”，即可查看理论学习记录，如图 1-74～图 1-76 所示。

图 1-74　理论学习记录总览

成绩详情表

序号	登录账号	学员名称	分数	时长
1	YWMC0083	樊陈莉-芜湖职业技术学院	50.00	14时50分
2	YWMC0126	四川化工职业技术学院唐永新	50.00	1时48分
3	YWMC0145	教师	50.00	4时28分
4	YWMC0086	陈涌-广东职业技术学院	50.00	1时52分
5	YWMC0115	张晓春	50.00	5时28分
6	YWMC0055	苏小莉	50.00	2时42分
7	YWMC0119	YWMC0119	50.00	1时54分
8	YWMC0146	烟台职业学院 鹿洁	50.00	2时2分
9	YWMC0100	吴晓静-潍坊职业学院	50.00	2时16分
10	YWMC0042	YWMC0042	50.00	2时32分

图 1-75　理论课程详细成绩记录页面

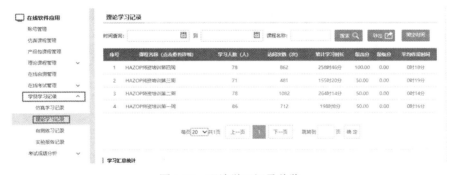

学习时长统计表　　　　导表

学习时长统计					
序号	课件资源名称	累计学习时长	总学习人数	未学习人数	平均停留时间
1	HAZOP分析术语-直播课程	7时32分	26	174	0时17分
2	hazop分析专业术语-直播课回放	113时20分	71	129	1时35分
3	专篇之分析流程	15时26分	34	166	0时27分
4	专篇之HAZOP分析流程演练	19时2分	34	166	0时33分

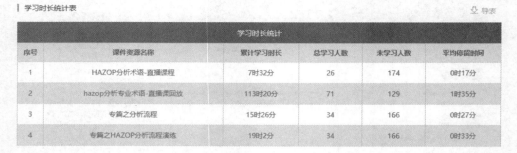

图 1-76　理论课程学习时长记录页面

2. 仿真学习记录

点击菜单栏上“学员学习记录”—“仿真学习记录”，即可查看仿真学习记录，如图 1-77、图 1-78 所示。

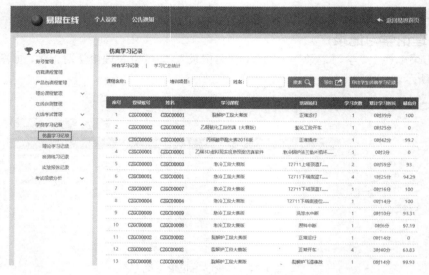

序号	登录账号	姓名	学习课程	培训项目	学习次数	累计学习时长	最高分
1	CZGC00001	CZGC00001	裂解炉工段大赛版	正常运行	1	0时39分	100
2	CZGC00002	CZGC00002	乙醛氧化工段仿真（大赛版）	氧化工段开车	1	0时25分	0
3	CZGC00005	CZGC00005	丙烯酸甲酯大赛2016版	正常操作	1	0时42分	99.7
4	CZGC00001	CZGC00001	乙烯3D虚拟现实应急预案仿真软件	急冷锅炉法兰垫片损坏......	1	0时3分	0
5	CZGC00003	CZGC00003	急冷工段大赛版	T2711上塔顶温T......	2	0时59分	93
6	CZGC00001	CZGC00001	急冷工段大赛版	T2711下塔底温T......	4	1时25分	94.29
7	CZGC00007	CZGC00007	急冷工段大赛版	T2711下塔顶温T......	1	0时16分	100
8	CZGC00004	CZGC00004	急冷工段大赛版	T2711下塔底液位......	1	0时14分	100
9	CZGC00009	CZGC00009	急冷工段大赛版	洗涤水中断	1	0时10分	93.31
10	CZGC00008	CZGC00008	急冷工段大赛版	原料中断	1	0时6分	97.19
11	CZGC00002	CZGC00002	裂解炉工段大赛版	正常运行	1	0时14分	0
12	CZGC00002	CZGC00002	裂解炉工段大赛版	正常开车	4	3时40分	63.83
13	CZGC00006	CZGC00006	裂解炉工段大赛版	裂解炉飞温事故	1	0时14分	99.93

图 1-77　仿真课程学习记录总览

登录账号	姓名	学习课程	开始时间	结束时间	培训项目	操作得分
YWMC0001	化育求贤-刘艳	初级HAZOP分析-工具应用	2021/9/2 9:34	2021/9/2 9:36	原料缓冲罐V-101液位（过多）偏离分析	100
YWMC0004	YWMC0004	初级HAZOP分析-工具应用	2021/9/2 9:57	2021/9/2 10:22	原料缓冲罐V-101液位（过多）偏离分析	88
YWMC0001	化育求贤-刘艳	初级HAZOP分析-工具应用	2021/9/2 10:21	2021/9/2 10:47	原料缓冲罐V-101液位（过多）偏离分析	50
YWMC0004	YWMC0004	初级HAZOP分析-工具应用	2021/9/2 10:23	2021/9/2 10:30	原料缓冲罐V-101液位（过多）偏离分析	94
YWMC0004	YWMC0004	中级HAZOP分析-工具应用	2021/9/2 10:32	2021/9/2 10:44	脱丁烷塔DA-405塔顶压力（过多）	16
YWMC0005	YWMC0005	初级HAZOP分析-情景模拟	2021/9/2 10:37	2021/9/2 10:57	初级HAZOP分析准备	0
YWMC0003	YWMC0003	中级HAZOP分析-情景模拟	2021/9/2 10:40	2021/9/2 11:08	脱丁烷塔DA-405塔顶压力过高偏离分析	21.21
YWMC0004	YWMC0004	中级HAZOP分析-工具应用	2021/9/2 10:44	2021/9/2 11:01	脱丁烷塔DA-405塔顶压力（过多）	25
YWMC0001	化育求贤-刘艳	初级HAZOP分析-工具应用	2021/9/2 10:47	2021/9/2 10:54	原料缓冲罐V-101液位（过多）偏离分析	62
YWMC0005	YWMC0005	初级HAZOP分析-情景模拟	2021/9/2 10:58	2021/9/2 10:59	初级HAZOP分析准备	0
YWMC0005	YWMC0005	初级HAZOP分析-情景模拟	2021/9/2 10:59	2021/9/2 11:11	原料缓冲罐V-101液位过高偏离分析	57.15
YWMC0004	YWMC0004	中级HAZOP分析-工具应用	2021/9/2 11:01	2021/9/2 11:10	脱丁烷塔DA-405塔顶压力（过多）	20
YWMC0001	化育求贤-刘艳	中级HAZOP分析-工具应用	2021/9/2 11:06	2021/9/2 11:07	脱丁烷塔DA-405塔顶压力（过多）	0
YWMC0001	化育求贤-刘艳	中级HAZOP分析-情景模拟	2021/9/2 11:10	2021/9/2 12:26	中级HAZOP分析准备	0
YWMC0004	YWMC0004	中级HAZOP分析-工具应用	2021/9/2 11:11	2021/9/2 11:17	脱丁烷塔DA-405塔釜液位（过多）	4
YWMC0005	YWMC0005	初级HAZOP分析-情景模拟	2021/9/2 11:11	2021/9/2 11:29	原料缓冲罐V-101液位过低/无偏离分析	40.01
YWMC0004	YWMC0004	中级HAZOP分析-工具应用	2021/9/2 11:18	2021/9/2 11:40	脱丁烷塔DA-405塔釜液位（过多）	27
YWMC0005	YWMC0005	初级HAZOP分析-情景模拟	2021/9/2 11:29	2021/9/2 11:33	初级HAZOP分析文档跟踪	18.34
YWMC0002	YWMC0002	中级HAZOP分析-工具应用	2021/9/3 9:15	2021/9/3 9:19	脱丁烷塔DA-405塔顶压力（过多）	25

图 1-78　仿真课程学习详细记录

六、常见使用问题

关注微信公众号“东方仿真官方服务号”，回复关键字，获取相关使用问题解决方法。

项目思考与问答

1. 学员站的主界面菜单可完成哪些操作？

2. 阀门的操作状态应如何实现从手动到自动的切换？

3. 对操作过程进行实时跟踪检查的画面是什么画面？

4. 操作质量评分系统有哪些功能？

5. 教师站可实施哪些策略管理？

模块二
化工单元仿真操作实训

项目一　流体输送操作

学习目标

知识目标

1. 掌握离心泵和压缩机的基本结构、工作原理及操作特性。
2. 熟悉液位的单回路控制、分程控制、比值控制和串级控制规律。

能力目标

1. 能依据离心泵的操作方法进行开车、停车和事故处理。
2. 能依据压缩机的操作方法进行开车、停车和事故处理。
3. 能根据管路系统对输送机械的要求，选用合适的流体输送设备，满足工艺上对流量和能量的要求。

素质目标

1. 具备诚实守信、爱岗敬业、精益求精的职业素养。
2. 具备较强的表达能力和沟通能力。
3. 具备严格遵守岗位操作规程，密切关注生产状况的良好职业习惯。
4. 具备出现故障时能够沉着冷静查找原因，并迅速做出正确反应的良好心理素质。

项目导言

流体流动是化工生产中最基本、最常见的现象。在化工生产中，不论是待加工的原料还是已制成的产品，常以液态或气态形式存在。在各种工艺过程中，往往需要将液体或气体输送至设备内进行物理处理或化学反应。这就涉及选用什么型式、多大功率的输送机械，如何确定管道直径及如何控制物料的流量、压强、温度等，以保证操作或反应能正常进行，而这些问题都与流体流动密切相关。

为液体提供能量的输送设备称为泵，为气体提供能量的输送设备则按不同情况分别称为机或泵。工业上的被输送流体性质各异（有强腐蚀性、高黏度、易燃易爆、有毒或易挥发、含有悬浮物等各种状况），且输送任务（流量、压头等）及操作条件（温度、压力等）差别较大，因此输送机械种类也是多种多样的。本项目选取典型的离心泵、液位控制和压缩机的操作为训练任务。

项目任务

项目任务见表 2-1。

表 2-1 项目任务

序号	项目任务	总体要求
1	离心泵的操作	通过离心泵操作训练，掌握离心泵的开车、停车、稳态运行与故障处理
2	液位控制系统的操作	通过液位控制系统操作训练，掌握液位的动态平衡、调节与控制
3	气体压缩机的操作	通过气体压缩机操作训练，掌握压缩机开车、停车、稳态运行与故障处理

任务 一 离心泵的操作

一、工作任务要求

工作任务要求见表 2-2。

表 2-2 工作任务要求

任务情景	某化工公司将带压液体经调节阀送入带压储罐，罐内液体由离心泵抽出输送到其他工段。根据公司生产部门的要求，学生以不同身份进入车间，负责工艺操作、事故处理、生产管理等工作内容，确保安全、平稳地完成生产任务		
教学模式	理实一体、任务驱动		
教学场所与工具	仿真实训室：电脑及仿真软件		
岗位角色	角色1：生产操作人员	角色2：班组长	角色3：技术人员
工作任务与目标	① 接受本装置相关培训；② 按照离心泵的操作规程，配合班组长，实现安全、稳定生产	① 根据生产部门要求，组织班组人员，实现多岗位安全、稳定操作；② 处理生产中的紧急事故，确保装置安全、稳定运行	组织生产，优化离心泵操作工艺参数，实现优质低耗的目的

二、必备应知

1. 理解离心泵原理、认识离心泵

启动灌满了被输送液体的离心泵后，在电机的作用下，泵轴带动叶轮一起旋转，叶轮的叶片推动其间的液体转动，在离心力的作用下，液体被甩向叶轮边缘并获得动能；在导轮的引领下沿流通截面积逐渐扩大的泵壳流向排出管，液体流速逐渐降低，而静压能增大。排出管的增压液体经管路即可送往目的地。与此同时，叶轮中心因为液体被甩出而形成一定的真空，因贮槽液面上方压强大于叶轮中心处，在压力差的作用下，液体不断从吸入管进入泵内，以填补被排出的液体位置。因此，只要叶轮不断旋转，

离心泵结构及操作

液体便不断地被吸入和排出。离心泵之所以能输送液体，主要是依靠高速旋转的叶轮。

离心泵具有以下优点：

① 结构简单，容易操作，便于调节和自控；

② 流量均匀，效率较高；

③ 流量和压头的适用范围较广；

④ 适用于输送腐蚀性或含有悬浮物的液体。

离心泵在操作中有两种现象应当避免：气缚和汽蚀。

离心泵的主要性能参数：流量、扬程、有效功率、效率等。

本工艺所用离心泵的外观见图 2-1。结合微课，将离心泵的构件名称填写在图 2-2 中，并将各构件的类型和作用填写在表 2-3 中。

 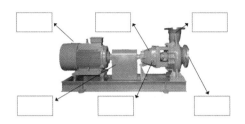

图 2-1 离心泵的外观　　　　　图 2-2 离心泵的结构

表 2-3　本工艺中离心泵各构件的类型和作用

序号	构件名称	类型和作用
1	泵体	
2	叶轮	
3	轴封装置	
4	电机	

2. 识读工艺流程

（1）主要设备　本工艺用到的设备有离心泵前罐、离心泵。请在表 2-4 中根据设备位号填入相应的设备名称及其作用。

表 2-4　本工艺所涉及的主要设备及其作用

序号	设备位号	设备名称	设备作用
1	V101		
2	P101A		
3	P101B		

（2）工艺流程　根据资源中的工艺流程描述，补全离心泵操作流程图（图 2-3）。横线填写设备名称，方框填写控制指标。

2-1-3

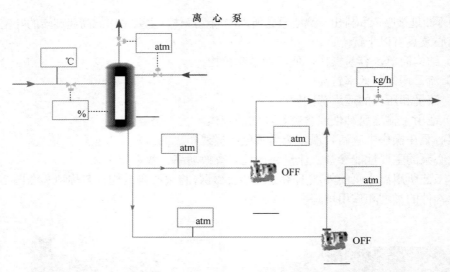

图 2-3 离心泵操作流程图

3. 熟知关键参数指标与控制方案

（1）关键参数指标

① 离心泵前罐液位维持 50%±2%，液位过大会使罐压力、泵入口压力及出口压力增加，从而导致出口流量增大，反之亦然。

② 离心泵前罐压力维持（5±0.2）atm。

（2）控制方案

① 液位控制。离心泵前罐液位受进料量、出料量及压力的影响，必须同时根据两个阀门的流量计和储罐压力进行综合判断。

② 压力控制。储罐压力是分程控制，压力过高时可打开泄压。离心泵入口压力由泵前罐液位及压力控制，保持此罐参数稳定即可。泵出口压力由出口流量调节阀控制，缓慢调节此阀开度使流量稳定至 20000kg/h，即可控制泵出口压力。

离心泵操作工艺参数报警情况见表 2-5。

表 2-5 离心泵操作工艺参数报警情况

序号	位号	说明	正常值	报警值
1	FIC101			
2	LIC101			
3	PIC101			
4	PI101			
5	PI102			
6	PI103			
7	PI104			
8	TI101			

项目一　流体输送操作

三、任务实施

本部分内容主要训练学生对离心泵的操作能力，包括冷态开车、正常停车和事故处理。请准备好工艺操作卡，在接到任务时填写基本信息；操作完成后，如实填写操作中存在的问题和建议。教师根据反馈情况，可组织集中研讨和答疑，以提高学生对离心泵的理解和操作质量。

情境 1　冷态开车训练

启动仿真软件冷态开车工况，完成离心泵的开车操作。装置开车状态为离心泵前罐处于常温、常压状态，物料已备好，所有阀门和机泵处于关停状态。要求完成罐充液、充压、启动离心泵、出料等操作，并认真填写工艺操作卡，成绩达 80 分以上。建议操作用时 20min。

情境 2　正常停车训练

启动仿真软件停车工况，完成离心泵的停车操作。当出料完成，可进行停车操作。要求完成罐停进料、停泵、泵泄液、罐泄压等操作，并认真填写工艺操作卡，成绩达 90 分以上。建议操作用时 15min。

情境 3　事故处理

启动仿真软件事故处理工况，完成离心泵的事故处理操作。本工艺涉及的事故有：泵坏、阀卡、入口管线堵、泵汽蚀、泵气缚。设备故障时造成界面上的参数变化均不相同。要求根据界面上参数的变化，对比正常值，快速分析出事故原因，做出相应的处理操作，并认真填写工艺操作卡，成绩达 90 分以上。建议每个事故操作用时 5min。

任务 二
液位控制系统的操作

一、工作任务要求

工作任务要求见表 2-6。

表 2-6　工作任务要求

任务情景	某化工公司需要对原料缓冲罐、恒压中间罐、恒压产品罐进行液位控制。根据公司生产部门的要求，学生以不同身份进入车间，负责工艺操作、事故处理、生产管理等工作内容，确保做到平稳准确地控制液位，完成生产任务		
教学模式	理实一体、任务驱动		
教学场所与工具	仿真实训室：电脑及仿真软件		
岗位角色	角色 1：生产操作人员	角色 2：班组长	角色 3：技术人员
工作任务与目标	① 接受本装置相关培训； ② 按照液位控制系统的操作规程，配合班组长，实现安全、稳定生产	① 根据生产部门要求，组织班组人员,实现多岗位安全、稳定操作； ② 处理生产中的紧急事故，确保装置安全、稳定运行	组织生产，优化液位控制操作的工艺参数，实现优质低耗的目的

二、必备应知

1. 认识多级液位控制

多级液位控制和原料的混合比例，是化工生产中经常遇到的问题，要求做到平稳准

2-1-5

确地控制。首先按流程中主物料流向逐渐建立液位,其次应准确分析流程,找出主副控制变量,选择合理的自动控制方案,并进行正确的控制操作。在整个过程中注重动态平衡的控制。

本工艺涉及的主要液位控制系统包括:单回路控制系统、分程控制系统、比值控制系统、串级控制系统。结合微课,将液位控制系统的类型和作用填写在表2-7中。

液位控制单元
知识及操作

表2-7 本工艺中液位控制系统的类型和作用

序号	系统名称	类型和作用
1	单回路控制系统	
2	分程控制系统	
3	比值控制系统	
4	串级控制系统	

2. 识读工艺流程

(1)主要设备 本工艺用到的设备有原料缓冲罐、恒压中间罐、恒压产品罐、离心泵。请在表2-8中根据设备位号填入相应的设备名称及其作用。

表2-8 本工艺所涉及的主要设备及其作用

序号	设备位号	设备名称	设备作用
1	V101		
2	V102		
3	V103		
4	P101A		
5	P101B		

(2)工艺流程 根据资源中的工艺流程描述,补全液位控制系统操作流程图(图2-4)。横线填写设备名称,方框填写控制指标。

3. 熟知关键参数指标与控制方案

(1)关键参数指标

① 原料罐压力控制在(5 ± 0.1)atm。

② 各罐液位控制在$50\% \pm 1\%$。

(2)控制方案

① 液位控制。以主物料流向逐渐建立液位,通过操作不同控制系统,控制储罐进料量和出料量达到动态平衡,从而实现液位平稳、准确的控制。操作过程中每个储罐液位达40%以上再开始出料,过早或过晚出料均会导致液位不稳定。

项目一　流体输送操作

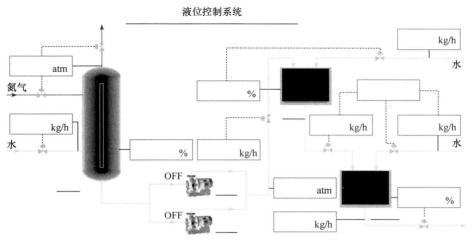

图 2-4　液位控制系统操作流程图

② 压力控制。缓冲罐压力由分程控制系统控制,泵出口压力由流入中间贮槽物料流量决定,保持液位稳定,物料流量稳定,压力即可控。

液位控制操作工艺参数报警情况见表 2-9。

表 2-9　液位控制操作工艺参数报警情况

序号	位号	说明	正常值	报警值
1	FIC101			
2	FIC102			
3	FIC103			
4	FIC104			
5	LIC101			
6	LIC102			
7	LIC103			
8	PIC101			
9	FI103			
10	PI101			

三、任务实施

本部分内容主要训练学生对液位控制系统的操作能力,包括冷态开车、正常停车和事故处理。请准备好工艺操作卡,在接到任务时填写基本信息;操作完成后,如实填写操作中存在的问题和建议。教师根据反馈情况，可组织集中研讨和答疑，以提高学生对液位控制系统的理解和操作质量。

情境1　冷态开车训练

启动仿真软件冷态开车工况，完成液位控制系统的开车操作。装置开车状态为原料缓冲罐、中间罐、产品罐均处于常温、常压状态，物料已备好，所有阀门和机泵处于关停状态。要求完成缓冲罐充压及液位建立、中间贮槽液位的建立、产品贮槽液位的建立等操作，并认真填写工艺操作卡，成绩达90分以上。建议操作用时20min。

情境2　正常停车训练

启动仿真软件停车工况，完成液位控制系统的停车操作。当出料完成，可进行停车操作。要求完成关进料线、将调节器改手动控制、罐泄压及排放等操作，并认真填写工艺操作卡，成绩达90分以上。建议操作用时20min。

情境3　事故处理

启动仿真软件事故处理工况，完成液位控制系统的事故处理操作。本工艺涉及的事故有：泵坏、阀卡。设备故障时造成界面上的参数变化均不相同。要求根据界面上参数的变化，对比正常值，快速分析出事故原因，做出相应的处理操作，并认真填写工艺操作卡，成绩达90分以上。建议每个事故操作用时10min。

任务 三
气体压缩机的操作

一、工作任务要求

工作任务要求见表2-10。

表2-10　工作任务要求

任务情景	某化工公司将甲烷经压缩机压缩后送入燃料系统。根据公司生产部门的要求，学生以不同身份进入车间，负责工艺操作、事故处理、生产管理等工作内容，确保安全、平稳地完成生产任务		
教学模式	理实一体、任务驱动		
教学场所与工具	仿真实训室：电脑及仿真软件		
岗位角色	角色1：生产操作人员	角色2：班组长	角色3：技术人员
工作任务与目标	① 接受本装置相关培训； ② 按照压缩机的操作规程，配合班组长，实现安全、稳定生产	① 根据生产部门要求，组织班组人员，实现多岗位安全、稳定操作； ② 处理生产中的紧急事故，确保装置安全、稳定运行	组织生产，优化压缩机操作工艺参数，实现优质低耗的目的

二、必备应知

1. 理解压缩原理、认识压缩设备

输送和压缩气体的设备统称为气体输送机械，作用与液体输送机械相类似，都是对流体做功，以提高流体的压强。气体输送机械一般根据终压（出口表压力）或出口压力

2-1-8

与进口压力之比（称为压缩比）进行分类：

(1) 通风机　终压（表压）不大于 15kPa。
(2) 鼓风机　终压（表压）为 15～300kPa，压缩比小于 4。
(3) 压缩机　终压（表压）在 300kPa 以上，压缩比大于 4。
(4) 真空泵　将低于大气压的气体从容器或设备内抽到大气中。

压缩机结构及操作

气体输送机械按其结构与工作原理也可分为离心式、往复式、旋转式和流体作用式。离心式压缩机常称为透平式压缩机，它是进行气体压缩的常用设备。在压缩机的操作中应特别注意喘振现象，它是压缩机实际流量小于性能曲线所标明的最小流量时出现的不稳定工作状态。

本工艺所用离心式压缩机的外观见图 2-5。结合微课，将离心式压缩机的构件名称填写在图 2-6 中，并将各构件的类型和作用填写在表 2-11 中。

图 2-5　离心式压缩机外观

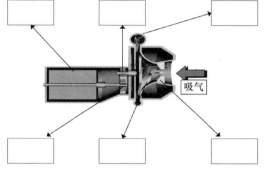
图 2-6　离心式压缩机结构

表 2-11　本工艺中离心式压缩机各构件的类型和作用

序号	构件名称	类型和作用
1	机壳	
2	叶轮	
3	轴	
4	密封装置	

2. 识读工艺流程

(1) 主要设备　本工艺用到的设备有甲烷储罐、压缩机、蒸汽透平、压缩机回流冷却器。请在表 2-12 中根据设备位号填入相应的设备名称及其作用。

表 2-12　本工艺所涉及的主要设备及其作用

序号	设备位号	设备名称	设备作用
1	FA311		
2	GT301		

续表

序号	设备位号	设备名称	设备作用
3	GB301		
4	EA305		

（2）工艺流程　根据资源中的工艺流程描述，补全单级压缩机操作流程图（图2-7）。横线填写设备名称，方框填写控制指标。

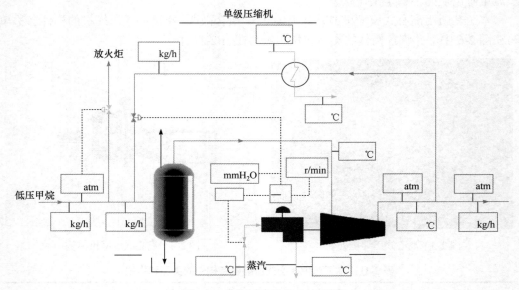

图 2-7　单级压缩机操作流程图

3. 熟知关键参数指标和控制方案

（1）压力控制方案　手动升速阶段储罐压力维持在（400±100）mmH$_2$O，正常后压力控制在295mmH$_2$O；放火炬系统压力控制在0.1atm；压缩机出口压力维持在3～5atm。

（2）速度控制方案　手动升速阶段压缩机速度通过手动调节蒸汽透平调速器逐步提升，此时一定要注意速度递增要求，缓慢控制速度升至要求值。启动调速系统阶段，压缩机的速度由储罐压力控制系统控制，启动调速系统后，应逐步调大此阀开度，关闭压缩机反喘振线上的流量控制阀，然后进一步调大开度，逐步打开主气门开度，从而逐步提升压缩机转速。此时需要注意通过调节储罐顶部安全阀，控制储罐压力稳定在标准值附近。单级压缩机操作工艺参数报警情况见表2-13。

表 2-13　单级压缩机操作工艺参数报警情况

序号	位号	说明	正常值	报警值
1	PIC303			
2	PIC304			

项目一　流体输送操作

续表

序号	位号	说明	正常值	报警值
3	PI301			
4	PI302			
5	FI301			
6	FI302			
7	FI303			
8	FI304			
9	TI301			
10	TI302			
11	TI304			
12	TI305			
13	TI306			
14	TI307			
15	XN301			
16	HX311			

三、任务实施

本部分内容主要训练学生对单级压缩机的操作能力，包括冷态开车、正常停车和事故处理。请准备好工艺操作卡，在接到任务时填写基本信息；操作完成后，如实填写操作中存在的问题和建议。教师根据反馈情况，可组织集中研讨和答疑，以提高学生对压缩机的理解和操作质量。

情境1　冷态开车训练

启动仿真软件冷态开车工况，完成单级压缩机的开车操作。装置开车状态为甲烷储罐处于常温、常压状态，物料已备好，所有阀门和机泵处于关停状态。要求完成开车前准备工作、原料罐充低压甲烷、手动升速、跳闸实验、重新手动升速、启动调速系统、调节操作参数到正常值等操作，并认真填写工艺操作卡，成绩达80分以上。建议操作用时60min。

情境2　正常停车训练

启动仿真软件停车工况，完成单级压缩机的停车操作。当出料完成，可进行停车操

模块二 化工单元仿真操作实训

作。要求完成停调速系统、手动降速、关闭进料等操作，并认真填写工艺操作卡，成绩达 90 分以上。建议操作用时 20min。

情境 3 事故处理

启动仿真软件事故处理工况，完成单级压缩机的事故处理操作。本工艺涉及的事故有：入口压力过高、出口压力过高、入口管道破裂、出口管道破裂、入口温度过高。设备故障时造成界面上的参数变化均不相同。要求根据界面上参数的变化，对比正常值，快速分析出事故原因，做出相应的处理操作，并认真填写工艺操作卡，成绩达 90 分以上。建议每个事故操作用时 15min。

小研讨

姜妍，女，1973 年 9 月生，中共党员，辽宁省沈阳鼓风机集团股份有限公司设计院副总工程师。姜妍是我国百万吨级乙烯压缩机设计研制的"第一人"，面对国外严密的技术封锁，带领团队刻苦攻关、敬业奉献，累计研制压缩机千余台，终结了我国乙烯压缩机长期依赖进口的局面，用 10 年时间走完西方国家 100 年的路，奏响了"大国重器"绝不假手于人的科技强音。

请学习姜妍研发乙烯压缩机的攻坚过程，学习她身上的那股不服输的劲儿，学习她刻苦钻研、锐意创新的工匠精神。分小组谈谈你对科教兴国的感悟。

2-1-12

项目一 流体输送操作

项目思考与问答

1. （单选）离心泵的工作原理是利用叶轮高速运转产生的（   ）。
A. 向心力　　　　B. 重力　　　　C. 离心力　　　　D. 拉力
2. （单选）离心泵的安装高度有一定限制的原因主要是（   ）。
A. 防止产生气缚现象　　　　　　B. 防止产生汽蚀
C. 受泵的扬程的限制　　　　　　D. 受泵的功率的限制
3. （单选）离心泵开动以前必须充满液体是为了防止发生（   ）。
A. 气缚现象　　　　　　　　　　B. 汽蚀现象
C. 汽化现象　　　　　　　　　　D. 气浮现象
4. （单选）液位控制仿真培训单元学习了哪种复杂调节系统？（   ）
A. 串级　　　　　　B. 比值　　　　　C. 分程　　　　D. 以上都是
5. （单选）在液位控制单元开/停车时，要注意维持流经调节阀 FV103 和 FV104 的液体流量比值为（   ）。
A. 1　　　　　　B. 2　　　　　　C. 3　　　　　　D. 4
6. （单选）离心式压缩机流量调节最常用的调节方法是（   ）。
A. 调整入口阀的开度　　　　　　B. 调整出口阀的开度
C. 改变叶轮的转速　　　　　　　D. 调节旁路
7. （单选）在手动调速状态，压缩机防喘振线上的防喘振阀（   ）全开，可以防止喘振。
A. PI301　　　　B. PIC303　　　　C. PV304A　　　　D. PV304B
8. （多选）气体输送机械按其结构与工作原理可分为（   ）。
A. 离心式　　　　B. 往复式　　　　C. 旋转式　　　　D. 流体作用式
9. （判断）在液位控制单元，调节器 FIC103 和 FIC104 组成的比值控制回路中，FIC103 是主动量。（   ）
10. （判断）在液位控制单元，罐 V101 的液位是由液位调节器 LIC101 和流量调节器 FIC102 串级控制。（   ）
11. （判断）在液位控制单元，停车时要先排凝后放压。（   ）
12. （简答）离心泵在启动和停止运行时泵的出口阀应处于什么状态？为什么？

13. （简答）离心泵出口压力过高或过低应如何调节？

14. （简答）如何防止压缩机喘振？

2-1-13

项目操作结果评价

项目操作结果评价见表 2-14～表 2-16。

表 2-14 离心泵操作-任务综合评价表

姓名		学号		班级	
组别		组长		成员	
任务名称					

维度	评价内容	自评	互评	师评	得分
知识	离心泵的结构与特点（5分）				
	离心泵的操作要点（5分）				
	离心泵操作中典型故障的现象及产生原因（10分）				
能力	能够根据开车操作规程，配合班组指令，进行离心泵的开车操作（10分）				
	能够根据停车操作规程，配合班组指令，进行离心泵的停车操作（10分）				
	能够根据生产中的压力、液位、流量等关键参数的正常运行区间，及时判断参数的波动方向和波动程度（10分）				
	能够根据物料特点和生产中关键参数的操作要点，正确处理参数波动、稳定运行装置，确保物料稳定输送（10分）				
	能够根据事故处理方案，及时稳妥地处理事故（10分）				
素质	具备诚实守信、爱岗敬业、团结互助的良好道德修养（5分）				
	在工作中具备较强的表达能力和沟通能力（5分）				
	具备严格遵守操作规程，密切关注生产状况的良好职业习惯（5分）				
	具备出现故障时能够沉着冷静查找原因，并迅速做出正确反应的良好心理素质（5分）				
	具备安全用电，正确防火、防爆、防毒意识（5分）				
	主动思考生产中的技术难点，探索降低能耗、提高生产效率的方法，优化生产过程，具备一定的创新能力（5分）				
我对任务完成情况的评价和反思					

项目一　流体输送操作

表 2-15　液位控制操作-任务综合评价表

姓名		学号		班级	
组别		组长		成员	
任务名称					

维度	评价内容	自评	互评	师评	得分
知识	液位控制系统的结构与特点（5分）				
	液位控制系统的操作要点（5分）				
	液位控制系统操作中典型故障的现象及产生原因（10分）				
能力	能够根据开车操作规程，配合班组指令，进行液位控制系统的开车操作（10分）				
	能够根据停车操作规程，配合班组指令，进行液位控制系统的停车操作（10分）				
	能够根据生产中的压力、流量、液位等关键参数的正常运行区间，及时判断参数的波动方向和波动程度（10分）				
	能够根据物料特点和生产中关键参数的操作要点，正确处理参数波动、稳定运行装置，确保生产稳定进行（10分）				
	能够根据事故处理方案，及时稳妥地处理事故（10分）				
素质	具备诚实守信、爱岗敬业、团结互助的良好道德修养（5分）				
	在工作中具备较强的表达能力和沟通能力（5分）				
	具备严格遵守操作规程，密切关注生产状况的良好职业习惯（5分）				
	具备出现故障时能够沉着冷静查找原因，并迅速做出正确反应的良好心理素质（5分）				
	具备安全用电，正确防火、防爆、防毒意识（5分）				
	主动思考生产中的技术难点，探索降低能耗、提高生产效率的方法，优化生产过程，具备一定的创新能力（5分）				
我对任务完成情况的评价和反思					

2-1-15

模块二 化工单元仿真操作实训

表 2-16 压缩机操作-任务综合评价表

姓名		学号		班级	
组别		组长		成员	
任务名称					

维度	评价内容	自评	互评	师评	得分
知识	压缩机的结构与特点（5分）				
	压缩机的操作要点（5分）				
	压缩机操作中典型故障的现象及产生原因（10分）				
能力	能够根据开车操作规程，配合班组指令，进行压缩机的开车操作（10分）				
	能够根据停车操作规程，配合班组指令，进行压缩机的停车操作（10分）				
	能够根据生产中的压力、速度、流量等关键参数的正常运行区间，及时判断参数的波动方向和波动程度（10分）				
	能够根据物料特点和生产中关键参数的操作要点，正确处理参数波动、稳定运行装置，确保物料稳定输送（10分）				
	能够根据事故处理方案，及时稳妥地处理事故（10分）				
素质	具备诚实守信、爱岗敬业、团结互助的良好道德修养（5分）				
	在工作中具备较强的表达能力和沟通能力（5分）				
	具备严格遵守操作规程，密切关注生产状况的良好职业习惯（5分）				
	具备出现故障时能够沉着冷静查找原因，并迅速做出正确反应的良好心理素质（5分）				
	具备安全用电，正确防火、防爆、防毒意识（5分）				
	主动思考生产中的技术难点，探索降低能耗、提高生产效率的方法，优化生产过程，具备一定的创新能力（5分）				
我对任务完成情况的评价和反思					

2-1-16

项目二　传热操作

学习目标

 知识目标

1. 了解传热的基本知识、基本原理。
2. 了解传热过程的工艺流程及工艺条件。
3. 熟悉工业换热器的类型、结构、特点。
4. 掌握换热过程关键参数的调控要点。
5. 掌握换热操作中典型故障的现象和产生原因。

 能力目标

1. 能根据开车操作规程，配合班组指令，进行列管式换热器、管式加热炉的开车操作。
2. 能根据停车操作规程，配合班组指令，进行列管式换热器、管式加热炉的停车操作。
3. 能根据列管式换热器、管式加热炉操作中温度关键参数的正常运行区间，及时判断参数的波动方向和波动程度。
4. 能根据列管式换热器、管式加热炉温度控制的要点，正确处理流量、压力等参数波动，稳定运行装置，确保物料出口温度稳定。
5. 能根据列管式换热器、管式加热炉操作中的异常现象，及时、正确地判断故障类型，并妥善处理故障。

 素质目标

1. 具备诚实守信、爱岗敬业、精益求精的职业素养。
2. 具备严格遵守岗位操作规程，密切关注生产状况的良好职业习惯。
3. 具备出现故障时能够沉着冷静查找原因，并迅速做出正确反应的良好心理素质。
4. 主动思考生产中的技术难点，探索提高温度控制稳定性、操作安全性、能量利用率等的方案，优化传热过程，具备一定的创新能力。

项目导言

　　传热是自然界和工程技术领域中普遍存在的一种现象。无论在化工、医药、能源、动力、冶金等工业部门，还是在农业、环境保护等部门中都涉及许多传热问题。化学工业中，传热主要应用于为化学反应、物理过程创造必要的温度条件，工艺余热回收以及设备管道保温隔热等，与生产过程紧密相连。因此，传热设备在化工厂的设备投资中占有很大的比例，据统计，在一般的石油化工企业中，换热设备的费用占总投资的30%～40%。

　　由于传热要求不同、载热体性质各异，换热器的种类也很多。按结构主要分为管式、板

模块二 化工单元仿真操作实训

式及其他类型换热器，其中以管式换热器应用最为广泛。按传热管结构不同，管式又可细分为列管式、套管式、蛇管式及翅片管式换热器等。本项目选取典型的列管式换热器、管式加热炉为训练任务。常见换热器的结构及特性见表 2-17。

表 2-17 常见换热器结构及特性一览表

类型	结构图	特点	适用情况
列管式（固定管板式换热器）	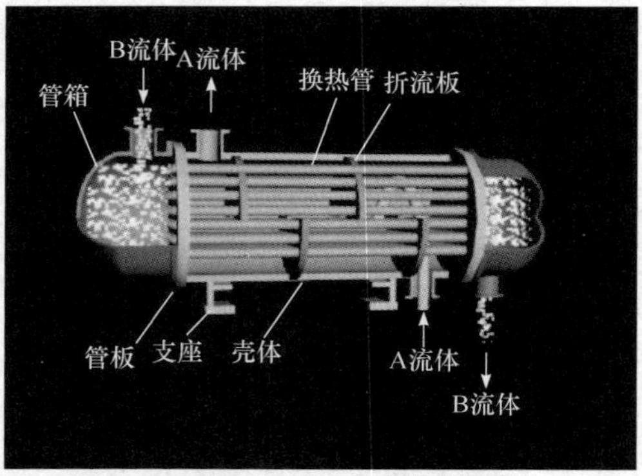	温差应力通过补偿圈补偿、壳程不易清洁	温差不大、壳程介质清洁不易结垢的场合
列管式（浮头式换热器）	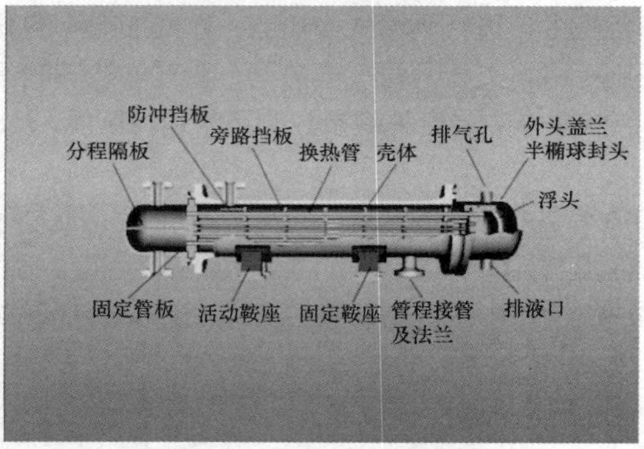	自由伸缩的浮头补偿了温差应力，管壳程均易清洁	温差较大、壳程介质易结垢的场合，成本较高
列管式（U 形管式换热器）	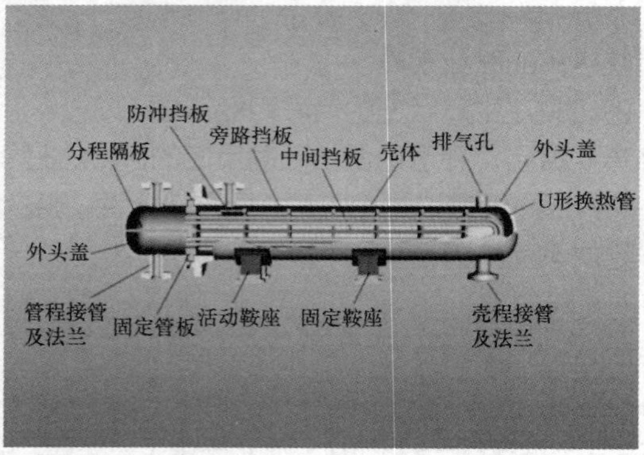	U 形管补偿了温差应力，但管程难清洗	温差较大、壳程介质易结垢而管程介质不易结垢的场合
列管式（填料函式换热器）	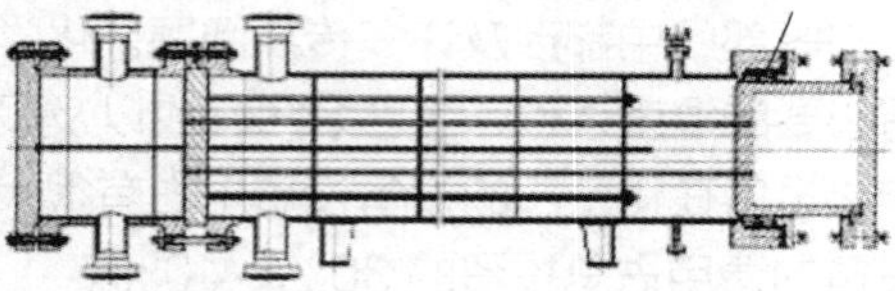	填料函密封补偿了温差应力，但壳程受压易泄漏	温差较大、介质易结垢需经常清洗，且壳程压力不大的场合

2-2-2

项目二 传热操作

续表

类型	结构图	特点	适用情况
套管式换热器	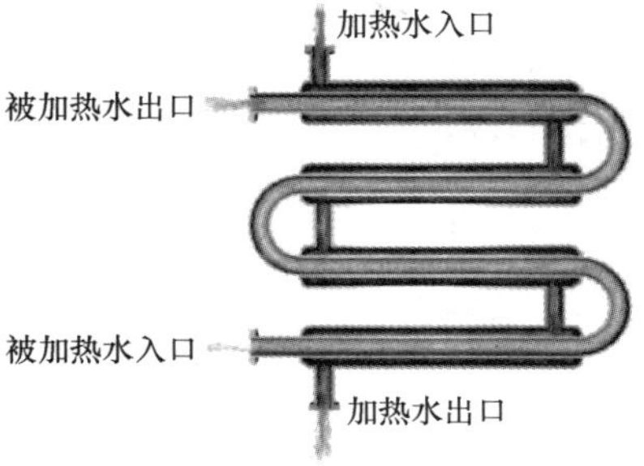 加热水入口 被加热水出口 被加热水入口 加热水出口	能耐高压、传热面积可自由增减,但接头多,不易检修	高温、高压、流量较小的场合
蛇管式(沉浸式换热器)	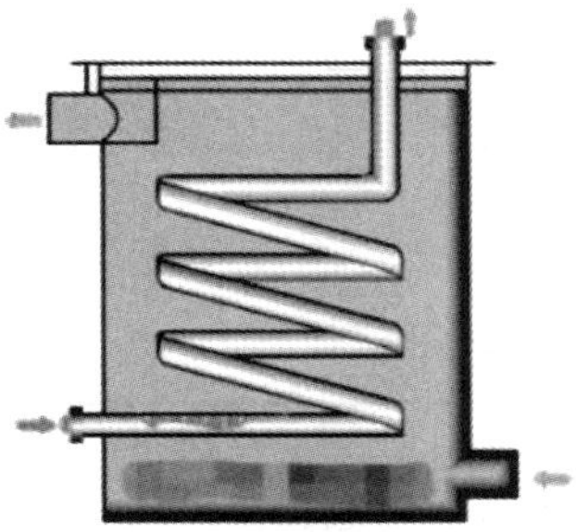	耐高压,造价低廉,但传热系数较小	传热速率要求不高的场合
蛇管式(喷淋式换热器)	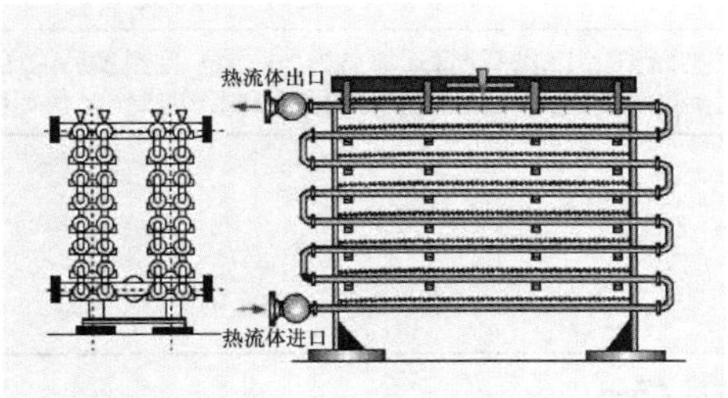 热流体出口 热流体进口	传热效率好,但占地面积及介质用量较大	传热速率要求高,介质用量不限的场合
翅片管式换热器		传热效率高,但管子内(外)表面难清洗	传热介质热导率较小的场合
夹套式换热器	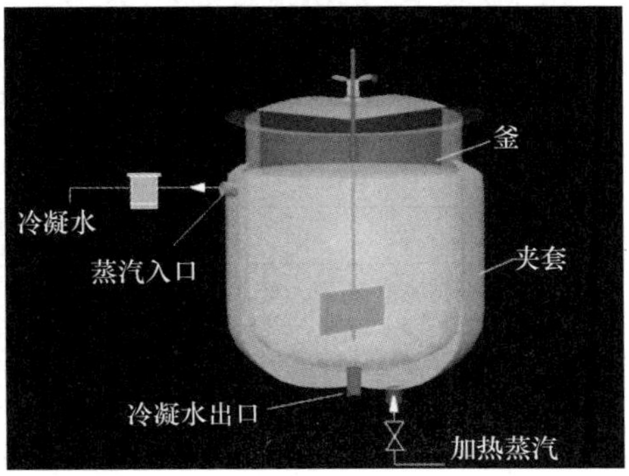 釜 冷凝水 蒸汽入口 夹套 冷凝水出口 加热蒸汽	结构简单,传热效率低,夹套内部难清洗	与反应器、容器构成整体,且夹套内介质一般为蒸汽、冷却水和氨等不易结垢介质的场合

2-2-3

模块二　化工单元仿真操作实训

续表

类型	结构图	特点	适用情况
板式换热器		结构紧凑，组装灵活，传热面积大，但处理量小，不能耐高压	需要经常清洗，工作环境要求紧凑，操作压力不太高的场合

项目任务

项目任务见表 2-18。

表 2-18　项目任务

序号	项目任务	总体要求
1	列管式换热器的操作	通过蒸汽加热冷物料的传热操作实训，掌握列管式换热器的开车、停车操作，稳定运行和故障处理
2	管式加热炉的操作	通过某烃类化工原料经管式加热炉加热至一定温度后输送到其他工段的传热操作实训，掌握管式加热炉的开车、停车操作，稳定运行和故障处理

任务 一
列管式换热器的操作

一、工作任务要求

工作任务要求见表 2-19。

表 2-19　工作任务要求

任务情境	某化工公司有来自外界的 92℃冷物流，需将其升温至 145℃，并有 20%被汽化。该过程在 U 形管式换热器中进行，采用连续操作方式。本任务涉及排气、进物料、正常运行与控制三个部分，根据公司生产部门的要求，学生以不同身份进入车间，负责工艺操作、事故处理、生产管理等工作内容，确保安全、平稳地完成生产任务		
教学模式	理实一体、任务驱动		
教学场所与工具	仿真实训室；电脑及仿真软件		
岗位角色	角色1：生产操作人员	角色2：班组长	角色3：技术人员
工作任务与目标	① 接受本装置相关培训；② 按照精馏塔的操作规程，配合班组长，实现换热器的安全、稳定运行	① 根据生产部门要求，组织班组人员，实现多岗位安全、稳定操作，完成换热器生产任务；② 处理生产中的紧急事故，确保安全、稳定运行	组织生产，优化原料油脱丁烷的工艺参数，实现安全、低耗的生产目的

2-2-4

二、必备应知

1. 理解换热原理、认识换热设备

(1) 换热原理 传热即有温差的物料间发生的热量传递过程，被广泛应用于石油化工、动力、冶金等工业部门，特别是在石油炼制和化学加工装置中占有重要地位。传热的基本方式有热传导、热对流和热辐射三种，热传导传热机理为微观介质，如自由电子、分子、原子、晶格等的运动带来的热量传热；热对流则为宏观介质位移形成；热辐射则由热能转化成电磁波形式而传递，生产中的传热通常是其中的两种或三种方式结合。

换热器结构及操作

本工艺要求将流量为 12000kg/h 的 92℃冷物流（沸点：198.25℃）加热至 145℃，采用的加热剂温度为 225℃。要实现该工艺操作，首先需通过热量衡算确定加热剂的理论用量，然后再选择合适的换热器（换热器的结构型式是影响换热器性能效率的关键因素），最后核算确定加热剂的实际用量。

(2) 换热设备 换热器是进行热交换操作的通用工艺设备，按其形状可分为管式（列管、套管、蛇管、翅片管）、板式（螺旋板、平板、夹套、板翅）等，其中列管式换热器在化工生产中应用最广泛。本工艺采用 U 形管式换热器，其外观见图 2-8。结合动画，将 U 形管式换热器的结构填写在图 2-9 中，并将各构件的类型和作用填写在表 2-20 中。

图 2-8 换热器的外观图

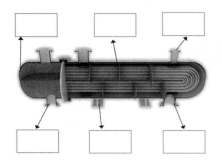 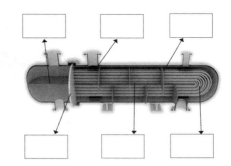

图 2-9 换热器的内、外部结构

表 2-20 本工艺中换热器各构件的类型及作用

序号	构件名称	类型和作用
1	壳体	

续表

序号	构件名称	类型和作用
2	管束	
3	封头	
4	壳程流通方式	
5	管程流通方式	

2. 识读工艺流程

（1）主要设备　本工艺由进冷物料、进热物料等工序构成，用到的设备有换热器、泵等，请在表 2-21 中根据设备位号填入相应的设备名称及其作用。

表 2-21　本工艺涉及的主要设备及其作用

序号	设备位号	设备名称	设备作用
1	E101		
2	P101A/B		
3	P102A/B		

（2）工艺流程　根据资源中的工艺流程描述，补全换热工艺流程图（图 2-10）。括号填写物料名称，横线填写设备名称，方框填写控制指标。

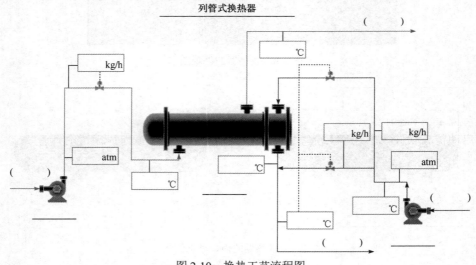

图 2-10　换热工艺流程图

3. 熟知关键参数指标与控制方案

（1）关键参数指标

① 冷流体出口温度是保证正常生产的关键，工艺要求冷流体出口温度控制在 145℃。

② 冷流体出口流量的稳定是保证下游工艺正常运行的关键，工艺要求冷流体流量稳定在 12000kg/h。

（2）控制方案

① 温度调节。影响冷流体出口温度的主要有热物料的入口温度、冷物料入口温度、热物料的流量等。如热物料入口温度降低、冷物料入口温度降低、热物料流量减小均会造成冷物料出口温度下降，可通过提高热物料流量的办法来调节。本工艺采用分程控制调节流经主线（换热器）及副线的流量，以保证热物流的流量稳定。

② 流量调节。影响流量稳定的主要为管道及换热器压力。如压力升高，应加大冷却水或降低水温以使回流液温度降低；或微开放空阀以排除不凝性气体；或适当降低塔釜加热蒸汽量以降低塔内蒸汽负荷。

根据操作要点和安全平稳生产要求，完成表 2-22。

表 2-22　换热工艺中正常操作的参数情况

序号	位号	正常指标	最大偏差值	参数说明
1	FIC101			
2	TI102			
3	TIC101			

三、任务实施

本部分内容主要训练学生对列管式换热器的操作能力，包括冷态开车、正常停车和事故处理。请准备好工艺操作卡，在接到任务时填写基本信息；操作完成后，如实填写操作中存在的问题和建议。教师根据反馈情况，可组织集中研讨和答疑，以提高学生对列管式换热器的理解和操作质量。

操作过程中，应确保高压流体尽量走管程，以免壳体受压，并且可节省壳体金属的消耗量；饱和蒸汽尽量走壳程，以便于及时排出冷凝液，且蒸汽较洁净，不易污染壳程；有毒流体尽量走管程，以减少流体泄漏。

情境 1　冷态开车训练

启动仿真软件冷态开车工况，完成列管式换热器的开车操作，装置的开工状态为换热器处于常温常压下，各调节阀处于手动关闭状态，各手操阀处于关闭状态，可以直接进冷物流。要求完成排不凝性气体、进料和传热过程控制等操作，并认真填写工艺操作卡，成绩达 90 分以上。建议操作用时为 30min。

提示：① 液体介质进入换热器需从换热器下部进入，这样才能使液体充满整个空间；② 气体介质需由换热器上部进入，由于气体密度较低，只有从上部进入方可充满整个空间；③ 冷热物流进料前都必须打开相应的放空阀 VD03、VD06，至两个阀门出口有液体溢出。本单元现场图中现场阀旁边的实心红色圆点代表高点排气和低点排液，当完成高点排气和低点排液时，实心红色圆点变为绿色。

情境 2　正常停车训练

启动仿真软件停车工况，完成列管式换热器的停车操作。停车时，要先停热进料，

2-2-7

模块二　化工单元仿真操作实训

再停冷物料，最后进行管、壳程泄液。要求完成停热物料、停冷物料、换热器泄液等操作，并认真填写工艺操作卡，成绩达 90 分以上，建议操作时间 30min。

情景 3　事故处理

启动仿真软件事故处理工况，完成列管式换热器的事故处理操作。本工艺涉及的事故有：换热器阀卡（流量减小，泵出口压力升高，冷物料出口温度升高或降低），换热器结垢（热物料出口温度升高），换热器泵坏（泵出口压力下降，流量降低，冷物料出口温度升高或降低）。物料中断及设备故障时造成界面上的参数变化均不相同，要求根据界面上参数的变化，对比正常值，快速分析出事故原因，做出相应处理操作，并认真填写工艺操作卡，要求成绩均在 90 分以上。建议每个事故操作用时 10min。

任务 二
管式加热炉的操作

一、工作任务要求

工作任务要求见表 2-23。

表 2-23　工作任务要求

任务情景	某化工公司需将某烃类化工原料经管式加热炉加热至一定温度后输送到其他工段。根据公司生产部门的要求，学生以不同身份进入车间，负责工艺操作、事故处理、生产管理等工作内容，确保安全、平稳地完成生产任务		
教学模式	理实一体、任务驱动		
教学场所与工具	仿真实训室：电脑及仿真软件		
岗位角色	角色 1：生产操作人员	角色 2：班组长	角色 3：技术人员
工作任务与目标	① 接受本装置相关培训； ② 按照管式加热炉的操作规程，配合班组长，实现安全、稳定生产	① 根据生产部门要求，组织班组人员，实现多岗位安全、稳定操作； ② 处理生产中的紧急事故，确保装置安全、稳定运行	组织生产，优化管式加热炉操作工艺参数，实现优质低耗的目的

二、必备应知

1. 认识管式加热炉、理解加热炉原理

本工艺选择的是石油化工生产中最常用的管式加热炉。管式加热炉是一种直接受热式加热设备，主要用于加热液体或气体化工原料，所用燃料通常有燃料油和燃料气。管式加热炉通常由辐射室、对流室、燃烧器、通风系统等部分构成，传热方式以辐射传热为主。

本工艺所用管式加热炉的外观见图 2-11。结合动画，将管式加热炉的结构填写在图 2-12 中，并将各构件的类型和作用填写在表 2-24 中。

加热炉结构
及操作

2-2-8

图 2-11 管式加热炉的外观

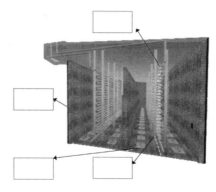
图 2-12 管式加热炉的结构

表 2-24 本工艺中管式加热炉各构件的类型和作用

构件名称	类型和作用
辐射室	
对流室	
燃烧器	
通风系统	

2. 识读工艺流程

（1）主要设备　本工艺用到的设备有燃料气分液罐、燃料油储罐、管式加热炉、燃料油泵。请在表 2-25 中根据设备位号填入相应的设备名称及其作用。

表 2-25 本工艺所涉及的主要设备及其作用

序号	设备位号	设备名称	设备作用
1	V105		
2	V108		
3	F101		
4	P101A		
5	P101B		

（2）工艺流程　根据资源中的工艺流程描述，补全管式加热炉操作流程图（图 2-13）。横线填写设备名称，方框填写控制指标。

3. 熟知关键参数指标与控制方案

（1）关键参数指标

① 压力指标。燃料气罐压力 4atm，雾化蒸汽压力 4atm，燃料油压力 6atm。

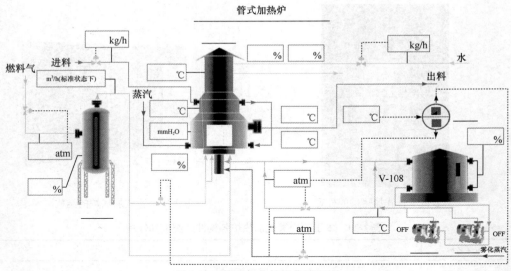

图 2-13　管式加热炉操作流程图

② 温度指标。出口物料温度 420℃，炉膛温度 640℃。

（2）控制方案

① 流量控制。进料和采暖水流量通过调节流量调节阀开度使流量分别稳定在 3072.5kg/h 及 9584kg/h。

② 压力控制。燃料系统中雾化蒸汽和燃料油压力通过调节控制开度使压力分别稳定在 4atm 和 6atm；燃料气罐压力的控制通过调节充压阀开度使压力稳定到 2atm。

③ 温度控制。炉膛温度及出口物料温度的控制：通过调节出口温度调节器的开度，使燃料气流量和燃料油压力增大，同时逐渐加大风门和挡板开度，使空气进入和烟气排出通道加大，同时需要控制炉膛负压和烟气含氧量在标准值附近，使出口物料温度及炉膛温度分别缓慢升至 420℃ 及 640℃ 并维持稳定。

管式加热炉操作工艺参数报警情况见表 2-26。

表 2-26　管式加热炉操作工艺参数报警情况

序号	位号	说明	正常值	报警值
1	AR101			
2	FIC101			
3	FIC102			
4	LI101			
5	LI115			
6	PIC101			
7	PI107			
8	PIC109			
9	PDIC112			

续表

序号	位号	说明	正常值	报警值
10	TI104			
11	TI105			
12	TIC106			
13	TI108			
14	TI134			
15	TI135			
16	HS101			
17	MI101			
18	MI102			

三、任务实施

本部分内容主要训练学生对管式加热炉的操作能力，包括冷态开车、正常停车和事故处理。请准备好工艺操作卡，在接到任务时填写基本信息；操作完成后，如实填写操作中存在的问题和建议。教师根据反馈情况，可组织集中研讨和答疑，以提高学生对管式加热炉的理解和操作质量。

情境 1　冷态开车训练

启动仿真软件冷态开车工况，完成管式加热炉的开车操作。装置开车状态为燃料气分液罐、燃料油储罐、管式加热炉处于常温、常压状态，物料已备好，所有阀门和机泵处于关停状态。要求完成开车准备、点火准备、燃料气准备、点火操作、升温操作、引工艺物料、启动燃料油系统、调整至正常等操作，并认真填写工艺操作卡，成绩达 85 分以上。建议操作用时 40min。

情境 2　正常停车训练

启动仿真软件停车工况，完成管式加热炉的停车操作。当出料完成，可进行停车操作。要求完成停车准备、降量、降温及停燃料油系统、停燃料气及工艺物料、炉膛吹扫等操作，并认真填写工艺操作卡，成绩达 90 分以上。建议操作用时 20min。

情境 3　事故处理

启动仿真软件事故处理工况，完成管式加热炉的事故处理操作。本工艺涉及的事故有：燃料油火嘴堵、燃料气压力低、炉管破裂、燃料气调节阀卡、燃料气带液、燃料油带水、雾化蒸汽压力低、燃料油泵 A 停。设备故障时造成界面上的参数变化均不相同。要求根据界面上参数的变化，对比正常值，快速分析出事故原因，做出相应的处理操作，并认真填写工艺操作卡，成绩达 90 分以上。建议每个事故操作用时 10min。

 小研讨

传热在化工生产中占据重要地位，物料加热或冷却、热量回收等都需要传热技术，请分组查阅、汇报化工生产中的能量综合利用方法，并谈谈你对化工节能重要性的理解。

项目思考与问答

1. （单选）化工过程两流体间宏观上发生热量传递的条件是（　　　）。

A. 保温　　　　　B. 不同传热方式　　　C. 存在温度差　　D. 传热方式相同

2. （单选）管式换热器与板式换热器相比（　　　）。

A. 传热效率高　　B. 结构紧凑　　　　　C. 材料消耗少　　D. 耐压性能好

3. （单选）换热器中换热管与管板不采用（　　　）连接方式。

A. 焊接　　　　　B. 胀接　　　　　　　C. 螺纹　　　　　D. 胀焊

4. （单选）在换热器的操作中，不需做的是（　　　）。

A. 投产时，先预热，后加热

B. 定期更换两流体的流动途径

C. 定期分析流体的成分，以确定有无内漏

D. 定期排放不凝性气体，定期清洗

5. （单选）下列列管式换热器操作程序哪一种操作不正确？（　　　）

A. 开车时，应先进冷物料，后进热物料

B. 停车时，应先停热物料，后停冷物料

C. 开车时要排出不凝气

D. 发生管堵或严重结垢时，应分别加大冷、热物料流量，以保持传热量

6. （单选）雾化蒸汽量小，炉膛温度（　　　）。

A. 升高　　　　　B. 下降　　　　　　　C. 不变　　　　　D. 先升高后下降

7. （单选）加热过程中加大风门的开度将使炉膛负压（　　　），烟道气出口氧气含量
（　　　）。

A. 增加　　　　　B. 减小　　　　　　　C. 不变　　　　　D. 先增加后减小

8. （单选）加热过程中加大烟道挡板的开度将使炉膛负压（　　　），烟道气出口氧气
含量（　　　）。

A. 增加　　　　　B. 减小　　　　　　　C. 不变　　　　　D. 先增加后减小

9. （多选）油气混合燃烧炉的主要结构包括（　　　）。

A. 辐射室　　　　B. 对流室　　　　　　C. 燃烧器　　　　D. 通风系统

10. （简答）请问开车时不排出不凝气会有什么后果？如何操作才能排净不凝气？

11. （简答）为什么停车后管程和壳程都要进行高点排气、低点泄液？

12. （简答）传热有哪几种基本方式，各自的特点是什么？

13. （简答）工业生产中常见的换热器有哪些类型？

14. （简答）加热炉点火时为什么要先点燃点火棒，再依次开长明线阀和燃料气阀？

项目操作结果评价

项目操作结果评价见表 2-27～表 2-28。

表 2-27 列管式换热器操作-任务综合评价表

姓名		学号		班级		
组别		组长		成员		
任务名称						
维度	评价内容			自评	互评	师评	得分
知识	列管式换热器的结构与特点（5分）						
	列管式换热器的操作要点（5分）						
	列管式换热器操作中典型故障的现象及产生原因（10分）						
能力	能够根据开车操作规程，配合班组指令，进行列管式换热器的开车操作（10分）						
	能够根据停车操作规程，配合班组指令，进行列管式换热器的停车操作（10分）						
	能够根据生产中的温度、压力、流量等关键参数的正常运行区间，及时判断参数的波动方向和波动程度（10分）						
	能够根据传热特点和生产中关键参数的操作要点，正确处理参数波动、稳定运行装置，确保温度的稳定（10分）						
	能够根据事故处理方案，及时稳妥地处理事故（10分）						
素质	具备诚实守信、爱岗敬业、团结互助的良好道德修养（5分）						
	在工作中具备较强的表达能力和沟通能力（5分）						
	具备严格遵守操作规程，密切关注生产状况的良好职业习惯（5分）						
	具备出现故障时能够沉着冷静查找原因，并迅速做出正确反应的良好心理素质（5分）						
	具备安全用电，正确防火、防爆、防毒意识（5分）						
	主动思考生产中的技术难点，探索提高温度控制稳定性、操作安全性、能量利用率等的方案，优化传热过程，具备一定的创新能力（5分）						
我对任务完成情况的评价和反思							

项目二 传热操作

表 2-28 管式加热炉操作-任务综合评价表

姓名		学号		班级	
组别		组长		成员	
任务名称					

维度	评价内容	自评	互评	师评	得分
知识	管式加热炉的结构与特点（5分）				
	管式加热炉的操作要点（5分）				
	管式加热炉操作中典型故障的现象及产生原因（10分）				
能力	能够根据开车操作规程，配合班组指令，进行管式加热炉的开车操作（10分）				
	能够根据停车操作规程，配合班组指令，进行管式加热炉的停车操作（10分）				
	能够根据生产中的压力、温度、流量、液位等关键参数的正常运行区间，及时判断参数的波动方向和波动程度（10分）				
	能够根据物料特点和生产中关键参数的操作要点，正确处理参数波动、稳定运行装置，确保生产稳定进行（10分）				
	能够根据事故处理方案，及时稳妥地处理事故（10分）				
素质	具备诚实守信、爱岗敬业、团结互助的良好道德修养（5分）				
	在工作中具备较强的表达能力和沟通能力（5分）				
	具备严格遵守操作规程，密切关注生产状况的良好职业习惯（5分）				
	具备出现故障时能够沉着冷静查找原因，并迅速做出正确反应的良好心理素质（5分）				
	具备安全用电，正确防火、防爆、防毒意识（5分）				
	主动思考生产中的技术难点，探索降低能耗、提高生产效率的方法，优化生产过程，具备一定的创新能力（5分）				
我对认识完成情况的评价和反思					

2-2-15

项目三 传质分离操作

学习目标

 知识目标

1. 了解精馏、吸收和萃取分离的基本原理。
2. 了解精馏、吸收和萃取分离的工艺条件及工艺流程。
3. 熟悉精馏、吸收和萃取装置的结构和特点。
4. 掌握精馏、吸收和萃取操作中关键参数的调控要点。
5. 掌握精馏、吸收和萃取操作中典型故障的现象和产生原因。

能力目标

1. 能根据开车操作规程,配合班组指令,进行精馏塔、吸收塔和萃取塔的开车操作。
2. 能根据停车操作规程,配合班组指令,进行精馏塔、吸收塔和萃取塔的停车操作。
3. 能根据精馏塔、吸收塔和萃取塔操作中温度、压力、流量、液位等关键参数的正常运行区间,及时判断参数的波动方向和波动程度。
4. 能根据精馏塔、吸收塔和萃取塔关键参数的操作要点,正确处理参数波动,稳定运行装置,确保产品质量和产品收率。
5. 能根据精馏塔、吸收塔和萃取塔操作中的异常现象,及时、正确地判断故障类型,并妥善处理故障。

 素质目标

1. 具备诚实守信、爱岗敬业、精益求精的职业素养。
2. 具备较强的表达能力和沟通能力。
3. 具备严格遵守岗位操作规程,密切关注生产状况的良好职业习惯。
4. 具备出现故障时能够沉着冷静查找原因,并迅速做出正确反应的良好心理素质。
5. 具备安全用电,正确防火、防爆、防毒意识。
6. 主动思考生产中的技术难点,探索提高产品纯度、收率、安全性等的方案,优化生产过程,具备一定的创新能力。

项目导言

传质分离操作是指生产过程中对原料、中间产品和产品复杂体系,利用其某种物理性质的差异而进行的分离和提纯单元操作,是化学工业、石油炼制、制药、环境治理等工业生产过程的重要组成部分。

由于待分离体系的性质千差万别,故而其传质分离方法也是多种多样的。比如原油通过蒸馏分离得到汽油、柴油、煤油、润滑油等馏分,乙醇水溶液通过精馏提纯得到无水乙醇,

模块二　化工单元仿真操作实训

焦炉煤气通过洗油吸收回收粗苯，香料工业用正丁醇从亚硫酸纸浆废水中萃取得到香兰素，粗矿石通过干燥去除湿分等。

本项目选取典型的吸收解吸、精馏和萃取为训练任务。其中，精馏被广泛应用于原油蒸馏、空气分离、乙醇精制等工艺中，吸收被广泛应用于尾气吸收、气体净化、三酸（硫酸、盐酸、硝酸）制备等工艺中，萃取被广泛应用于中草药提取、色素提取、废水处理等工艺中。

常见分离方法的原理、设备外观及适用情况见表 2-29。

表 2-29　常见分离方法的原理、设备外观、适用情况一览表

传质分离方法	分离原理	典型设备外观	适用情况	应用举例
精馏	利用液体混合物挥发性差异而分离	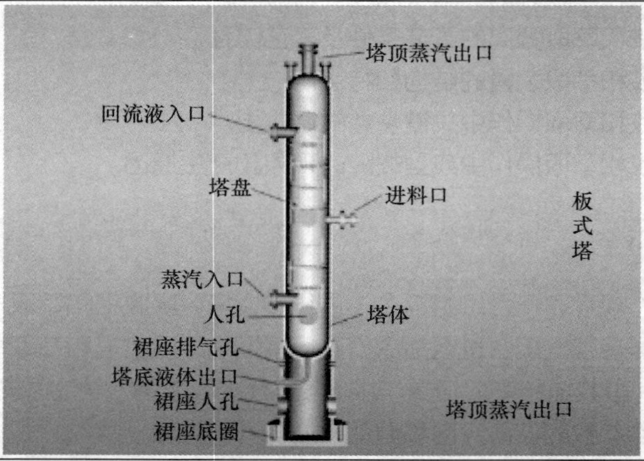 板式塔	液体混合物气体（压缩液化）固体（加热溶解）	原油蒸馏乙醇精制空气分离
吸收	利用气体混合物在液体（吸收剂）中溶解性的差异而分离	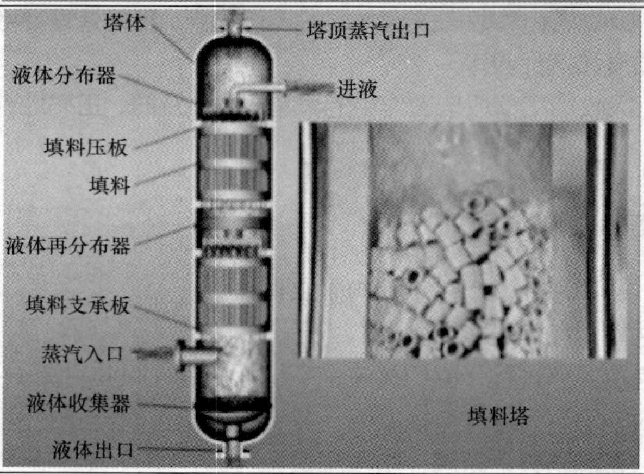 填料塔	气体混合物	煤气脱苯烟气脱硫
萃取	利用液体混合物在液体（萃取剂）中溶解度不同而分离	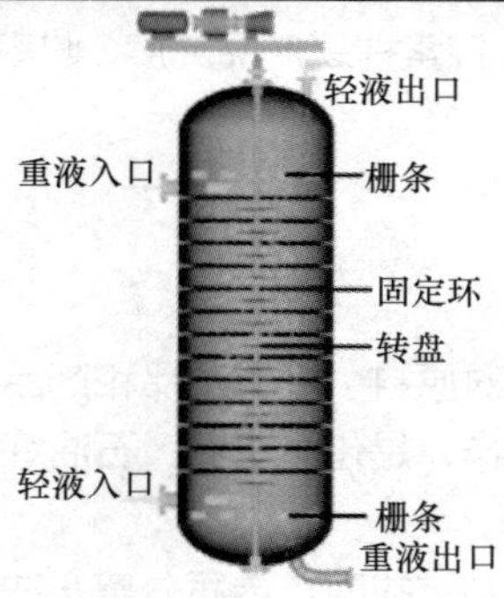 转盘萃取塔	液体混合物	色素萃取中草药提取

2-3-2

项目三　传质分离操作

续表

传质分离方法	分离原理	典型设备外观	适用情况	应用举例
干燥	使固体湿物料中所含湿分汽化而分离	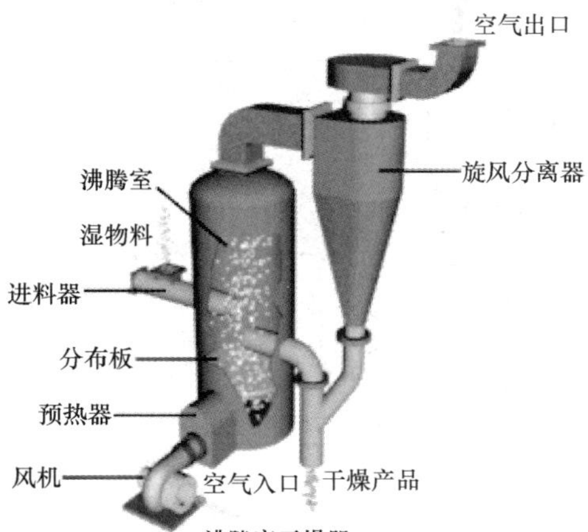 沸腾床干燥器	固体湿物料	钛白粉干燥奶粉干燥
蒸发	利用是否具有挥发性使溶剂汽化，与溶质分离	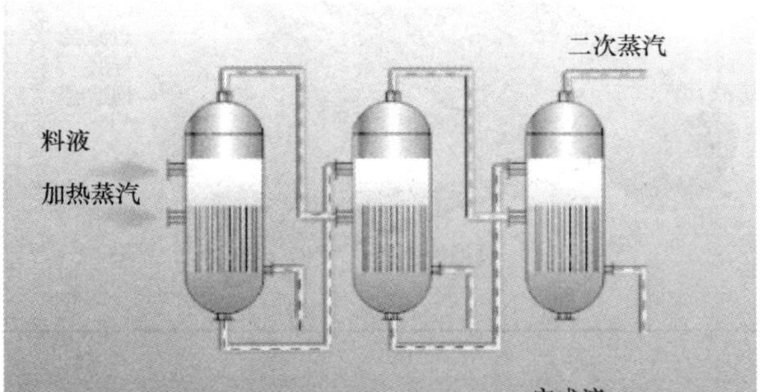 多效蒸发示意图	液体混合物	碱液蒸发得浓烧碱糖水浓缩得糖浆
过滤	利用颗粒尺寸的差异从气体或液体中分离悬浮的固体颗粒	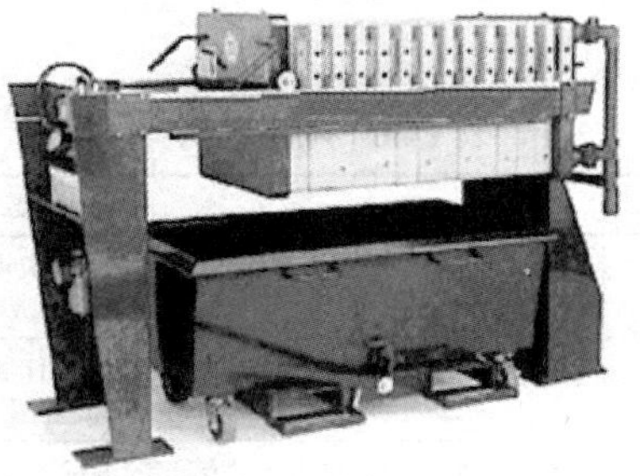	气-固混合物（烟尘）液-固混合物（悬浮液）	污水栅格过滤除杂布袋除尘
沉降	利用密度的差异从气体或液体中分离悬浮的固体颗粒、液滴或气泡		气-固混合物（烟尘）液-固混合物（悬浮液）液-液混合物（乳浊液）	污水初沉污水二沉

模块二　项目三

2-3-3

模块二　化工单元仿真操作实训

续表

传质分离方法	分离原理	典型设备外观	适用情况	应用举例
结晶	使溶液呈过饱和状态而析出固态晶体	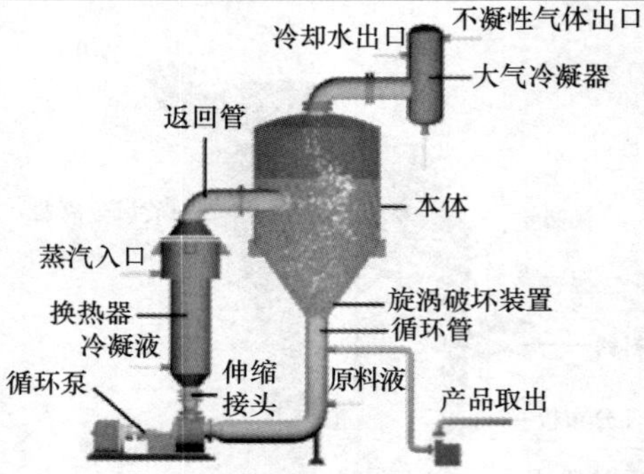 蒸发型结晶器	液体混合物	柠檬酸结晶纯化
膜分离	利用气体或液体分子尺寸差异采用特殊膜材料而分离	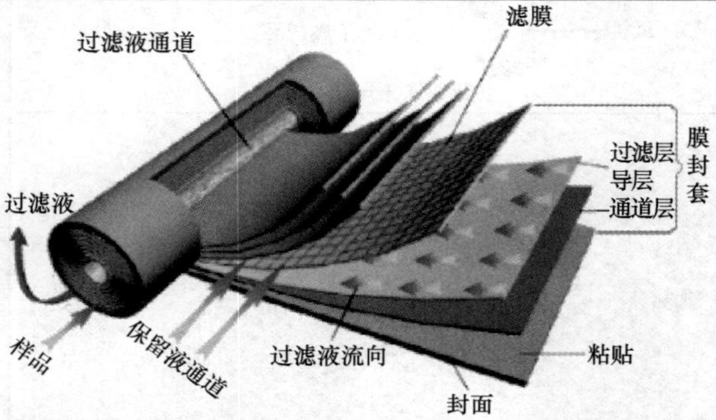	气体混合物液体混合物	海水淡化去离子水制备

项目任务

项目任务见表 2-30。

表 2-30　项目任务

序号	项目任务	总体要求
1	精馏塔操作	通过含 C$_4$ 组分原料油的精馏分离操作实训，掌握精馏塔的开、停车操作，稳定运行和故障处理
2	吸收与解吸操作	通过含 C$_4$ 组分混合气体的吸收分离操作实训，掌握吸收与解吸的开、停车操作，稳定运行和故障处理
3	萃取塔操作	通过含催化剂（对甲苯磺酸）的丙烯酸丁酯混合液的萃取分离操作实训，掌握萃取塔的开、停车操作，稳定运行和故障处理

任务 一
吸收与解吸操作

一、工作任务要求

工作任务要求见表 2-31。

2-3-4

表 2-31 工作任务要求

任务情境	某化工公司现有一气体混合物（其中 C_4 25.13%，CO 和 CO_2 6.26%，N_2 64.58%，H_2 3.5%，O_2 0.53%），拟采用 C_6 油为吸收剂，用吸收法将混合气中 C_4 组分分离。该过程在填料吸收塔中进行，吸收剂则在精馏塔中解吸循环利用，采用连续操作方式。本任务涉及充压、进油、冷油循环、热油循环、进气吸收五个部分，根据公司生产部门的要求，学生以不同身份进入车间，负责工艺操作、事故处理、生产管理等工作内容，确保安全、平稳地完成生产任务
教学模式	理实一体、任务驱动
教学场所与工具	仿真实训室；电脑及仿真软件
岗位角色	角色 1：生产操作人员 / 角色 2：班组长 / 角色 3：技术人员
工作任务与目标	① 接受本装置相关培训；② 按照吸收解吸塔的操作规程，配合班组长，实现吸收解吸塔的安全、平稳运行 / ① 根据生产部门要求，组织班组人员，实现多岗位安全、稳定操作，完成混合气 C_4 分离的生产任务；② 处理生产中的紧急事故，确保安全、平稳运行 / 组织生产，优化吸收、解吸联用的工艺参数，实现安全、高产、低耗的生产目的

二、必备应知

1. 理解吸收原理、认识吸收设备

（1）理解吸收原理　在化工生产中，有许多原料、中间产品等都是气体混合物，为了从气体混合物中分离出一个或多个组分，将气体混合物与选择的某种液体接触，气体中的一个或几个组分便溶解于该液体形成溶液，不能溶解的组分则保留在气相中，然后分别将气、液两相移除而达到分离的目的。这种利用混合气中各组分在液体（吸收剂）中的溶解度不同而将气体混合物分离的操作即为吸收，吸收剂良好的选择性以及适度的溶解度则是保证吸收分离效果的关键。

本工艺以 C_6 油为吸收剂，分离气体混合物（其中 C_4：25.13%，CO 和 CO_2：6.26%，N_2：64.58%，H_2：3.5%，O_2：0.53%）中的 C_4 组分。溶解在 C_6 吸收油中的 C_4 溶质和在气相中的 C_4 组分存在溶解平衡，当 C_4 组分在气相中的实际浓度大于其平衡浓度时，C_4 组分从气相溶入 C_6 吸收油，此为吸收，在填料吸收塔中进行，加压、降温有利于 C_4 组分吸收；反之则为解吸，因升温、降压有利于解吸，故采用升温精馏在解吸塔中分离 C_4 组分使 C_6 吸收油得以循环利用。

填料塔结构

（2）认识吸收设备　根据塔内气、液接触部件结构型式的不同，分为板式塔和填料塔两种类型，本工艺采用填料塔进行气体吸收和富液精馏解吸。结合动画，将填料吸收塔的结构填写在图 2-14 中，并将各构件的类型和作用填在表 2-32 中。

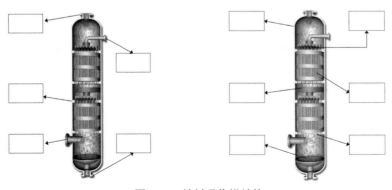

图 2-14 填料吸收塔结构

模块二　化工单元仿真操作实训

表 2-32　本工艺中吸收塔各构件的类型及作用

序号	构件名称	类型和作用
1	塔体	
2	气液分散装置	
3	气液分离装置	

2. 识读工艺流程

（1）主要设备　本工艺由吸收和解吸工序构成。用到的设备有吸收塔、解吸塔、换热器、冷凝器、再沸器、油泵等。请在表 2-33 中根据设备位号填入相应的设备名称及其作用。

表 2-33　本工艺涉及的主要设备及其作用

序号	设备位号	设备名称	设备作用
1	T101		
2	T102		
3	D101		
4	D102		
5	D103		
6	E101		
7	E102		
8	E103		
9	E104		
10	E105		
11	P101A/B		
12	P102A/B		

（2）工艺流程　根据仿真软件中的工艺流程，补全混合气分离的吸收解吸工艺流程图（图 2-15）。方框内填写物料或设备名称。

3. 熟知关键参数指标和控制方案

（1）关键参数指标

① 吸收塔塔顶压力控制在 1.2MPa，解吸塔塔顶压力控制在 0.5MPa。

② 解吸塔釜温控制在 102℃，顶温控制在 51℃。如温度控制不稳，易造成系统压力、液位波动，影响富油解吸及富气吸收分离效果。

③ 吸收塔冷油温度控制在 5℃，温度过高易造成吸收分离效果变差。

2-3-6

项目三　传质分离操作

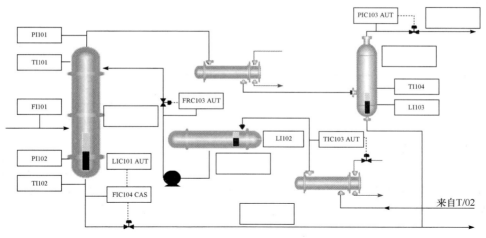

图 2-15　吸收工艺流程图

（2）控制方案

① 压力调节。压力稳定是吸收解吸操作稳定的前提。吸收塔进富气及解吸塔加热前，两塔压力主要通过充氮来调节，吸收塔进气后则主要通过进气量和塔顶放空来调节，解吸塔升温后则由塔顶气体冷凝和放空来调节。塔压不稳容易造成塔内液位波动，严重时可造成物料不能正常输送，甚至冲塔。

② 温度调节。吸收塔内温度主要通过冷油温度控制。解吸塔内温度主要有塔釜加热及塔顶回流控制，超温时可通过降低塔釜加热蒸汽量及加大回流来调节，若伴随有差压现象可通过放空来调节，以达到安全稳定生产的目的。

③ 液位调节。液位稳定是连续操作的必要条件，操作过程中主要通过进料量、出料量来调节。而流体的输送与压力息息相关，因此要确保系统流体的稳定输送，还需保证系统压力的稳定性。

根据操作要点，完成表 2-34。

表 2-34　吸收解吸的正常操作参数情况

序号	位号	正常指标	最大偏差值	参数说明
1	FRC103			
2	FIC104			
3	FI105			
4	FIC106			
5	FI107			
6	FIC108			
7	LIC101			
8	LI102			

模块二 化工单元仿真操作实训

续表

序号	位号	正常指标	最大偏差值	参数说明
9	LI103			
10	LIC104			

三、任务实施

本部分内容主要训练学生对吸收解吸工艺的操作能力，包括冷态开车、正常停车和事故处理。请准备好工艺操作卡，在接到任务时填写基本信息；操作完成后，如实填写操作中存在的问题和建议。教师根据反馈情况，可组织集中研讨和答疑，以提高学生对吸收解吸工艺的理解和操作质量。

操作过程中应保证系统密闭，防止气体逸出，造成燃烧、爆炸和中毒等事故；安全使用吸收剂，防止出现吸收剂中毒；严格按照操作规程完成，自觉地培养良好的操作习惯和安全意识。

情境1 冷态开车训练

启动仿真软件冷态开车工况，完成吸收解吸工段的开车操作，装置开工状态为吸收塔、解吸塔、吸收塔顶冷凝器、解吸塔再沸器、解吸塔冷凝器、贫富油换热器等设备均处于常温常压下；各调节阀处于手动关闭状态，各手操阀处于关闭状态；各物料均已备好；氮气置换已完毕；公用工程已具备条件；可以直接进行氮气充压。要求完成氮气充压、进油及冷油两塔间循环、解吸塔加热启用、吸收塔进气吸收和工艺过程控制等操作，并认真填写工艺操作卡，成绩达90分以上。建议操作用时为40min。

情境2 正常停车训练

启动仿真软件停车工况，完成吸收解吸工段的停车操作。操作顺序为停进料、停吸收系统、停解吸系统，要求完成停气、卸油、降温、泄压等操作，并认真填写工艺操作卡，成绩达90分以上，建议操作时间40min。

情境3 事故处理

启动仿真软件事故处理工况，完成吸收解吸工段的事故处理操作。本工段涉及的事故有：冷却水中断、加热蒸汽中断、仪表风中断（各调节阀全开或全关）、停电（泵停止运转）、泵坏（切换备用泵）、解吸塔出料阀卡、解吸塔釜换热器结垢严重。物料中断及设备故障时造成界面上的参数变化均不相同，要求根据界面上参数的变化，对比正常值，快速分析出事故原因，做出相应处理操作，并认真填写工艺操作卡，要求成绩均在90分以上。建议每个事故操作用时5min。

任务 二

单塔精馏操作

一、工作任务要求

工作任务要求见表2-35。

表 2-35　工作任务要求

任务情境	某化工公司现有一原料油（67.8℃脱丙烷塔的釜液，其中含有 C_4、C_5、C_6、C_7 等成分），拟采用精馏分离实现 C_4 组分的提纯。该过程在脱丁烷塔中进行，采用连续操作方式。本任务涉及进料、塔釜加热、建立回流、产品采出四个部分，根据公司生产部门的要求，学生以不同身份进入车间，负责工艺操作、事故处理、生产管理等工作内容，确保安全、平稳地完成生产任务		
教学模式	理实一体、任务驱动		
教学场所与工具	仿真实训室；电脑及仿真软件		
岗位角色	角色1：生产操作人员	角色2：班组长	角色3：技术人员
工作任务与目标	① 接受本装置相关培训；② 按照精馏塔的操作规程，配合班组长，实现脱丁烷塔的安全、稳定运行	① 根据生产部门要求，组织班组人员，实现多岗位安全、稳定操作，完成脱丁烷生产任务；② 处理生产中的紧急事故，确保安全、稳定运行	组织生产，优化原料油脱丁烷的工艺参数，实现安全、高产、低耗的生产目的

二、必备应知

1. 理解精馏原理、认识精馏设备

（1）精馏原理和流程　精馏是将液体混合物部分汽化，利用其中各组分相对挥发度的不同，通过液相和气相间的质量传递来实现对混合物分离，是最早实现工业化的典型单元操作，如将石油分离成汽油、煤油、柴油及重油等，又如从粮食、薯类的发酵液中分离制酒精，将液态空气分离得到氧和氮等。

精馏塔结构及操作

本工艺采用精馏法，实现原料油（67.8℃脱丙烷塔的釜液，其中含有 C_4、C_5、C_6、C_7 等成分）中 C_4 组分的分离。由精馏原理可知，单有精馏塔不能完成精馏操作，而必须同时有塔顶冷凝器和塔底再沸器。再沸器提供一定量的蒸汽流，冷凝器提供适当的液相回流和塔顶液相产品，精馏塔内部则提供汽、液逐级接触传热、传质的场所，从而实现塔顶轻组分、塔底重组分一定程度的分离，其分离效果与塔体内部结构、塔高及操作条件有关。

（2）精馏设备　根据塔内汽、液接触部件结构形式的不同，精馏塔可分为板式塔和填料塔两种类型，本工艺采用板式塔，其外观见图 2-16。结合动画，将板式精馏塔及塔板的结构填写在图 2-17、图 2-18 中，并将各构件的类型和作用填写在表 2-36 中。

图 2-16　精馏塔的外观

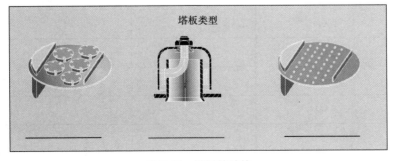

图 2-17　塔板的结构

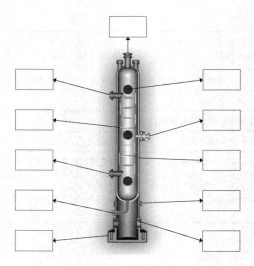

图 2-18 精馏塔的结构

表 2-36 本工艺中精馏塔各构件的类型及作用

序号	构件名称	类型和作用
1	塔体	
2	汽液接触部件	
3	液体流通通道	
4	蒸汽流通通道	
5	塔顶回流方式	
6	塔底回流方式	

2. 识读工艺流程

（1）主要设备　本工艺由进料、精馏、冷凝、再沸、出料工序构成，用到的设备有精馏塔、换热器、泵、储罐等，请在表 2-37 中根据设备位号填入相应的设备名称及其作用。

表 2-37 本工艺涉及的主要设备及其作用

序号	设备位号	设备名称	设备作用
1	DA405		
2	FA408		
3	EA408A/B		
4	EA419		
5	GA412A、B		
6	FA414		

（2）工艺流程　根据资源中的工艺流程描述，补全原料油脱丁烷的生产工艺流程图（图2-19）。括号填写物料名称，横线填写设备名称，方框填写控制指标。

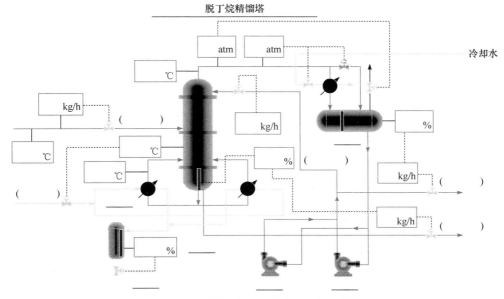

图2-19　原料油脱丁烷的生产工艺流程图

3. 熟知关键参数指标与控制方案

（1）关键参数指标

① 塔体温度是保证精馏产品质量的关键，工艺要求灵敏板温度应控制在89.3℃，塔釜温度应控制在109.3℃，塔顶温度应控制在46.5℃。

② 塔压恒定是保证精馏塔稳定操作的关键，工艺要求塔顶压力应控制在4.25MPa。

（2）控制方案

① 温度调节。要保证精馏塔的温度稳定，对物料进料温度，塔顶、塔釜及回流液温度都应严加控制。塔顶温度主要受塔顶回流液的影响，可通过调节回流量的大小、冷却剂的用量和温度的办法来控制。而对于塔釜温度，可通过调节塔底再沸器的低压蒸汽用量来确保塔釜温度的稳定。灵敏板温度能够及早反映精馏生产中由于物料不平衡或是塔的分离能力不够等造成的产品不合格现象，从而及早加以调控保证精馏产品的合格。

提示：回流比是精馏塔塔顶返回塔内的回流液流量 L 与塔顶产品流量 D 的比值，即 $R=L/D$。精馏塔的分离能力，主要取决于回流比的大小。增大回流比，就可提高产品纯度，但也增加了能耗。改变回流比是调节精馏塔操作方便而有效的手段。

② 压力调节。影响塔压变化的主要有冷却剂的温度、流量，塔顶采出量及塔顶不凝性气体的积聚等。如压力升高，应加大冷却水或降低水温以使回流液温度降低；或微开放空阀以排除不凝性气体；或适当降低塔釜加热蒸汽量以降低塔内蒸汽负荷。

③ 液位调节。物料守恒是塔釜及回流罐液位稳定的关键，操作过程中应保证进料量等于塔顶馏出液采出量与塔釜残液采出量之和。

根据操作要点和安全平稳生产要求，完成表2-38。

模块二 化工单元仿真操作实训

表 2-38 原料油脱丁烷精馏塔正常操作的参数情况

序号	位号	正常指标	最大偏差值	参数说明
1	FIC101			
2	FC102			
3	FC103			
4	FC104			
5	PC102			
6	TC101			
7	LC101			
8	LC102			
9	LC103			

三、任务实施

本部分内容主要训练学生对原料油脱丁烷精馏塔的操作能力，包括冷态开车、正常停车和事故处理。请准备好工艺操作卡，在接到任务时填写基本信息；操作完成后，如实填写操作中存在的问题和建议。教师根据反馈情况，可组织集中研讨和答疑，以提高学生对精馏塔的理解和操作质量。

操作过程中，应确保塔顶冷凝器中冷却水连续供给不中断，否则未冷凝易燃气体逸出可能引起爆炸。应严格按照操作规程完成，自觉地培养良好的操作习惯和安全意识，确保定期停车检修。

情境 1 冷态开车训练

启动仿真软件冷态开车工况，完成板式精馏塔的开车操作。装置开车状态为精馏塔单元处于常温、常压氮吹扫完毕后的氮封状态，所有阀门、机泵处于关停状态。要求完成排不凝性气体、进料、塔釜加热、建立回流、产品采出和工艺过程控制等操作，并认真填写工艺操作卡，成绩达 85 分以上。建议操作用时为 40min。

情境 2 正常停车训练

启动仿真软件停车工况，完成原料油脱丁烷精馏塔的停车操作。停车时，要先停进料，再停再沸器，停产品采出，降温降压后再停冷却水。要求完成降负荷、停进料和再沸器、停回流、降压降温等操作，并认真填写工艺操作卡，成绩达 90 分以上，建议操作时间 40min。

情境 3 事故处理

启动仿真软件事故处理工况，完成原料油脱丁烷精馏塔的事故处理操作。本工艺涉

2-3-12

项目三 传质分离操作

及的事故有：加热蒸汽压力过高（釜温升高），加热蒸汽压力过低（釜温下降），冷凝水中断（顶温、顶压升高），停电（泵停，回流中断，顶温、顶压升高），回流泵故障（顶温、顶压升高，切换备用泵），回流控制阀卡（顶温、顶压升高，切换旁路阀）。物料中断及设备故障时造成界面上的参数变化均不相同，要求根据界面上参数的变化，对比正常值，快速分析出事故原因，做出相应处理操作，并认真填写工艺操作卡，要求成绩均在 90 分以上。建议每个事故操作用时 10min。

任务 三
萃取塔操作

一、工作任务要求

工作任务要求见表 2-39。

表 2-39 工作任务要求

任务情境	某化工公司在生产丙烯酸丁酯过程中，产出含有催化剂（对甲苯磺酸）的丙烯酸丁酯混合液，欲将其分离，拟采用水为萃取剂，用萃取法将混合液中催化剂分离。该过程在萃取塔中进行，采用连续操作方式。本任务涉及引萃取剂、引反应液、出萃取相、出萃余相及正常运行五个部分，根据公司生产部门的要求，学生以不同身份进入车间，负责工艺操作、事故处理、生产管理等工作内容，确保安全、平稳地完成生产任务		
教学模式	理实一体、任务驱动		
教学场所与工具	仿真实训室；电脑及仿真软件		
岗位角色	角色 1：生产操作人员	角色 2：班组长	角色 3：技术人员
工作任务与目标	① 接受本装置相关培训；② 按照萃取塔的操作规程，配合班组长，实现萃取塔的安全、平稳运行	① 根据生产部门要求，组织班组人员，实现多岗位安全、稳定操作，完成萃取塔生产任务；② 处理生产中的紧急事故，确保安全、平稳运行	组织生产，优化萃取塔的工艺参数，实现安全、高产、低耗的生产目的

二、必备应知

1. 理解萃取原理、认识萃取设备

（1）理解萃取原理　在任何一种溶剂（萃取剂）中，不同的物质具有不同的溶解度，利用物质溶解度的不同，使混合物中的组分得到完全或部分的分离过程，称为萃取，萃取剂的选择则是萃取分离效果的关键。工业生产中常用于化工厂废水处理、中草药的提取及各种有机物的提取分离等，如用 CCl_4 萃取碘水中的碘，用 TBP 从发酵液中萃取柠檬酸，超临界萃取色素、啤酒花，用二甘油从石脑油裂解副产汽油或重油中萃取芳烃。

本工艺采用水作为萃取剂，萃取丙烯酸丁酯生产过程中的催化剂（对甲苯磺酸），以实现催化剂的回收利用，其操作过程由混合、分层、萃取相分离、萃余相分离等一系列步骤共同完成，分离效果则与萃取设备的结构、萃取剂的用量以及萃取温度的控制等因素有关。

（2）认识萃取设备　萃取设备按照结构特点大体上可分为三类：一

萃取设备及操作

2-3-13

是组件式，如混合-澄清器，两相间的混合多依靠机械搅拌，可间歇操作也可连续操作；二是塔式，如填料塔、筛板塔和转盘塔等，连续操作方式，依靠密度差或加入机械能量避免造成振荡，是两相混合；三是离心式，依靠离心力造成两相间分散接触。

本工艺采取萃取塔进行催化剂（对甲苯磺酸）的萃取分离，其外观见图2-20。结合视频，将萃取塔的结构填写在图2-21中，并将各构件的类型和作用填在表2-40中。

图2-20　萃取塔外观图

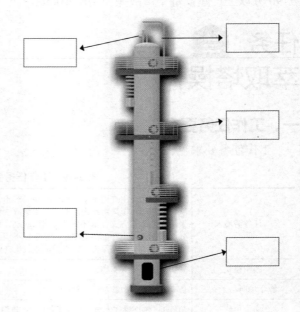
图2-21　萃取塔

表2-40　本工艺中萃取塔各构件的类型及作用

序号	构件名称	类型和作用
1	塔体	
2	分散装置	
3	支座	

2. 识读工艺流程

（1）主要设备　本工艺由备料、换热、萃取分离工序构成。用到的设备有萃取塔、换热器、泵等。请在表2-41中根据设备位号填入相应的设备名称及作用。

表2-41　本工艺涉及的主要设备及作用

序号	设备位号	设备名称	设备作用
1	P425		
2	P412A/B		

2-3-14

续表

序号	设备位号	设备名称	设备作用
3	P413		
4	E415		
5	C421		

（2）工艺流程　根据仿真软件中的工艺流程，补全丙烯酸丁酯生产中催化剂（对甲苯磺酸）萃取分离的工艺流程图（图2-22）。括号填写物料名称，横线填写设备名称，方框填写控制指标。

3. 熟知关键参数指标和控制方案

（1）关键参数指标

① 萃取塔温度应控制在35℃左右。若温度过高，萃取分层区面积减小，不利于萃取分离；若温度过低，则溶质在萃取剂中溶解度减小，需增大萃取剂的用量。本工艺要求萃取后萃取剂中丙烯酸丁酯浓度不超过1%。

② 塔内液位油水相界面应控制在50%左右。相界面稳定是萃取塔连续稳定操作的必要条件，若波动幅度较大，严重时可能会造成相的倒流，即萃取相灌入萃余相罐，或萃余相进入萃取相罐的事故。

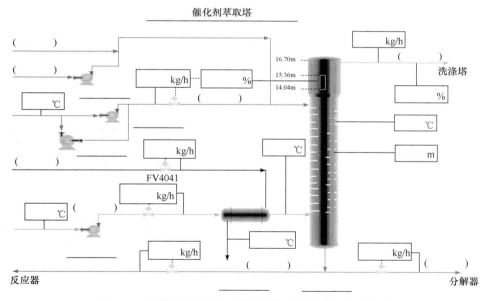

图2-22　丙烯酸丁酯生产中催化剂萃取分离的工艺流程图

（2）控制方案

① 温度调节。萃取塔内温度主要由反应液入口温度决定，可通过调节反应液冷却器冷却液的流量来进行控制，增大冷却液流量，温度降低，反之则升高。

② 相界面调节。操作过程中主要通过进料量、出料量来实现相界面调节。萃取塔内的相界面以两相密度差来维持，界面位置变化反映了萃取塔内的液体流量发生了变

模块二 化工单元仿真操作实训

化或塔内两相液体流通的不畅。若相界面升高，可增大萃取相出口流量或降低萃取剂入口流量。若相界面降低，可减小萃取相出口流量、增大萃取剂入口流量或降低原料液入口流量。

根据操作要点和安全平稳生产要求，完成表 2-42。

表 2-42　丙烯酸丁酯合成液中催化剂萃取分离操作的参数情况

序号	位号	正常指标	最大偏差值	参数说明
1	TI4021			
2	PI4012			
3	TI4020			
4	FI4031			

三、任务实施

本部分内容主要训练学生对萃取塔的操作能力，包括冷态开车、正常停车和事故处理。请准备好工艺操作卡，在接到任务时填写基本信息；操作完成后，如实填写操作中存在的问题和建议。教师根据反馈情况，可组织集中研讨和答疑，以提高学生对吸收解吸工艺的理解和操作质量。

操作过程中应了解生产装置区的所有物料的理化特性；了解生产装置区所有物料的闪点、引燃温度、爆炸极限、主要用途、危险特性、防护方法；严格按照操作规程完成，自觉地培养良好操作习惯和安全意识。

情境 1　冷态开车训练

启动仿真软件冷态开车工况，完成萃取塔的开车操作，装置开工状态为萃取塔、反应液冷却器、泵等设备均处于常温常压下；各调节阀处于手动关闭状态，各手操阀处于关闭状态；机泵处于关闭状态；各物料均已备好；公用工程已具备条件。要求完成引萃取剂、引反应液、出萃取相、出萃余相和工艺过程控制等操作，并认真填写工艺操作卡，成绩达 90 分以上。建议操作用时为 20min。

情境 2　正常停车训练

启动仿真软件停车工况，完成萃取塔的停车操作。要求完成停主物料进料、出油相产品、停萃取剂、萃取塔泄液等操作，并认真填写工艺操作卡，成绩达 90 分以上。建议操作时间为 20min。

情境 3　事故处理

启动仿真软件事故处理工况，完成萃取塔的事故处理操作。本工段涉及的事故有：泵坏（需切换备用泵），各调节阀卡（流量不可调，需切换旁路阀）。物料中断及设备故障时造成界面上的参数变化均不相同，要求根据界面上参数的变化，对比正常值，快速分析出事故原因，做出相应处理操作，并认真填写工艺操作卡，要求成绩均在 90 分以上。建议每个事故操作用时 5min。

2-3-16

小研讨

余国琮院士是我国精馏分离学科创始人、现代工业精馏技术的先行者、化工分离工程科学的开拓者，长期从事化工分离科学与工程研究，在精馏技术基础研究、成果转化和产业化领域做了系统性、开创性工作。他提出了较完整的不稳态蒸馏理论和浓缩重水的"两塔法"，解决了重水分离的关键问题，为新中国核技术起步和"两弹一星"突破作出了重要贡献。

他面向我国经济建设重大需求，开展大型工业精馏塔新技术研究，奠定了现代精馏技术的理论基础，研发了具有新型塔内件的高效填料塔技术，完全打破了国外技术的垄断，有力促进了我国石化工业跨越式发展。他致力于化工基础理论研究，提出气液平衡组成与温度关系理论的"余-库"方程，开创了计算传质学新研究领域，引领了化工分离学科领域发展。

作为科研工作者，"争一口气"是余国琮院士始终秉持的人生信念。他常说："我不仅仅要自己争一口气，更要把'争一口气'的精神传承下去，让更多的年轻人面对发达国家控制高新技术进口中国的现象，继续为中国'争一口气'！"

请学习余国琮院士的事迹和精神，谈谈你对"争一口气"精神的理解。

模块二 化工单元仿真操作实训

项目思考与问答

1. （单选）吸收分离的依据是混合气在液体中（ ）的不同。

A. 浓度 　　　　 B. 挥发度 　　　　 C. 温度 　　　　 D. 溶解度

2. （单选）吸收在（ ）的条件操作有利。

A. 高温高压 　　 B. 高温低压 　　 C. 低温高压 　　 D. 低温低压

3. （单选）吸收的极限是由（ ）决定的。

A. 温度 　　　　 B. 压力 　　　　 C. 溶剂 　　　　 D. 相平衡

4. （单选）吸收塔开车操作时，应（ ）。

A. 先通入气体后通入喷淋液体 　　　　 B. 增大喷淋量

C. 先通入喷淋液体后通入气体 　　　　 D. 先通气体或液体都可以

5. （单选）吸收塔（T101）尾气超标，可能的原因是（ ）。

A. 塔压增大 　　　　　　　　　　　 B. 解吸塔釜温下降

C. 吸收塔顶 C_6 油温升高 　　　　　 D. 吸收剂纯度下降

6. （单选）蒸馏分离的依据是混合物中各组分的（ ）不同。

A. 浓度 　　　　 B. 挥发度 　　　　 C. 温度 　　　　 D. 溶解度

7. （单选）精馏分离操作完成如下任务（ ）。

A. 混合气体的分离 　　　　　　　　 B. 气、固相分离

C. 液、固相分离 　　　　　　　　　 D. 溶液系的分离

8. （单选）（ ）是保证精馏过程连续稳定操作的必要条件之一。

A. 液相回流 　　 B. 进料 　　　　 C. 侧线抽出 　　 D. 产品提纯

9. （单选）下列哪些是精馏设备的主要部分？（ ）

A. 精馏塔 　　　 B. 塔顶冷凝器 　　 C. 再沸器 　　　 D. 馏出液贮槽

10. （单选）精馏塔釜温度过高会造成（ ）。

A. 轻组分损失增加 　　　　　　　　 B. 塔顶馏出物作为产品不合格

C. 釜液作为产品质量不合格 　　　　 D. 可能造成塔板严重漏液

11. （单选）精馏塔的操作中，先后顺序正确的是（ ）。

A. 先通入加热蒸汽再通入冷凝水 　　 B. 先停冷却水，再停产品产出

C. 先停再沸器，再停进料 　　　　　 D. 先全回流操作再调节适宜回流比

12. （单选）萃取操作的依据是（ ）。

A. 溶解度不同 　　 B. 沸点不同 　　 C. 蒸汽压不同 　　 D. 挥发度不同

13. （单选）本单元萃取是根据（ ）来进行的分离。

A. 对甲苯磺酸和水的密度不同

B. 水在丙烯酸丁酯合成液中的溶解度不同

2-3-18

C. 对甲苯磺酸在丙烯酸丁酯合成液中不溶

D. 对甲苯磺酸在水中的溶解度大于在丙烯酸丁酯合成液中的溶解度

14. （简答）请从节能的角度对换热器 E103 在吸收解吸单元的作用做出评价。

15. （简答）操作时若发现富油无法进入解吸塔，会是哪些原因导致的?应如何调节?

16. （简答）假如吸收解吸单元的操作已经平稳，这时吸收塔的进料富气温度突然升高，请分析会导致什么现象。如果造成吸收塔的塔顶压力上升（塔顶 C_4 增加），有哪些手段能将系统调节至正常?

17. （简答）若精馏塔灵敏板温度过高或过低，则意味着分离效果如何？应通过改变哪些变量来调节至正常?

18. （简答）在精馏塔单元中，如果塔顶温度、压力都超标，可以采取哪些措施使系统恢复稳定?

项目操作结果评价

项目操作结果评价见表 2-43～表 2-45。

表 2-43 吸收解吸操作-任务综合评价表

姓名		学号		班级	
组别		组长		成员	
任务名称					

维度	评价内容	自评	互评	师评	得分
知识	填料吸收塔的结构与特点（5分）				
	填料吸收塔和解吸塔的操作要点（5分）				
	填料吸收塔和解吸塔操作中典型故障的现象及产生原因（10分）				
能力	能够根据开车操作规程，配合班组指令，进行吸收解吸工段的开车操作（10分）				
	能够根据停车操作规程，配合班组指令，进行吸收解吸工段的停车操作（10分）				
	能够根据生产中的温度、压力、液位、流量等关键参数的正常运行区间，及时判断参数的波动方向和波动程度（10分）				
	能够根据分离特点和生产中关键参数的操作要点，正确处理参数波动、稳定运行装置，确保产品的纯度及收率（10分）				
	能够根据事故处理方案，及时稳妥地处理事故（10分）				
素质	具备诚实守信、爱岗敬业、团结互助的良好道德修养（5分）				
	在工作中具备较强的表达能力和沟通能力（5分）				
	具备严格遵守操作规程，密切关注生产状况的良好职业习惯（5分）				
	具备出现故障时能够沉着冷静查找原因，并迅速做出正确反应的良好心理素质（5分）				
	具备安全用电，正确防火、防爆、防毒意识（5分）				
	主动思考生产中的技术难点，探索提高产品纯度、产品收率、原料利用率及降低能耗的方法，优化生产过程，具备一定的创新能力（5分）				
我对任务完成情况的评价和反思					

项目三 传质分离操作

表 2-44 精馏塔操作-任务综合评价表

姓名		学号		班级	
组别		组长		成员	
任务名称					

维度	评价内容	自评	互评	师评	得分
知识	板式精馏塔的结构与特点（5分）				
	板式精馏塔的操作要点（5分）				
	板式精馏塔操作中典型故障的现象及产生原因（10分）				
能力	能够根据开车操作规程，配合班组指令，进行精馏塔的开车操作（10分）				
	能够根据停车操作规程，配合班组指令，进行精馏塔的停车操作（10分）				
	能够根据生产中的温度、压力、液位、流量等关键参数的正常运行区间，及时判断参数的波动方向和波动程度（10分）				
	能够根据分离特点和生产中关键参数的操作要点，正确处理参数波动、稳定运行装置，确保产品的纯度及收率（10分）				
	能够根据事故处理方案，及时稳妥地处理事故（10分）				
素质	具备诚实守信、爱岗敬业、团结互助的良好道德修养（5分）				
	在工作中具备较强的表达能力和沟通能力（5分）				
	具备严格遵守操作规程，密切关注生产状况的良好职业习惯（5分）				
	具备出现故障时能够沉着冷静查找原因，并迅速做出正确反应的良好心理素质（5分）				
	具备安全用电，正确防火、防爆、防毒意识（5分）				
	主动思考生产中的技术难点，探索提高产品纯度、产品收率、原料利用率及降低能耗的方法，优化生产过程，具备一定的创新能力（5分）				
我对任务完成情况的评价和反思					

项目三

模块二 化工单元仿真操作实训

表 2-45 萃取塔操作-任务综合评价表

姓名		学号		班级	
组别		组长		成员	
任务名称					

维度	评价内容	自评	互评	师评	得分
知识	萃取塔的结构与特点（5分）				
	萃取塔的操作要点（5分）				
	萃取塔操作中典型故障的现象及产生原因（10分）				
能力	能够根据开车操作规程，配合班组指令，进行萃取塔的开车操作（10分）				
	能够根据停车操作规程，配合班组指令，进行萃取塔的停车操作（10分）				
	能够根据生产中的温度、液位、流量等关键参数的正常运行区间，及时判断参数的波动方向和波动程度（10分）				
	能够根据分离特点和生产中关键参数的操作要点，正确处理参数波动、稳定运行装置，确保产品的纯度及收率（10分）				
	能够根据事故处理方案，及时稳妥地处理事故（10分）				
素质	具备诚实守信、爱岗敬业、团结互助的良好道德修养（5分）				
	在工作中具备较强的表达能力和沟通能力（5分）				
	具备严格遵守操作规程，密切关注生产状况的良好职业习惯（5分）				
	具备出现故障时能够沉着冷静查找原因，并迅速做出正确反应的良好心理素质（5分）				
	具备安全用电，正确防火、防爆、防毒意识（5分）				
	主动思考生产中的技术难点，探索提高产品纯度、产品收率及降低能耗的方法，优化生产过程，具备一定的创新能力（5分）				
我对任务完成情况的评价和反思					

项目四　化学反应器操作

学习目标

 知识目标

1. 了解 2-巯基苯并噻唑、乙炔加氢、丙烯本体聚合的反应原理、工艺条件和工艺流程。
2. 熟悉釜式反应器、固定床反应器和流化床反应器的结构和特点。
3. 掌握釜式反应器、固定床反应器和流化床反应器操作中关键参数的调控要点。
4. 掌握釜式反应器、固定床反应器和流化床反应器操作中典型故障的现象和产生原因。

 能力目标

1. 根据操作规程,配合班组指令,进行釜式反应器、固定床反应器和流化床反应器的开车、停车操作。
2. 能够根据生产中温度、压力等关键参数的正常运行区间,及时判断参数的波动方向和波动程度,并正确处理参数波动、稳定运行装置,确保产品收率和质量。
3. 能够根据生产中的异常现象,及时正确地判断故障类型,妥善处理故障。

 素质目标

1. 具备诚实守信、爱岗敬业、精益求精的职业素养。
2. 具备较强的表达能力和沟通能力。
3. 具备严格遵守岗位操作规程,密切关注生产状况的良好职业习惯。
4. 具备出现故障时能够沉着冷静查找原因,并迅速做出正确反应的良好心理素质。
5. 具备安全用电、正确防火、防爆、防毒意识。
6. 主动思考生产中的技术难点,探索提高转化率、收率、安全性等的方案,优化生产过程,具备一定的创新能力。

项目导言

在化学工业、石油炼制、制药、环境治理等工业过程中,化学反应是不可或缺的加工方式。通过化学反应可以实现从原料到产品的转换,提高产品的附加价值,如柠檬醛和丙酮反应生成紫罗兰酮;通过化学反应可以将能量从一种形式转变为另一种形式;如生物体的呼吸,将体内的有机物氧化转变为生物能。通过化学反应可以降低环境污染、提高人类的生活质量,如污水处理、药物生产等。

一个典型的化工生产过程通常由原料预处理、化学反应和产物分离精制三个部分组成。化学反应器为化学反应提供场所,是化工生产过程的关键设备。反应器种类很多,最常见的有釜式反应器、管式反应器、固定床反应器、流化床反应器等,其操作方式有间歇、连续式和半连续式。工业常用反应器的特性和适用情况见表 2-46。本项目以化工生产常用的釜

模块二 化工单元仿真操作实训

式反应器、固定床反应器和流化床反应器为训练内容，培养学生的反应设备操作能力。

表 2-46　常用反应器的特性和适用情况

反应器类型	外观	传质特性	传热特性	适用情况	应用举例
釜式反应器		充分混合，返混严重	温度均匀，易于控制	液相或以液相为主的非均相反应	酯化反应、硝化反应、聚合反应等
管式反应器	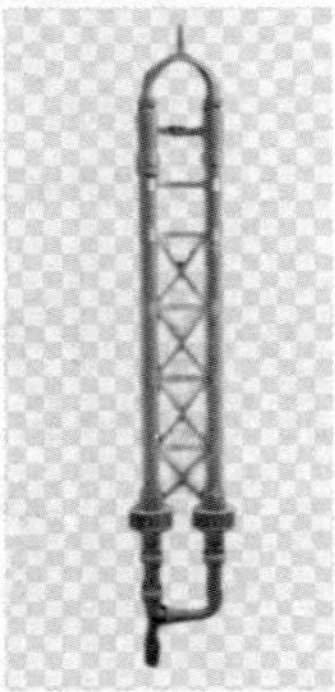	返混很小	传热面积大，易于控制	压力较大的气相反应、快速液相反应	烃类热裂解、吡啶氯化等
固定床反应器		两相接触，返混很小	床层内温度与反应热效应有关，传热效果不好	气固相反应、液固相反应	乙苯脱氢制苯乙烯、合成气制甲醇、乙炔加氢等
流化床反应器		流化状态，返混严重	温度均匀，易于控制	气固相反应、液固相反应	丙烯聚合、石油催化裂化、丙烯氨氧化制丙烯腈等

项目任务

项目任务见表 2-47。

表 2-47　项目任务

序号	项目任务	总体要求
1	釜式反应器的操作	通过 2-巯基苯并噻唑生产操作训练，掌握釜式反应器的开、停车操作，稳态运行和故障处理
2	固定床反应器的操作	通过乙炔加氢生产操作训练，掌握固定床反应器的开、停车操作，稳态运行和故障处理
3	流化床反应器的操作	通过丙烯本体聚合生产操作训练，掌握流化床反应器的开、停车操作，稳态运行和故障处理

任务 一　釜式反应器的操作

一、工作任务要求

工作任务要求见表 2-48。

表 2-48　工作任务要求

任务情境	某化工公司以多硫化钠、邻硝基氯苯和二硫化碳为原料生产 2-巯基苯并噻唑。该反应在釜式反应器中进行，采用间歇操作方式。本任务涉及备料、缩合、出料三个部分。根据公司生产部门的要求，学生以不同身份进入车间，负责工艺操作、事故处理、生产管理等工作内容，确保安全、平稳地完成生产任务		
教学模式	理实一体、任务驱动		
教学场所与工具	仿真实训室；电脑及仿真软件		
岗位角色	角色 1：生产操作人员	角色 2：班组长	角色 3：技术人员
工作任务与目标	① 接受本装置相关培训； ② 按照釜式反应器的操作规程，配合班组长，实现 2-巯基苯并噻唑安全、稳定生产	① 根据生产部门要求，组织班组人员，实现多岗位安全、稳定操作，完成 2-巯基苯并噻唑生产任务； ② 处理生产中的紧急事故，确保装置安全、稳定运行	组织生产，优化 2-巯基苯并噻唑的生产操作，实现高产、优质、低耗的目的

二、必备应知

1. 理解反应原理、认识反应设备

以多硫化钠、邻硝基氯苯和二硫化碳为原料生产 2-巯基苯并噻唑的反应原理如下。

主反应：

$$2C_6H_4ClNO_2 + Na_2S_n \rightarrow C_{12}H_8N_2S_2O_4 + 2NaCl + (n-2)S\downarrow$$

$$C_{12}H_8N_2S_2O_4 + 2CS_2 + 2H_2O + 3Na_2S_n \rightarrow 2C_7H_4NS_2Na + 2H_2S\uparrow + 2Na_2S_2O_3 + (3n-4)S\downarrow$$

副反应：

釜式反应器结构及操作

$$C_6H_4ClNO_2 + Na_2S_n + H_2O \rightarrow C_6H_6NCl + Na_2S_2O_3 + (n-2)S\downarrow$$

本工艺所用釜式反应器的外观见图 2-23。结合动画，将釜式反应器的结构填写在图 2-24 中，并将各构件的类型和作用填写在表 2-49 中。

图 2-23 釜式反应器的外观

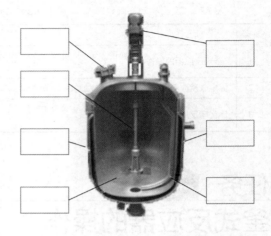

图 2-24 釜式反应器的结构

表 2-49 本工艺中釜式反应器结构及其类型和作用

结构	类型和作用
壳体	
搅拌装置	
换热装置	
换热介质	
密封装置	

2. 识读工艺流程

（1）主要设备 本工艺由备料和缩合工序构成，用到的设备有高位槽、沉淀罐、釜式反应器等。请根据设备位号在表 2-50 中填入相应的设备名称及其作用。

表 2-50 本工艺所涉及的主要设备及其作用

序号	设备位号	设备名称	设备作用
1	R01		
2	VX01		
3	VX02		
4	VX03		
5	PUMP1		

（2）工艺流程　根据资源中的工艺流程描述，补全 2-巯基苯并噻唑的生产工艺流程图（图 2-25）。括号填写物料名称，横线填写设备名称，方框填写控制指标。

3. 熟知关键参数指标与控制方案

（1）关键参数指标

① 反应釜中压力不大于 8atm。

② 冷却水出口温度不小于 60℃。如小于 60℃，易使硫在反应釜内壁和蛇管表面结晶，使传热不畅。

（2）控制方案

① 温度调节。操作过程中以温度为主要调节对象，以压力为辅助调节对象。升温慢会引起副反应速率大于主反应速率的时间段过长，因而引起反应的产率低。升温速度快则容易反应失控。

② 压力调节。压力调节主要是通过调节温度实现的，但在超温的时候可以微开放空阀，使压力降低，以达到安全生产的目的。

③ 收率。由于在 90℃以下时，副反应速率大于主反应速率，因此在安全的前提下快速升温是收率高的保证。

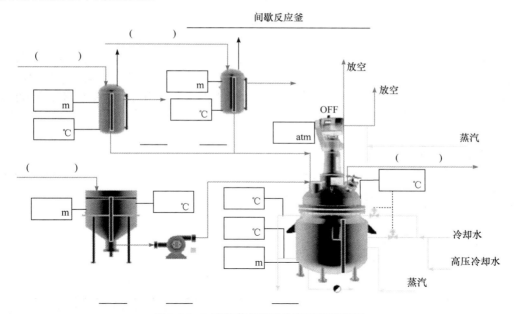

图 2-25　2-巯基苯并噻唑生产工艺流程图

根据操作要点和安全平稳生产要求，完成表 2-51。

表 2-51　2-巯基苯并噻唑生产工艺参数报警情况

序号	位号	说明	正常值	报警值
1	TIC101			
2	PI101			

模块二 化工单元仿真操作实训

三、任务实施

本部分内容主要训练学生对釜式反应器的操作能力，包括冷态开车、正常停车和事故处理。请准备好工艺操作卡，在接到任务时填写基本信息；操作完成后，如实填写操作中存在的问题和建议。教师根据反馈情况，可组织集中研讨和答疑，以提高学生对釜式反应器的理解和操作质量。

情境 1 冷态开车训练

启动仿真软件冷态开车工况，完成釜式反应器的开车操作。装置开车状态为各计量罐、反应釜、沉淀罐处于常温、常压状态，各种物料均已备好，大部分阀门和机泵处于关停状态（除蒸汽联锁阀外）。要求完成备料、进料、启动开车和工艺过程控制等操作，并认真填写工艺操作卡，成绩达 80 分以上。建议操作用时 30min。

情境 2 正常停车训练

启动仿真软件停车工况，完成釜式反应器的停车操作。在冷却水量很小的情况下，反应釜的温度仍下降较快，说明反应接近尾声，可进行停车出料操作。要求完成放空、增压、压料等操作，并认真填写工艺操作卡，成绩达 90 分以上。建议操作用时 10min。

情境 3 事故处理

启动仿真软件事故处理工况，完成釜式反应器的事故处理操作。本工艺涉及的事故有：反应釜超温、搅拌器停转、冷却水阀堵塞、出料管堵塞及测温仪表坏。系统温度及设备故障时造成界面上的参数变化均不相同。要求根据界面上参数的变化，对比正常值，快速分析出事故原因，做出相应处理操作，并认真填写工艺操作卡，要求成绩均在 90 分以上。建议每个事故操作用时 5min。

任务 二
固定床反应器的操作

一、工作任务要求

工作任务要求见表 2-52。

表 2-52 工作任务要求

任务情境	某化工公司利用催化加氢法脱除裂解气 C_2 馏分中的乙炔。该反应在固定床反应器中进行，采用连续操作方式。本任务涉及预热、脱炔、冷剂循环三个部分。根据公司生产部门的要求，学生以不同身份进入车间，负责工艺操作、事故处理、生产管理等工作内容，确保安全、平稳地完成生产任务		
教学模式	理实一体、任务驱动		
教学场所与工具	仿真实训室；电脑及仿真软件		
岗位角色	角色 1：生产操作人员	角色 2：班组长	角色 3：技术人员
工作任务与目标	① 接受本装置相关培训； ② 按照固定床反应器的操作规程，配合班组长，实现裂解气 C_2 馏分脱炔处理的安全、稳定进行	① 根据生产部门要求，组织班组人员，实现多岗位安全、稳定操作，完成裂解气脱炔处理； ② 处理生产中的紧急事故，确保装置安全、稳定运行	组织生产，优化裂解气 C_2 馏分脱炔处理操作，实现高产、优质、低耗的目的

2-4-6

二、必备应知

1. 理解反应原理、认识反应设备

经过预分馏的裂解气含有较多杂质气体，比如 H_2S、CO_2、H_2O、C_2H_2、CO 等。随着净化和分离过程的进行，乙炔将富集于 C_2 馏分中。因此，要获取合格的乙烯产品，对裂解气 C_2 馏分进行脱炔处理是必不可少的环节。

裂解气 C_2 馏分加氢脱炔原理如下：

$$C_2H_2 + H_2 \longrightarrow C_2H_4$$

该反应是放热反应。每克乙炔反应后放出热量约为 34000 千卡（1 千卡 = 4.18×10^3 J）。温度超过 66℃ 时有副反应发生：$2C_2H_4 \longrightarrow C_4H_8$，该副反应也是放热反应。生产中采用的冷却介质为液态丁烷，通过丁烷蒸发带走反应产生的热量，吸收热量后的丁烷蒸汽通过冷却水冷凝，循环使用。

脱炔处理在等温固定床加氢反应器中进行，反应器温度由壳侧的冷剂温度控制。其结构见图 2-26。本工艺中固定床反应器结构的类型和作用填入表 2-53。

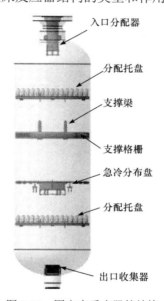

图 2-26　固定床反应器的结构

表 2-53　本工艺中固定床反应器的结构及其类型和作用

结构	类型和作用
换热装置	
换热介质	

2. 识读工艺流程

（1）主要设备　本工艺由预热、脱炔和冷剂循环工序构成，用到的设备有原料气/反应气换热器、原料气预热器、丁烷蒸汽冷凝器、丁烷闪蒸罐和固定床加氢反应器等。请在表 2-54 中根据设备位号填入相应的设备名称及其作用。

表 2-54　本工艺所涉及的主要设备及其作用

序号	设备位号	设备名称	设备作用
1	ER424A/B		
2	EH423		
3	EH424		
4	EH429		
5	EV429		

（2）工艺流程　根据仿真软件和资源中的工艺流程描述，补全裂解气 C_2 馏分加氢脱炔的生产工艺流程图（图 2-27）。

3. 熟知关键参数指标与控制方案

（1）关键参数指标

① C_2 烃原料进料流量（FIC1425）为 56186.8kg/h，氢气进料流量（FIC1427）设串级。

固定床反应器操作

图 2-27　C_2 馏分加氢脱炔工艺流程图

② 预热器温度（TIC1466）为 38.0℃。

③ 闪蒸罐压力（PIC1426）为 0.4MPa，温度（TI1426）为 38.0℃，液位（LI1426）为 50%。

④ 反应器操作温度（TI1467A）为 44.0℃，压力（PI1424A）为 2.523MPa。当温度超过 66℃，会触发联锁装置。

⑤ 固定床反应器（ER424A）出口氢气浓度低于 50ppm，乙炔浓度低于 200ppm（1ppm=1μL/L）。

（2）控制方案

① 流量控制。以 C_2 为主的烃原料的进料量由流量控制器（FIC1425）控制，以 H_2 为主的另一股原料由流量控制器（FIC1427）控制。两股原料流量为比值控制。

② 温度控制。原料预热温度通过调节预热器（EH424）的加热蒸汽（S3）流量来控制。两股原料按一定比例在管线中混合后，经 EH423 预热，再经 EH424 预热到 38℃。

固定床的操作温度主要通过 C_4 冷剂的回流量来调控。反应热主要由壳侧循环的加压 C_4 冷剂蒸发带走。C_4 蒸气在水冷器（EV429）中由冷却水冷凝，而 C_4 冷剂的压力由压力控制器（PIC1426）通过调节 C_4 蒸气冷凝回流量来控制，从而保持 C_4 冷剂的温度。

项目四　化学反应器操作

根据以上操作要点和安全平稳生产的要求，完成表 2-55。

表 2-55　裂解气 C_2 馏分加氢脱炔工艺参数报警情况

序号	位号	说明	正常值	报警值
1	TI1467A/B	ER424A/B 温度		
2	PIC1426	EV429 罐压力控制		
3	TIC1466	EH423 出口温控		
4	TC1466	EH423 出口温度		
5	PC1426	EV429 压力		
6	LI1426	EV429 液位		

三、任务实施

本部分内容主要训练学生对固定床反应器的操作能力，包括冷态开车、正常停车和事故处理。请准备好工艺操作卡，在接到任务时填写基本信息；操作完成后，如实填写操作中存在的问题和建议。教师根据反馈情况，可组织集中研讨和答疑，以提高学生对固定床反应器的理解和操作质量。

情境 1　冷态开车训练

启动仿真软件冷态开车工况，完成固定床的开车操作。装置开车初始状态为反应器和闪蒸罐都已进行过氮气冲压置换，保压在 0.03MPa 状态；各种物料均已备好，阀门和机泵处于关停状态。要求完成闪蒸罐充冷剂、固定床充冷剂、原料预热、固定床实气充压置换和配氢等操作，并认真填写工艺操作卡，成绩达 80 分以上。建议操作用时 30min。

情境 2　正常停车训练

因正常检修需要停车时，启动仿真软件停车工况，完成固定床的正常停车操作。要求完成停氢气、停蒸汽、开大冷却水给冷剂降温、全开冷剂回流给反应器降温、停 C_2 馏分进料等操作，并认真填写工艺操作卡，成绩达 90 分以上。建议操作用时 15min。

情境 3　事故处理

启动仿真软件事故处理工况，完成固定床的事故处理操作。本工艺涉及的事故有：氢气进料阀卡住、闪蒸气压力调节阀卡住、反应器超温、冷却水停水等。系统温度及设备故障时造成界面上的参数变化均不相同。要求根据界面上参数的变化，对比正常值，快速分析出事故原因，做出相应处理操作，并认真填写工艺操作卡，要求成绩均在 90 分以上。建议每个事故操作用时 5min。

任务 三
流化床反应器的操作

一、工作任务要求

工作任务要求见表 2-56。

2-4-9

表 2-56　工作任务要求

任务情境	某化工公司有一套乙烯和丙烯共聚生产高抗冲击共聚物的装置。聚合反应在流化床反应器中进行，采用连续操作方式。本生产任务涉及氮气系统、聚合反应、换热三个部分。根据公司生产部门的要求，学生以不同身份进入车间，负责工艺操作、事故处理、生产管理等工作内容，确保安全、平稳地完成生产任务		
教学模式	理实一体、任务驱动		
教学场所与工具	仿真实训室；电脑及仿真软件		
岗位角色	角色 1：生产操作人员	角色 2：班组长	角色 3：技术人员
工作任务与目标	① 接受本装置相关培训； ② 按照流化床反应器的操作规程，配合班组长，实现高抗冲击共聚物生产操作的安全、稳定进行	① 根据生产部门要求，组织班组人员，实现多岗位安全、稳定操作，完成高抗冲击共聚物的生产任务； ② 处理生产中的紧急事故，确保装置安全、稳定运行	组织生产，优化高抗冲击共聚物的生产操作，实现高产、优质、低耗的目的

二、必备应知

1. 理解反应原理、认识反应设备

乙烯、丙烯以及反应混合气在 70℃、1.35MPa 条件下，通过具有剩余活性的干均聚物（聚丙烯）的引发，在流化床反应器里进行聚合反应，同时加入氢气以改善共聚物的本征黏度，生成高抗冲击共聚物。

主要原料：乙烯、丙烯、具有活性的干均聚物、氢气。

主产物：高抗冲击共聚物（含有乙烯和丙烯单体的共聚物）。

反应方程式：$nC_2H_4 + nC_3H_6 \longrightarrow \text{[}C_2H_4-C_3H_6\text{]}n$。

聚合反应在流化床反应器中进行，其外观见图 2-28。结合交互动画，将图 2-29 中流化床反应器的结构补充完整，并将各结构的作用填写在表 2-57 中。

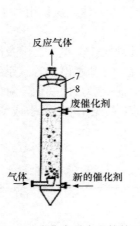

图 2-28　流化床反应器的外观

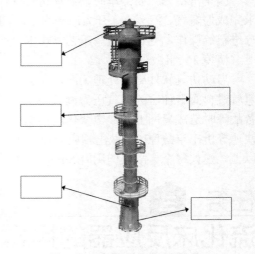

图 2-29　流化床反应器的结构

项目四 化学反应器操作

表 2-57 流化床反应器的结构及其类型和作用

结构	类型和作用
反应器主体	
气体分布器	
换热装置	
内部构件	
气固分离装置	

2. 识读工艺流程

（1）主要设备 本工艺由氮气系统、聚合反应、换热系统构成，用到的设备有流化床、旋风分离器、压缩机、各类换热器等。请根据仿真软件中的工艺流程介绍，将设备位号对应的设备名称及该设备的作用填在表 2-58 中。

表 2-58 本工艺所涉及的主要设备及其作用

序号	设备位号	设备名称	设备作用
1	R401		
2	S401		
3	C401		
4	Z404		
5	E401		
6	E402		
7	E409		

（2）工艺流程 根据仿真软件中的工艺流程介绍，补全高抗冲击共聚物的生产工艺流程图（图 2-30）。

3. 熟知关键参数指标与控制方案

（1）关键参数指标

① 氢气进料量（FC402）为 0.35kg/h，乙烯进料量（FC403）为 567kg/h，丙烯进料量（FC404）为 400kg/h；

② 系统压力（PC402）为 1.4MPa，PC403 为 1.35MPa；

③ 反应器料位（LC401）为 60%；

④ 主回路循环气体温度（TC401）为 70℃；

⑤ 主回路反应产物中 H_2/C_2 比（AC402）为 0.18，主回路反应产物中 $C_2/（C_3+C_2）$ 比（AC403）为 0.38。

2-4-11

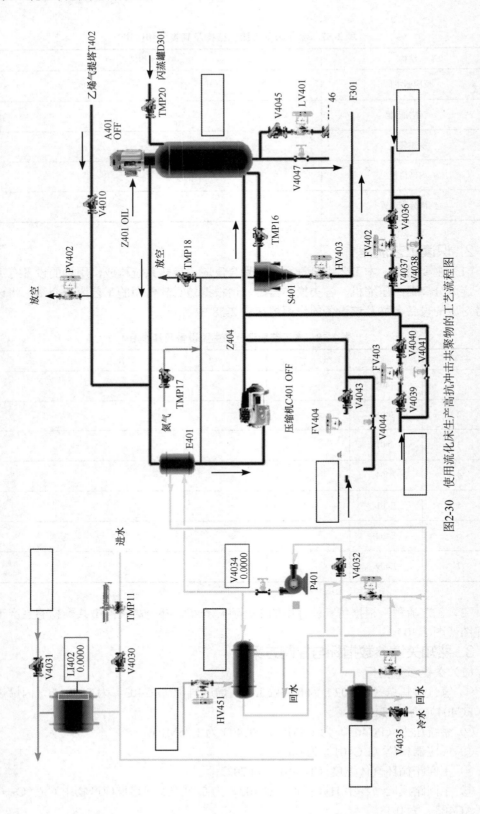

图2-30 使用流化床生产高抗冲击共聚物的工艺流程图

（2）控制方案

① 流量控制。通过分析产物的组成，调节氢气和丙烯的补充量。将氢气进料量（FC402）与产物中 H_2/C_2 之比（AC402）设串级控制；将丙烯进料量（FC404）与产物中 $C_2/(C_3+C_2)$ 之比（AC403）设串级控制。

② 温度控制。将主回路循环气体温度 TC401 与 TC451 设串级控制，分程调节取走反应热量。

③ 压力控制。确保聚合反应系统压力位于闪蒸罐压力和袋式过滤器压力之间，在整个聚合物管路中形成一定压力梯度，避免容器间物料返混并使聚合物向前流动。系统压力（PC403）与反应器料位（LC401）设串级控制。

④ 聚合程度调节。由聚合物料位（LC401）决定停留时间，从而决定聚合反应的程度。

三、任务实施

本部分内容主要训练学生对流化床反应器的操作能力，包括冷态开车、正常停车和事故处理。请准备好工艺操作卡，在接到任务时填写基本信息；操作完成后，如实填写操作中存在的问题和建议。教师根据反馈情况，可组织集中研讨和答疑，以提高学生对流化床反应器的理解和操作质量。

情境1　冷态开车训练

启动仿真软件冷态开车工况，完成流化床的开车操作。装置开车前的准备工作包括氮气充压、循环氮气加热、乙烯充压置换（按照实际正常操作，用乙烯置换系统要进行两次置换，考虑到时间关系，只进行一次）。以上过程完成之后，系统才可以进行单体开车操作。单体开车操作包括进料和建立流化状态。请按规程完成开车准备和开车操作，并认真填写工艺操作卡，成绩达 80 分以上。建议操作用时 30min。

情境2　正常停车训练

因正常检修需要停车时，启动仿真软件停车工况，完成流化床的正常停车操作。要求完成降反应器料位、停乙烯进料、停丙烯和氢气进料、氮气吹扫等操作，并认真填写工艺操作卡，成绩达 90 分以上。建议操作用时 15min。

情境3　事故处理

启动仿真软件事故处理工况，完成流化床的事故处理操作。本工艺涉及的事故有：丙烯进料异常、乙烯进料异常、活性聚丙烯进料异常、压缩机故障等。进料及设备故障时造成界面上的参数变化均不相同。要求根据界面上参数的变化，对比正常值，快速分析出事故原因，做出相应处理操作，并认真填写工艺操作卡，要求成绩均在 90 分以上。建议每个事故操作用时 5min。

小研讨

反应器是化工生产的"心脏设备"，反应结果的好坏直接影响产品质量和企业效益，因此提高反应设备的操作水平，使其在最佳工况下工作，是化工人必然的追求。根据你个人的操作体验，分组讨论和交流，如何才能提高釜式反应器、固定床反应器和流化床反应器的控制水平，并总结你在操作中展现出了什么样的职业素养和精益求精的精神。

模块二 化工单元仿真操作实训

项目思考与问答

1. （单选）在釜式反应器单元，反应所采用的反应器是（　　　）。
A. 釜式反应器　　B. 固定床反应器　　　C. 管式反应器　　D. 流化床反应器

2. （简答）合成 2-巯基苯并噻唑的原料有哪些？

3. （简答）在釜式反应器单元，为满足换热要求，该反应釜采用了哪些换热装置？

4. （简答）在釜式反应器单元，触发联锁装置的条件是什么？

5. （简答）在釜式反应器单元，反应进行到什么程度可以进行出料操作？

6. （简答）在釜式反应器单元，出料前需要进行哪些操作？

7. （简答）在釜式反应器单元，发生搅拌器停转故障时的现象是什么？

8. （简答）在固定床反应器单元，裂解气为什么要进行脱炔处理？

9. （简答）在固定床反应器单元，两种原料的流量采用什么样的控制系统？具体情况是怎样的？

2-4-14

项目四　化学反应器操作

10. （简答）在固定床反应器单元，为稳定操作温度，采用了什么样的换热方式？

11. （简答）在固定床反应器单元，触发联锁装置的条件是什么？如何正确地进行联锁复位操作？

12. （简答）在固定床反应器单元，如果生产中发现床层温度偏高，应该如何处理？

13. （简答）在固定床反应器单元，生产中如遇检修或其他需要进行 ER424A 与 ER424B 切换的情况时，应该如何操作？

14. （简答）流化床反应器的特点有哪些？流化床反应器通常适用于什么样的反应过程？

15. （简答）在流化床反应器单元，冷态开车前，需要进行哪些准备工作？

16. （简答）在流化床反应器单元，如果生产中发现丙烯的进料量有异常，应该如何处理？

项目操作结果评价

项目操作结果评价见表 2-59～表 2-61。

表 2-59 釜式反应器的操作-任务综合评价表

姓名		学号		班级	
组别		组长		成员	
任务名称					

维度	评价内容	自评	互评	师评	得分
知识	釜式反应器的结构和特点（5分）				
	釜式反应器换热装置的类型和特点（5分）				
	釜式反应器的操作要点（5分）				
	釜式反应器操作中典型故障的现象和产生原因（5分）				
能力	能根据开车操作规程，配合班组指令，进行釜式反应器的开车操作（10分）				
	能根据停车操作规程，配合班组指令，进行釜式反应器的停车操作（10分）				
	能够根据生产中温度、压力、液位、流量等关键参数的正常运行区间，及时判断参数的波动方向和波动程度（10分）				
	能够根据反应特点和生产中关键参数的操作要点，正确处理参数波动、稳定运行装置，确保产品收率和质量（10分）				
	能根据事故处理方案，及时稳妥地处理事故（10分）				
素质	具备诚实守信、爱岗敬业、团结互助的良好道德修养（5分）				
	在工作中具备较强的表达能力和沟通能力（5分）				
	具备严格遵守操作规程，密切关注生产状况的良好职业习惯（5分）				
	具备出现故障时能够沉着冷静查找原因，并迅速做出正确反应的良好心理素质（5分）				
	具备安全用电，正确防火、防爆、防毒意识（5分）				
	主动思考生产中的技术难点，探索提高转化率、收率、安全性等的方案，优化生产过程，具备一定的创新能力（5分）				
我对任务完成情况的评价和反思					

项目四　化学反应器操作

表 2-60　固定床反应器的操作-任务综合评价表

姓名		学号		班级	
组别		组长		成员	
任务名称					

维度	评价内容	自评	互评	师评	得分
知识	固定床反应器的结构和特点（5分）				
	固定床反应器的类型（5分）				
	固定床反应器的操作要点（5分）				
	固定床操作中典型故障现象和产生原因（5分）				
能力	能根据开车操作规程，配合班组指令，进行固定床反应器的开车操作（10分）				
	能根据停车操作规程，配合班组指令，进行固定床反应器的停车操作（10分）				
	能够根据生产中温度、压力、液位、流量等关键参数的正常运行区间，及时判断参数的波动方向和波动程度（10分）				
	能够根据反应特点和生产中关键参数的操作要点，正确处理参数波动、稳定运行装置，确保产品收率和质量（10分）				
	能根据事故处理方案，及时稳妥地处理事故（10分）				
素质	在工作中具备较强的表达能力和沟通能力（5分）				
	遵守操作规程，具备严谨的工作态度（5分）				
	在开、停车操作中，服从班组指令，注重内外操配合，具备服从意识和团队合作意识（5分）				
	面对参数波动和生产故障时，具备沉着冷静的心理素质和敏锐的观察判断能力（5分）				
	在完成班组任务过程中，强化安全生产、清洁生产和经济生产意识（5分）				
	主动思考生产中的技术难点，探索提高转化率、收率、安全性等的方案，优化生产过程，具备一定的创新能力（5分）				
我对任务完成情况的评价和反思					

2-4-17

模块二 化工单元仿真操作实训

表 2-61 流化床反应器的操作-任务综合评价表

姓名		学号		班级	
组别		组长		成员	
任务名称					

维度	评价内容	自评	互评	师评	得分
知识	流化床反应器的结构和特点（5分）				
	流化状态的特点（5分）				
	流化床反应器的操作要点（5分）				
	流化床操作中典型故障现象和产生原因（5分）				
能力	能根据开车操作规程，配合班组指令，进行流化床反应器的开车操作（10分）				
	能根据停车操作规程，配合班组指令，进行流化床反应器的停车操作（10分）				
	能够根据生产中温度、压力、液位、流量等关键参数的正常运行区间，及时判断参数的波动方向和波动程度（10分）				
	能够根据反应特点和生产中关键参数的操作要点，正确处理参数波动、稳定运行装置，确保产品收率和质量（10分）				
	能根据事故处理方案，及时稳妥地处理事故（10分）				
素质	在工作中具备较强的表达能力和沟通能力（5分）				
	遵守操作规程，具备严谨的工作态度（5分）				
	在开、停车操作中，服从班组指令，注重内外操配合，具备服从意识和团队合作意识（5分）				
	面对参数波动和生产故障时，具备沉着冷静的心理素质和敏锐的观察判断能力（5分）				
	在完成班组任务过程中，强化安全生产、清洁生产和经济生产意识（5分）				
	主动思考生产中的技术难点，探索提高转化率、收率、安全性等的方案，优化生产过程，具备一定的创新能力（5分）				
我对任务完成情况的评价和反思					

模块三
化工安全综合操作实训

项目一 着火应急处置

学习目标

知识目标

1. 了解化工火灾的基础知识。
2. 掌握精馏塔切水阀泄漏着火、回流泵机械密封泄漏着火、塔釜出料阀法兰泄漏着火、固定床反应器入口阀门泄漏着火、吸收塔法兰泄漏着火的处置流程。

能力目标

1. 能够及时发现事故,并准确向有关部门进行汇报。
2. 配合班组指令,能够进行精馏塔切水阀泄漏着火、回流泵机械密封泄漏着火、塔釜出料阀法兰泄漏着火、固定床反应器入口阀门泄漏着火、吸收塔法兰泄漏着火的应急处置。

素质目标

1. 具备较强的表达能力和沟通能力。
2. 具备严谨的工作态度、严守操作规程的工作习惯与职业操守。
3. 培养学生耐心细致的工匠精神和独立学习的能力。
4. 在完成班组任务过程中,强化安全生产、清洁生产和经济生产意识。
5. 培养冷静处理突发事件的心理素质。

项目导言

国家火灾统计管理规定,凡在时间或空间上失去控制的燃烧所造成的灾害,都为火灾。引发化工火灾的原因有可燃气体泄漏、系统内可燃气体与空气混合、系统内氧含量超标、系统串气、违章动火等。化工火灾具有以下特点:①爆炸危险性大;②燃烧面积大,易形成立体火灾;③燃烧速度快,蔓延迅速;④火灾扑救难度大,易引发爆炸和次生灾害;⑤火灾损失大、社会影响大。

化工火灾扑救是一项复杂的灭火工作。由于化工企业所固有的易燃、易爆、高温、高压、易中毒的特点,如果灭火扑救方法不正确,非但不能迅速顺利地扑灭火灾,还会导致爆炸、

3-1-1

模块三 化工安全综合操作实训

中毒甚至重大伤亡。

本项目包括精馏塔切水阀泄漏着火、固定床反应器入口法兰泄漏着火、原料进吸收塔法兰泄漏着火等 5 个典型着火事故案例。通过仿真练习，使学生掌握化工火灾的应急处置，明确在突发事故发生前、发生中以及刚刚结束后，谁负责做什么、何时做，以及相应的策略和资源准备等，提高学生的应急处置能力。

项目任务

项目任务见表 3-1。

表 3-1　项目任务表

序号	项目任务	总体要求
1	岗位初体验	掌握化工火灾的分类、扑救、防护等基础知识
2	精馏塔切水阀泄漏着火	正确进行精馏塔切水阀泄漏着火的救援与应急处置
3	精馏塔回流泵机械密封泄漏着火	正确进行回流泵机械密封泄漏着火的救援与应急处置
4	精馏塔塔釜出料阀法兰泄漏着火	正确进行精馏塔塔釜出料阀法兰泄漏着火的救援与应急处置
5	固定床反应器入口法兰泄漏着火	正确进行固定床反应器入口阀门泄漏着火的救援与应急处置
6	吸收塔原料入口法兰泄漏着火	正确进行吸收塔原料入口法兰泄漏着火的救援与应急处置

任务 一
岗位初体验

一、工作任务要求

工作任务要求见表 3-2。

表 3-2　工作任务要求

任务情境	学生以实习人员的身份进入化工生产车间的火灾安全专题培训室，进行火灾基础知识的学习，为后续应急处置奠定理论基础
教学模式	理实一体、任务驱动
教学场所与工具	仿真实训室；电脑及仿真软件
岗位角色	实习生
工作任务与目标	① 熟知火灾基础知识； ② 熟知火灾扑救和防护知识

二、必备应知

1. 火灾分类

A 类火灾指固体物质火灾。这种物质通常具有有机物质性质，一般在燃烧时能产生灼热的余烬，如木材、干草、煤炭、棉、毛、麻、纸张等火灾。B 类火灾指液体或可熔化的固体物质火灾，如煤油、柴油、原油、甲醇、乙醇、沥青、石蜡、塑料等火灾。C 类

3-1-2

火灾指气体火灾，如煤气、天然气、甲烷、乙烷、丙烷、氢气等火灾。D 类火灾指金属火灾，如钾、钠、镁、钛、锆、锂、铝镁合金等火灾。E 类火灾指带电火灾，如物体带电燃烧的火灾。F 类火灾指烹饪器具内的烹饪物（如动植物油脂）火灾。

火灾的分类

2. 事故分类及等级划分

事故一般分为以下等级：

（1）特别重大事故　指造成 30 人以上死亡，或者 100 人以上重伤，或者 1 亿元以上直接经济损失的事故。

（2）重大事故　指造成 10 人以上 30 人以下死亡，或者 50 人以上 100 人以下重伤，或者 5000 万元以上 1 亿元以下直接经济损失的事故。

（3）较大事故　指造成 3 人以上 10 人以下死亡，或者 10 人以上 50 人以下重伤，或者 1000 万元以上 5000 万元以下直接经济损失的事故。

（4）一般事故　指造成 3 人以下死亡，或 10 人以下重伤，或者 1000 万元以下直接经济损失的事故。

3. 化工火灾扑救注意事项

① 灭火人员不应单独灭火；
② 出口应始终保持清洁和畅通；
③ 选择正确的灭火剂；
④ 灭火时应考虑人员的安全；
⑤ 化学品火灾的扑救应由专业消防队来进行，其他人员不可盲目行动，待消防队到达后，介绍物料性质，配合扑救。

4. 扑救初期火灾的注意事项

① 迅速关闭火灾部位的上下游阀门，切断进入火灾事故地点的一切物料；
② 在火灾尚未扩大到不可控制之前，应使用移动式灭火器或现场其他各种消防设备、器材扑灭初期火灾和控制火源。

5. 保护措施

为防止火灾危及相邻设施，可采取以下保护措施：

① 对周围设施及时采取冷却保护措施；
② 迅速疏散受火势威胁的物资；
③ 有的火灾可能造成易燃液体外流，这时可用沙袋或其他材料筑堤拦截流淌的液体或挖沟导流将物料导向安全地点；
④ 用毛毡、海草帘堵住下水井、窨井口等处，防止火焰蔓延。

6. 灭火器分类及用途

水基型灭火器适用于扑救固体或非水溶性液体的初期火灾，是木竹类、织物、纸张及油类物质的开发加工、贮运等场所的消防必备品。其中水基型水雾灭火器还可扑救带电设备的火灾。干粉型灭火器主要用于扑救石油、有机溶剂等易燃液体、可燃气体和电气设备的初期火灾。二氧化碳灭火器适用于 A、B、C 类火灾，不适用于金属火灾。由于二氧化碳灭火器灭火后不留痕迹，因此适宜扑救家用电器火灾。泡沫灭火器可用来扑灭 A 类火灾，如木材、棉布等固体物质燃烧引起的失火；最适宜扑救 B 类火灾，如汽油、柴油等液体火灾；不能扑救水溶性可燃、易燃液体的火灾（如：醇、酯、醚、酮等物质）和 E 类（带电）火灾。

三、任务实施

1. 学习呼吸器的正确佩戴方法，完成呼吸器的结构图（图 3-1）。

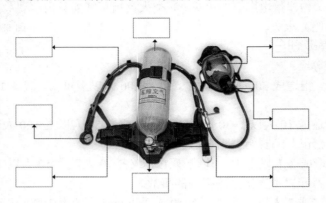

呼吸器的佩戴

图 3-1　正压式空气呼吸器的结构

2. 学习灭火器的使用方法，并用连线的方式完成灭火器的选用（图 3-2）。

图 3-2　灭火器的选用

任务 二
精馏塔切水阀泄漏着火应急处置

一、工作任务要求

工作任务要求见表 3-3。

表 3-3　工作任务要求

任务情境	外操员巡检时发现精馏塔切水阀泄漏着火，现要进行灭火与紧急处置
教学模式	理实一体、任务驱动
教学场所与工具	仿真实训室；电脑及仿真软件
岗位角色	外操员、内操员、班长
工作任务与目标	① 发现事故，对精馏塔切水阀泄漏着火事故进行报告； ② 判断事故程度，启动精馏塔切水阀泄漏着火应急预案； ③ 处置完成，解除应急预案

项目一　着火应急处置

二、必备应知

应急处置流程见表 3-4。

表 3-4　精馏塔切水阀泄漏着火应急处置操作步骤

情境	操作步骤
发现火情	外操员 A：向班长汇报火情
启动应急预案	班长：广播启动应急预案，疏散人员
	班长：令内操员向调度室汇报火情，请求支援
	班长：令外操员 B 和外操员 C 前往现场灭火
	班长：令安全员设置警戒线，并使用消防沙对泄漏点进行围挡
	外操员 B：佩戴好防护用品及所需工具
	外操员 B：和外操员 C 一起前往现场进行灭火
	外操员 B：灭火失败，撤离到安全区域
	外操员 B：向班长汇报"尝试使用灭火器灭火，火未扑灭"
	外操员 B：打开附近的泡沫消防炮进行灭火
	内操员：使用电话向调度室汇报火情
	调度员：使用电话呼叫消防队前往事故现场
	班长：佩戴好防护用品及所需工具
	班长：前往事故现场，查看设备泄漏状况
	班长：发现设备损坏较大、泄漏较大，命令内操员紧急停车
	内操员：按下紧急停车按钮
	安全员：引导消防车进入厂区，扑灭火焰
	消防车喷射泡沫灭火
解除应急预案	外操员 B：前往检测区域，检测现场气体浓度
	外操员 B：汇报班长，现场气体浓度恢复正常
	班长：电话向调度室汇报"事故处理完毕，请派维修人员维修"
	班长：通过广播解除应急预案
	班长：令安全员准备事故汇报资料，向上级汇报

三、任务实施

启动软件完成精馏塔切水阀泄漏着火应急处置任务及相关知识点的学习，并完成本次着火应急操作的流程复盘。填写表 3-5。

表 3-5　精馏塔切水阀泄漏着火应急处置方案

角色分配	
所需的防护用品及工具	
应急操作流程	

3-1-5

模块三 化工安全综合操作实训

任务 三

精馏塔回流泵机械密封泄漏着火应急处置

一、工作任务要求

工作任务要求见表 3-6。

表 3-6 工作任务要求

任务情境	外操员巡检时发现回流泵机械密封泄漏着火，现要进行灭火与紧急处置
教学模式	理实一体、任务驱动
教学场所与工具	仿真实训室；电脑及仿真软件
岗位角色	外操员、内操员、班长
工作任务与目标	① 发现事故，对精馏塔机械密封泄漏着火事故进行报告； ② 判断事故程度，启动精馏塔机械密封泄漏着火应急预案； ③ 处置完成，解除应急预案

二、必备应知

精馏塔回流泵机械密封泄漏着火处置流程参考表 3-4。

三、任务实施

启动软件完成回流泵机械密封泄漏着火应急处置任务及相关知识点的学习，并完成本次着火应急操作的流程复盘。填写表 3-7。

表 3-7 回流泵机械密封泄漏着火应急处置方案

角色分配	
所需的防护用品及工具	
应急操作流程	

3-1-6

项目一　着火应急处置

任务 四
精馏塔塔釜出料阀法兰泄漏着火应急处置

一、工作任务要求

工作任务要求见表 3-8。

表 3-8　工作任务要求

任务情境	外操员巡检时发现塔釜出料阀法兰泄漏着火，现要进行灭火与紧急处置
教学模式	理实一体、任务驱动
教学场所与工具	仿真实训室；电脑及仿真软件
岗位角色	操作人员
工作任务与目标	① 发现事故，对出料阀法兰泄漏着火事故进行报告； ② 判断事故程度，启动出料阀法兰泄漏着火应急预案； ③ 处置完成，解除应急预案

二、必备应知

精馏塔塔釜出料阀法兰泄漏着火处置流程参考表 3-4。

三、任务实施

启动软件完成塔釜出料阀法兰泄漏着火应急处置任务及相关知识点的学习，并完成本次着火应急操作的流程复盘。填写表 3-9。

表 3-9　塔釜出料阀法兰泄漏着火应急处置方案

角色分配	
所需的防护用品及工具	
应急操作流程	

3-1-7

模块三　化工安全综合操作实训

任务 **五**
固定床反应器入口阀门泄漏着火应急处置

一、工作任务要求

工作任务要求见表 3-10。

表 3-10　工作任务要求

任务情境	外操员巡检时发现反应器 R101 入口阀处泄漏着火，现要进行灭火与紧急处置
教学模式	理实一体、任务驱动
教学场所与工具	仿真实训室；电脑及仿真软件
岗位角色	操作人员
工作任务与目标	① 发现事故，对入口阀处泄漏着火事故进行报告； ② 判断事故程度，启动入口阀处泄漏着火应急预案； ③ 处置完成，解除应急预案

二、必备应知

反应器入口阀门泄漏着火处置流程参考表 3-4。

三、任务实施

启动软件完成反应器入口阀门泄漏着火应急处置任务及相关知识点的学习，并完成本次着火应急操作的流程复盘。填写表 3-11。

表 3-11　反应器入口阀门泄漏着火应急处置方案

角色分配	
所需的防护用品及工具	
应急操作流程	

3-1-8

任务 六
吸收塔原料进料法兰泄漏着火应急处置

一、工作任务要求

工作任务要求见表 3-12。

表 3-12　工作任务要求

任务情境	外操员巡检时发现 T101 原料进料法兰泄漏着火，现要进行灭火与紧急处置
教学模式	理实一体、任务驱动
教学场所与工具	仿真实训室；电脑及仿真软件
岗位角色	操作人员
工作任务与目标	① 发现事故，对法兰泄漏着火事故进行报告； ② 判断事故程度，启动法兰泄漏着火应急预案； ③ 处置完成，解除应急预案

二、必备应知

吸收塔原料进料法兰泄漏着火处理流程参考表 3-4。

三、任务实施

启动软件完成吸收塔原料进料法兰泄漏着火应急处置任务及相关知识点的学习，并完成本次着火应急操作的流程复盘。填写表 3-13。

表 3-13　吸收塔原料进料法兰泄漏着火应急处置方案

角色分配	
所需的防护用品及工具	
应急操作流程	

 小研讨

请查阅并学习江苏响水天嘉宜化工有限公司"3·21"特别重大爆炸事故，分小组讨论事故的原因，谈谈对"安全第一、预防为主、综合治理"政策的理解。

项目思考与问答

1. （多选）装置着火爆炸事故处置要点是（　　）。

A. 抢救受伤人员

B. 查明、控制危险源

C. 加强宣传，组织撤离

D. 做好现场洗消，消除危害后果

2. （单选）在本次事故处理过程中，班长要求打开排不凝气阀门旁路的目的是（　　）。

A. 尝试增加冷量，降低塔顶产品温度

B. 尝试增加冷量，将不凝气冷凝，降低塔顶压力

C. 尝试增加冷量，确认是否是因为冷却水量不足导致的超压

D. 直接排放塔顶气相，降低精馏塔压力

3. （判断）重大事故指造成 10 人以上 30 人以下死亡，或者 50 人以上 100 人以下重伤，或者 5000 万元以上 1 亿元以下直接经济损失的事故。（　　）

4. （判断）化工火灾扑救时，灭火人员可以视情况单独灭火。（　　）

5. （判断）扑救化工初期火灾时，应迅速关闭火灾部位的上下游阀门，切断进入火灾事故地点的一切物料。（　　）

6. （判断）泡沫灭火器最适宜扑救汽油、柴油等液体火灾，但不能扑救水溶性可燃、易燃液体火灾和带电火灾。（　　）

项目一 着火应急处置

项目操作结果评价

项目操作结果评价见表 3-14。

表 3-14 着火应急处置-项目综合评价表

姓名		学号		班级	
组别		组长		成员	
项目名称					

维度	评价内容	自评	互评	师评	得分
知识	火灾基础知识（10分）				
	掌握精馏塔切水阀泄漏着火、回流泵机械密封泄漏着火、塔釜出料阀法兰泄漏着火、固定床反应器入口阀门泄漏着火、吸收塔入口法兰泄漏着火的处置流程（10分）				
能力	能够完成精馏塔切水阀泄漏着火的应急处置（10分）				
	能够完成回流泵机械密封泄漏着火的应急处置（10分）				
	能够完成塔釜出料阀法兰泄漏着火的应急处置（10分）				
	能够完成固定床入口阀门泄漏着火的应急处置（10分）				
	能够完成吸收塔入口法兰泄漏着火的应急处置（10分）				
素质	具备较强的表达能力和沟通能力（5分）				
	具备严谨的工作态度、严守操作规程的工作习惯（5分）				
	培养学生耐心细致的工匠精神和独立学习的能力（5分）				
	在完成班组任务过程中，强化安全生产、清洁生产和经济生产意识（5分）				
	完成实训任务过程中，增强团队配合意识（5分）				
	具备冷静处理突发事件的心理素质（5分）				
我对任务完成情况的评价和反思					

3-1-11

项目二　泄漏中毒应急处置

学习目标

 知识目标

1. 了解氢气和 C_4 混合物的性质及危害。
2. 掌握化学品泄漏且有人中毒事故的处置流程。

 能力目标

1. 能够及时发现化学品泄漏且有人中毒事故，并准确向有部门进行汇报。
2. 能够正确进行化学品泄漏且有人中毒事故的救援与应急处置。

 素质目标

1. 具备较强的表达能力和沟通能力。
2. 具备严谨的工作态度、严守操作规程的工作习惯与职业操守。
3. 培养学生耐心细致的工匠精神和独立学习的能力。
4. 在完成班组任务过程中，强化安全生产、清洁生产和经济生产意识。
5. 培养冷静处理突发事件的心理素质。

项目导言

由于化工生产的特殊性与危险性，泄漏中毒等安全事故时有发生。这不仅威胁工作人员的生命，也对企业造成难以弥补的损失，对社会产生较大的负面影响。

中毒是指人体在有毒化学品的作用下发生功能性和器质性改变后出现疾病状态，是各种毒性作用后果的综合表现。有毒化学品对人体的危害主要有以下几方面：

① 引起刺激。一般受刺激的部位为皮肤、眼睛和呼吸系统，如引起皮炎、流泪、咳嗽等。

② 过敏。刚开始接触时可能不会出现过敏症状，然而长时间的暴露会引起身体反应，即便是接触低浓度化学物质也会产生过敏反应，皮肤和呼吸系统可能会受到过敏反应的影响。如引起皮疹或水疱或引起职业性哮喘。

③ 缺氧（窒息）。当空气中 CO 含量达到 0.05% 时就会导致血液携氧能力严重下降，称为血液内窒息。另外如氰化氢、硫化氢这些物质影响细胞和氧的结合能力，称为细胞内窒息。

④ 昏迷和麻醉。高浓度的某些化学品，如乙醇、丙醇、丙酮、丁酮、乙炔、乙醚等会导致中枢神经抑制，一次大量接触可导致昏迷甚至死亡。

本项目包括氢气泄漏中毒和 C_4 组分泄漏中毒。通过仿真练习，使学生掌握化学品中毒的应急处置，明确在突发事故发生前、发生中以及刚刚结束后，谁负责做什么、何时做，以及相应的策略和资源准备等，提高学生的应急处置能力。

模块三 化工安全综合操作实训

项目任务

项目任务见表 3-15。

表 3-15 项目任务表

序号	项目任务	总体要求
1	固定床氢气进料入口调节阀泄漏且有人中毒事故应急处置	能及时正确地进行氢气泄漏和有人中毒的应急处置
2	吸收塔原料进料法兰泄漏且有人中毒事故应急处置	能及时正确地进行 C_4 组分泄漏和有人中毒事故的应急处置

任务 一
固定床氢气进料入口调节阀前阀泄漏中毒事故应急处置

一、工作任务要求

工作任务要求见表 3-16。

表 3-16 工作任务要求

任务情境	外操员巡检时,发现氢气进料入口调节阀前阀泄漏并且有人中毒晕倒,现要进行紧急处置
教学模式	理实一体、任务驱动
教学场所与工具	仿真实训室;电脑及仿真软件
岗位角色	外操员、内操员、班长
工作任务与目标	① 发现事故,对氢气进料入口调节阀前阀泄漏且有人中毒晕倒事故进行报告; ② 判断事故程度,启动氢气进料入口调节阀前阀泄漏应急预案; ③ 对中毒人员进行救援; ④ 处置完成,解除应急预案

二、必备应知

1. 氢气的危害

氢气是一种无色、无臭、无毒、易燃易爆的气体,和氟、氯、氧、一氧化碳以及空气混合均有爆炸的危险。空气中的氢气体积分数为 4%～75%时,遇到火源可引起爆炸。氢与氟的混合物在低温和黑暗环境就能发生自发性爆炸。氢气与氯的混合比为 1:1 时,在光照下可爆炸。

氢气本身无毒,在生理上对人体是惰性的,但若空气中氢含量增高到一定程度,可引起缺氧性窒息。直接接触低温液氢将引起冻伤。液氢外溢并突然大面积蒸发会造成环境缺氧,并有可能和空气一起形成爆炸混合物,引发燃烧爆炸事故。

2. 氢气进料入口调节阀前阀泄漏且有人中毒处理流程

氢气进料入口调节阀前阀泄漏且有人中毒处理流程见表 3-17。

3-2-2

项目二 泄漏中毒应急处置

表 3-17 氢气进料入口调节阀前阀泄漏且有人中毒处理流程

场景	详细操作
发现异常，现场查看	内操员：向班长报告报警情况
	班长：令外操员 A 和外操员 D 到现场查看情况
	外操员 A：佩戴好防护用品及所需工具
	外操员 A：前往现场查看
	外操员 A：向班长汇报现场情况
启动应急预案，抢救伤员	班长：广播启动应急预案，疏散人员
	班长：令外操员 A 将伤员转移到安全区域
	班长：令内操员电话向调度室汇报，请求支援
	班长：令外操员 B 前往现场进行工艺处理
	班长：令安全员设置警戒线，并对泄漏点进行围挡
	外操员 A：对伤员进行心肺复苏急救操作
	内操员：使用电话向调度室汇报情况
	调度员：使用电话呼叫救护车前往事故现场
	安全员：引导救护车进入厂区，救走伤员
	班长：佩戴好防护用品及所需工具
	班长：前往现场查看情况
	班长：令外操员 B 执行停车操作
	外操员 B：进行紧急停车操作
解除应急预案，善后处理	外操员 A：前往检测区域，检测现场气体浓度
	外操员 A：汇报班长，现场气体浓度恢复正常
	班长：电话向调度室汇报"事故处理完毕，请派维修人员维修"
	班长：通过广播解除应急预案
	班长：令安全员准备事故汇报资料，向上级汇报

三、任务实施

启动软件，完成氢气进料入口调节阀前阀泄漏且有人中毒应急处置任务及相关知识点的学习，并完成本次应急操作的流程复盘。填写表 3-18。

表 3-18 氢气进料入口调节阀前阀泄漏且有人中毒应急处置方案

角色分配	
所需的防护用品及工具	
应急操作注意事项	
应急操作流程	

任务 二
吸收塔原料进料法兰泄漏中毒事故应急处置

一、工作任务要求

工作任务要求见表 3-19。

表 3-19　工作任务要求

任务情境	外操员巡检至 T101 附近,发现吸收塔原料进料法兰泄漏且有人中毒晕倒,现要进行紧急处置
教学模式	理实一体、任务驱动
教学场所与工具	仿真实训室;电脑及仿真软件
岗位角色	外操员、内操员、班长
工作任务与目标	① 发现事故,对吸收塔原料进料法兰泄漏且有人中毒晕倒事故进行报告; ② 判断事故程度,启动吸收塔原料进料法兰泄漏应急预案; ③ 对中毒人员进行救援; ④ 处置完成,解除应急预案

二、必备应知

1. C_4 组分泄漏危险性

C_4 组分包括正丁烷、异丁烷、正丁烯、异丁烯等含有 4 个碳原子的烃类物质。这些烃类物质都是极易燃气体,人体吸入达到一定量时可能导致遗传缺陷和癌症,对水生生物有害并具有长期持续影响。

当发生泄漏时,应该第一时间隔离区域,让未经授权的人员远离。启动备用紧急预案,通知消防和救援人员。监测周围区域空气中的化学物质浓度。穿戴适当的个人防护装备,站在上风、远离低处。所有设备必须接地。保持区域隔离直到任何可检测到的易燃气体被清除完全。

2. 吸收塔原料进料法兰泄漏且有人中毒事故处置流程

应急处置流程参考表 3-17。

三、任务实施

启动软件完成吸收塔原料进料法兰泄漏且有人中毒的事故应急处置任务及相关知识点的学习,并完成本次应急操作的流程复盘。填写表 3-20。

表 3-20　吸收塔原料进料法兰泄漏且有人中毒事故应急处置方案

角色分配	
所需的防护用品及工具	
应急操作注意事项	
应急操作流程	

小研讨

请查阅 2020 年 5 月 7 日印度 LG 公司化学泄漏事故,分小组讨论这起事故带给人们的警示,并谈谈如何防范化学品泄漏事故的发生。

项目思考与问答

1. （判断）氢与氟的混合物只有在高温时才会发生爆炸。（　　）
2. （判断）当发生泄漏时，应该第一时间隔离区域，让未经授权的人员远离。（　　）
3. （多选）有毒化学品对人体的危害有哪些？（　　）
   A. 引起刺激　　　　　　　　　　　B. 过敏
   C. 昏迷和麻醉　　　　　　　　　　D. 缺氧（窒息）
4. （单选）当空气中的氢气体积分数为（　　）时，遇到火源，可引起爆炸。
   A. 1%　　　　　　　　　　　　　　B. 2%
   C. 20%　　　　　　　　　　　　　D. 85%
5. （多选）哪些化学品会引起中枢神经抑制？（　　）
   A. 乙炔　　　　　　　　　　　　　B. 乙醚
   C. 乙醇　　　　　　　　　　　　　D. 丁酮
6. （单选）国家规定室内一氧化碳浓度（　　）时，可以正常工作（1 ppm = 1μL/L）。
   A. 不大于 24ppm　　　　　　　　　B. 不大于 60ppm
   C. 不大于 100ppm　　　　　　　　 D. 不大于 150ppm

项目操作结果评价

项目操作结果评价见表 3-21。

表 3-21 泄漏中毒应急处置-项目综合评价表

姓名		学号		班级		
组别		组长		成员		
项目名称						
维度	评价内容		自评	互评	师评	得分
知识	了解氢气和 C_4 组分的危害性（10 分）					
	掌握有毒化学品泄漏且有人中毒事故的处置流程（10 分）					
能力	能够及时发现有毒化学品泄漏且有人中毒事故，并准确向有关部门进行汇报（25 分）					
	能够正确进行有毒化学品泄漏且有人中毒的救援与应急处置（25 分）					
素质	具备较强的表达能力和沟通能力（5 分）					
	具备严谨的工作态度、严守操作规程的工作习惯（5 分）					
	培养学生耐心细致的工匠精神和独立学习的能力（5 分）					
	在完成班组任务过程中，强化安全生产、清洁生产和经济生产意识（5 分）					
	完成实训任务过程中，增强团队配合意识（5 分）					
	具备冷静处理突发事件的心理素质（5 分）					
我对任务完成情况的评价和反思						

模块四 石油炼制与石油化工生产操作实训

项目一 石油常减压蒸馏工艺操作

学习目标

 知识目标

1. 了解原油常减压蒸馏过程中电脱盐脱水、常压蒸馏、减压蒸馏的基本原理。
2. 熟悉常减压蒸馏过程中原油蒸馏换热和脱盐工艺流程。
3. 熟悉常减压蒸馏过程中原油初馏塔系统和拔头原油工艺流程。
4. 熟悉常减压蒸馏过程中原油常压蒸馏工艺流程。
5. 熟悉常减压蒸馏过程中原油减压蒸馏工艺流程。
6. 熟悉常减压蒸馏装置中电脱盐罐、常压炉、减压炉、精馏塔、减压塔、汽提塔、高压喷射器等设备结构及工作原理。
7. 掌握原油换热和脱盐工艺、初馏塔系统和拔头原油换热工艺、常压蒸馏工艺、减压蒸馏工艺操作中关键参数的调控。
8. 掌握常减压蒸馏操作中典型故障的现象和产生原因。

 能力目标

1. 能根据开车操作规程,配合班组指令,进行换热和脱盐、初馏塔系统和拔头原油的换热、常压蒸馏、减压蒸馏的开车操作。
2. 能根据停车操作规程,配合班组指令,进行换热和脱盐、初馏塔系统和拔头原油的换热、常压蒸馏、减压蒸馏的停车操作。
3. 能够根据生产中温度、压力、液位、流量等关键参数的正常运行区间,及时判断参数的波动方向和波动程度。
4. 根据反应特点和生产中关键参数的操作要点,能够正确处理参数波动、稳定运行装置,确保产品收率和质量。
5. 根据生产中的异常现象,能够及时、正确地判断故障类型,并妥善处理故障。

素质目标

1. 具备诚实守信、爱岗敬业、团结互助的良好道德修养。

模块四 石油炼制与石油化工生产操作实训

2. 具备较强的表达能力和沟通能力。
3. 具备严格遵守岗位操作规程，密切关注生产状况的良好职业习惯。
4. 具备出现故障时能够沉着冷静查找原因，并迅速做出正确反应的良好心理素质。
5. 具备安全用电，正确防火、防爆、防毒意识。
6. 主动思考生产中的技术难点，探索提高转化率、收率、安全性等的方案，优化生产过程，具备一定的创新能力。

项目导言

石油是一种有气味的黏稠状液体，色泽有黄色、褐色或黑褐色，色泽深浅与密度大小有关，也与所含组成有关。石油相对密度为 0.75～0.98，不溶于水。石油是由众多碳氢化合物组成的混合物，成分复杂，随产地不同而异。石油中含量最高的两种元素是碳和氢，其质量分数分别为碳 83%～87%，氢 11%～14%，O、S、N 占总含量的 1%～4%。

石油中所含烃类有烷烃、环烷烃和芳香烃三种，没有烯烃和炔烃。根据其所含烃类主要成分不同可以把石油分为三大类：烷基石油（石蜡基石油）、环烷基石油（沥青基石油）和中间基石油。我国所产石油大多数属于烷基石油，如大庆原油就属于低硫、低胶质、高烷烃类石油，含有较多的高级直链烷烃。

我国部分石油的主要物理性质见表 4-1。

表 4-1 我国部分油田所产石油的主要物理性质

物性	大庆混合油	胜利混合油	大港混合油	玉门原油	克拉玛依原油
相对密度	0.8552	0.070	0.8896	0.8698	0.8679
凝固点/K	297	293	293	281	223
残炭（质量分数）/%	2.7	6.6	3.5	5.1	3.7
水分（质量分数）/%	0.21	0.8	1.4	6.5	—
灰分（质量分数）/%	0.016	0.02	0. 018	—	0.005

项目任务

项目任务见表 4-2。

表 4-2 项目任务

序号	项目任务	总体要求
1	岗位初体验	学生以实习生的身份进入石油常减压蒸馏工艺生产车间，熟悉反应原理、影响因素、工艺条件和典型设备，了解工艺流程等基本生产知识
2	原油的换热和脱盐工艺操作	学生以操作人员的身份进入常减压蒸馏工艺正常生产车间，理解脱盐基本原理，掌握原油换热和脱盐工段流程，熟知关键参数指标与控制方案，根据操作要点完成原油换热和脱盐工艺操作
3	初馏塔系统和拔头原油的换热工艺操作	学生以操作人员的身份进入常减压蒸馏工艺正常生产车间，理解常压蒸馏原理，掌握初馏塔系统和拔头原油的换热工段流程，熟知关键参数指标与控制方案，根据操作要点完成初馏塔系统和拔头原油的换热工艺操作
4	常压蒸馏工艺操作	学生以操作人员的身份进入常减压蒸馏工艺正常生产车间，理解常压炉结构及工作原理，掌握常压蒸馏工段流程，熟知关键参数指标与控制方案，根据操作要点完成常压蒸馏工艺操作
5	减压蒸馏工艺操作	学生以操作人员的身份进入常减压蒸馏工艺正常生产车间，理解减压炉结构、减压蒸馏原理，理解蒸汽喷射器结构及原理，掌握减压蒸馏工艺流程，熟知关键参数指标与控制方案，根据操作要点完成减压蒸馏工艺操作

4-1-2

项目一 石油常减压蒸馏工艺操作

续表

序号	项目任务	总体要求
6	常减压工艺事故处理操作	学生以技术人员的身份进入常减压蒸馏工艺正常生产车间，如遇异常能及时发现事故，进行事故原因分析与排查，并根据方案进行处置，确保生产安全

任务 一
岗位初体验

一、工作任务要求

工作任务要求见表 4-3。

表 4-3 工作任务要求

任务情境	作为一名实习生，在接受三级安全教育的基础上，进入石油常减压工艺生产车间，在师傅的带领下完成岗位初体验，了解石油常减压加工的基本知识
教学模式	理实一体、任务驱动
教学场所与工具	仿真实训室；电脑及仿真软件
岗位角色	实习生
工作任务与目标	① 了解石油常减压工艺车间的主要工作任务； ② 理解石油常减压加工原理； ③ 了解主要设备和工艺流程

二、必备应知

1. 原油常减压加工原理

从地下开采出来的未经加工处理的石油称为原油。原油一般不直接利用，需经过加工炼制，制成各种石油产品，如轻汽油、汽油、航空煤油、煤油、柴油、润滑油、石蜡、凡士林、沥青等。将原油加工成各种石油产品的过程称为石油加工，或石油炼制，简称炼油。

常减压蒸馏是将原油经过加热、分馏、冷却等方法将原油分割成为不同沸点范围的组分，以适应产品和下游工艺装置对原料的要求。常减压蒸馏是原油的一次加工过程，在炼油厂加工总流程中具有重要作用。

常减压装置常被称为"龙头"装置，一般包括电脱盐、常压蒸馏和减压蒸馏三个部分。原油经常减压蒸馏后，得到直馏汽油、喷气燃料（航空煤油）、灯用煤油、轻柴油、重柴油和重质燃料油等产品。在上述产品中，除汽油由于辛烷值低，不能直接作为产品外，其余一般均可直接或经过适当精制后作为产品出厂。

常减压装置的另一个作用是为下游二次加工装置提供原料。例如，重整原料、乙烯裂解原料、催化裂化原料、加氢裂化原料、润滑油基础油等。根据目的产品不同，常减压蒸馏装置可分为燃料型、燃料-润滑油型和燃料-化工型三类。三者在工艺上并无本质区别，只是在侧线数目和分馏精度上略有差异。燃料-润滑油型常减压装置因侧线数目多且产品都需要汽提，流程复杂；而燃料型、燃料-化工型则较为简单。

4-1-3

模块四　石油炼制与石油化工生产操作实训

2. 常减压工艺流程

本仿真装置以某炼油厂加工能力为 3.5Mt/a 的燃料型常减压蒸馏过程为例进行教学，主要目的是生产燃料油产品。

原油经换热后首先进行脱盐脱水，然后经过换热升温进入初馏塔进行精馏，塔顶得到瓦斯气及石脑油，塔釜得到的拔头原油进入常压炉加热后进入常压塔蒸馏。常压塔塔顶得到汽油，侧线自上往下依次得到煤油、轻柴油、重柴油，塔釜得到的常压重油进入减压炉加热后进入减压塔蒸馏。减压塔塔顶是凝缩油及水，侧线产品分别为减压一、二、三线产品，塔釜为渣油。

原油从原油罐（V1001）经原油泵（P1001）抽出，经换热后与来自破乳剂罐（V1002）的破乳剂、新鲜水罐（V1003）的新鲜水混合后进入脱盐脱水罐（V1007）。脱盐脱水后的原油经换热后进入初馏塔（T001），塔顶气体冷凝后进入初顶回流罐（V1009），不凝气去压缩机，初顶回流罐产品一部分作为回流，另一部分作为汽油出装置。塔底拔头原油经泵（P1004）抽出至常压塔。

来自初馏塔底的拔头原油经常压炉（F1001）加热后进入常压塔（T1002），常压塔顶气体经冷却后进入常顶回流罐（V1010），常顶不凝气去压缩机。各侧线产品常压一线、常压二线、常压三线、常压四线分别经常一线汽提塔（T1003）、常二线汽提塔（T1004）、常三线汽提塔（T1005）、常四线汽提塔（T1006）汽提后出装置，塔底常压重油经常压塔底泵（P1006）送去减压塔（T1007）。

来自常压塔底重油经减压炉加热后进入减压塔（T1007），塔顶油气经抽真空系统抽真空后进入减压塔顶油水分离器罐（V1014），各侧线产品经换热后出装置，塔底渣油经减压塔底泵（P1017）出装置。

三、任务实施

根据工艺流程描述并结合仿真软件，补全常减压装置工艺流程总貌图（图 4-1）。

任务 二
原油的换热和脱盐工艺操作

一、工作任务要求

工作任务要求见表 4-4。

表 4-4　工作任务要求

任务情境	学生以操作人员的身份进入常减压生产车间。在熟悉装置的类型、生产能力以及脱盐脱水原理等基础必备知识后，进一步掌握原油换热和脱盐工段流程；熟知关键参数指标与控制方案；根据操作要点完成原油的换热和脱盐工艺操作
教学模式	理实一体、任务驱动
教学场所与工具	仿真实训室；电脑及仿真软件
岗位角色	操作人员
工作任务与目标	① 熟悉换热和脱盐过程中的热源、电脱盐罐的结构及电脱盐的原理； ② 能够根据参数指标和控制方案进行液位、压力、温度等参数的调节； ③ 能够建立原油罐、电脱盐罐液位并维持稳定； ④ 能够根据操作要点完成开车操作、停车操作和事故处理

4-1-4

项目一 石油常减压蒸馏工艺操作

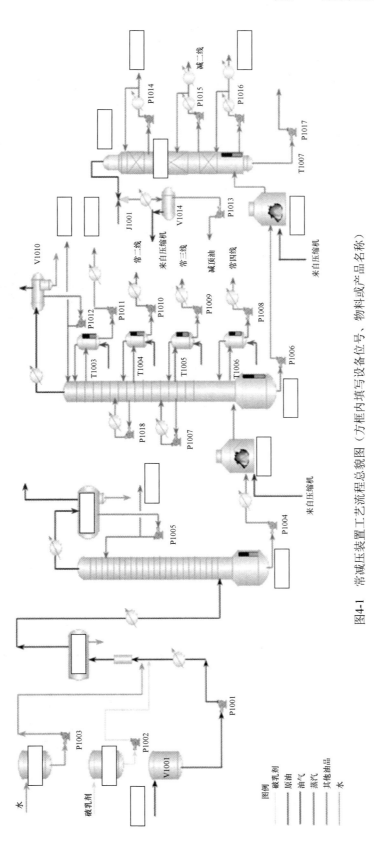

图4-1 常减压装置工艺流程总貌图（方框内填写设备位号、物料或产品名称）

二、必备知识介绍

1. 理解脱盐脱水的原理

原油含有不同程度的盐和水，原油中含水使换热温度降低，不但增加了设备负荷及燃料的消耗，而且影响正常操作。在含水量过大时，还可能造成冲塔及其他事故。原油中含有盐类对加工过程的影响也很大，氯盐水解后严重腐蚀设备。盐类也会使换热器、炉管和其他管线结垢，影响介质传热，增加系统阻力。严重时还会堵塞管路，大大缩短了正常开工周期。所以在原油加工中，原油的电脱盐、脱水已成为必不可少的一部分。

脱盐脱水过程是向原油中注入不含盐的清水，以溶解原油中的结晶盐类，并稀释原有盐水，形成新的乳状液，然后在一定温度、压力和破乳剂及高压电场作用下，使微小的水滴，聚集成较大水滴。因密度不同，借助重力将水滴从油中沉降、分离，达到脱盐脱水的目的，称为电化学脱盐脱水，简称电脱盐脱水。

2. 换热和脱盐工段主要设备

本工段由原油引入原油罐、换热、电脱盐脱水三部分构成，用到的设备有储罐、换热器、电脱盐罐、混合器等。结合资源，了解关键设备电脱盐罐的结构及工作过程，根据工艺流程描述在表 4-5 中根据设备位号填入相应的设备名称及其作用。

电脱盐罐
结构和原理

表 4-5　换热和脱盐工段主要设备及其作用

序号	设备位号	设备名称	设备作用
1	V1001		
2	V1002		
3	V1003		
4	M1001		
5	V1007		
6	E1501		
7	P1001		
8	P1002		
9	P1003		

3. 识读工艺流程

原油（35℃左右）由原油罐（V1001）经原油泵（P1001）抽出依次与常一中循环油、常二线产品、常三线产品、二次减底渣油进行换热至 105~145℃，然后分别注入一定量的来自破乳剂储罐（V1002）经破乳剂输送泵（P1002）输送的破乳剂以及来自新鲜水储罐（V1003）经输水泵（P1002）抽出经换热后的新鲜水，经混合器（M1001）混合后，进入电脱盐罐（V1007）进行脱盐处理。经过电脱盐脱水的脱后原油，进一步与减底渣油换热升温至 210℃左右进入初馏塔，进行原油拔头。

结合仿真软件，补全换热和脱盐工段的工艺流程图（图 4-2）。

项目一 石油常减压蒸馏工艺操作

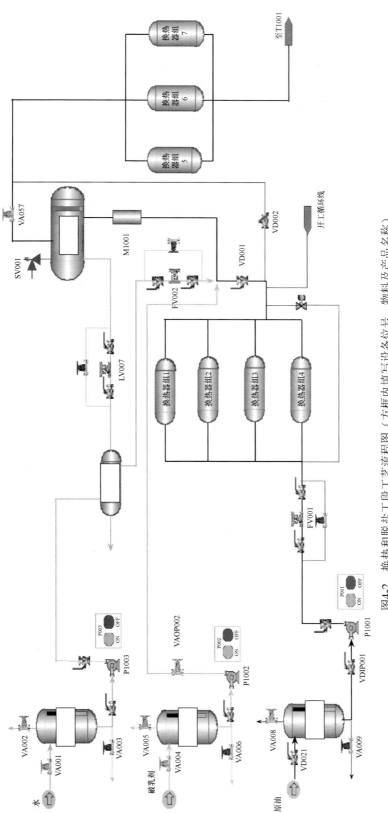

图4-2 换热和脱盐工段工艺流程图（方框内填写设备位号、物料及产品名称）

模块四 石油炼制与石油化工生产操作实训

4. 主要参数指标与控制方案

（1）关键参数指标　关键参数指标见表4-6。

表 4-6　换热和脱盐工段关键参数指标

位号	单位	正常值	说明
LI001	%	50	原油罐液位
LI002	%	50	破乳剂罐液位
LI003	%	50	新鲜水罐液位
LICA007	%	10	电脱盐罐水相液位
FIC001	t/h	460	电脱盐注水量
FIC002	t/h	25	新鲜水量
FI003	t/h	0.010	电脱盐破乳剂加入量
PI001	MPa	1.5	电脱盐罐压力
TIC004	℃	120	电脱盐温度

（2）控制方案　换热脱盐操作是保障常减压蒸馏装置后续生产顺利进行以及降低装置腐蚀程度的重要操作，通过原油流量、液位、温度、破乳剂用量、新鲜水用量的控制配合后续生产。具体控制方案如下：

第一阶段【原油引入电脱盐罐】

① 流量控制。通过改变流量控制器（FIC001）的OP（开度）值来改变原油泵出口调节阀（FV001）的开度，注意观察流量随阀门开度的变化趋势；逐步加大电脱盐罐的进油量，注意不要让原油泵出口流量超过出口流量控制器（FIC001）的量程上限。

② 液位控制。随着原油进入电脱盐罐，原油中的水逐渐在电脱盐罐底累积，通过界位控制器（LICA007）的OP值来控制电脱盐罐排水阀（LV007），从而控制其液位；电脱盐罐的液位是被控变量，它也是控制器（LICA007）的输入；排水阀（LV007）是控制变量，它受控制器（LICA007）的输出控制；通过尝试改变排水阀的不同开度使电脱盐罐输入原油中分离出的水量与通过（LV007）排出的水量相等，就能够维持电脱盐罐液位稳定；随着电脱盐罐输入原油量的增加，应密切注意其水相液位的变化，随时调整排水阀门的开度，保证液位不超过10%。

③ 压力控制：电脱盐罐的油相液位随着原油的输入而不断增长，直到充满整个电脱盐罐，此时罐压（PI001）会上升。当PI001升至1.5MPa时，开启电脱盐罐出口阀（VA057）向初馏塔装油，通过原油进出口流量控制电脱盐罐压力。

第二阶段【初馏塔、常压塔、减压塔装油】

① 流量控制。通过改变流量控制器（FIC001）的OP值的来改变原油泵出口调节阀（FV001）开度，注意流量变化与PI001的变化趋势，控制FIC001的流量不能超过量程上限。

② 液位控制。通过界位控制器（LICA007）的OP值来控制电脱盐罐排水阀LV007，从而控制其液位，保证水相液位不超过10%。

③ 压力控制。通过控制原油流量与输出量之间的压差控制使PI001维持在1.5MPa。

第三阶段【装置冷循环、加热炉点火升温】

4-1-8

① 流量控制。流量控制器（FIC001）的 OP 值为零，原油泵出口调节阀 FV001 关闭。关闭电脱盐罐出口阀（VA057）。

② 液位控制。调整界位控制器（LICA007）的 OP 值来控制电脱盐罐排水阀（LV007），从而控制其液位，保证液位不超过 10%。

③ 压力控制。原油流量控制为零，电脱盐罐出口阀关闭，PI001 仍维持在 1.5MPa 左右。

第四阶段【装置热循环、初馏塔顶建循环、常压塔顶建循环】

① 流量控制。各塔温度上升，塔内物料汽化，各塔液位下降，关小循环线阀门同时逐渐开大流量控制器（FIC001）的 OP 值，同时打开原油泵出口调节阀（FV001）。此操作过程要缓慢，注意各塔液位变化。

② 液位控制。打开新鲜水罐放空阀（VA002），打开 VA001 向新鲜水罐进水使水罐液位到 30%左右，打开破乳剂罐放空阀（VA005），打开 VA004 进破乳剂使破乳剂罐液位升至 30%左右；调整水罐界位控制器（LICA007）的 OP 值来控制电脱盐罐排水阀（LV007），保证水相液位不超过 10%。

③ 压力控制。通过控制原油流量与输出量之间的压差使 PI001 维持在 1.5MPa。

第五阶段【常压塔开侧线，减压塔抽真空、开侧线】

① 流量控制。开大流量控制器（FIC001）的 OP 值，同时打开原油泵出口调节阀 FV001，此操作过程要缓慢，注意观察各塔液位变化；开启新鲜水及破乳剂输送泵，依据加热炉出口温度及原油输入量调节 FIC002、FIC003 控制新鲜水量及破乳剂用量。

② 液位控制。调节 VA001 的输入量与 FIC002 的输出量维持新鲜水罐液位在 50% 左右；调节 VA004 的输入量与 FIC003 的输出量维持破乳剂罐液位在 50%左右；通过水罐界位控制器（LICA007）的 OP 值来控制电脱盐罐排水阀（LV007），保证水相液位不超过 10%。

③ 压力控制。通过控制原油流量与输出量之间的压差使 PI001 维持在 1.5MPa。

第六阶段【装置调至正常】

① 流量控制。开大流量控制器（FIC001）的 OP 值，同时打开原油泵出口调节阀（FV001），此操作过程要缓慢，将 FIC001 流量调至正常；调节 FIC002、FIC003 将新鲜水量及破乳剂用量调至正常。

② 液位控制。调节 VA001 的输入量与 FIC002 的输出量维持新鲜水罐液位在 50% 左右；调节 VA004 的输入量与 FIC003 的输出量维持破乳剂罐液位在 50%左右；通过水罐界位控制器（LICA007）的 OP 值来控制电脱盐罐排水阀（LV007），保证水相液位不超过 10%。

③ 压力控制。通过控制原油流量与输出量之间的压差使 PI001 维持在 1.5MPa。

三、任务实施

本部分内容主要训练学生对原油换热和脱盐工段的开、停车和事故处理操作，包含向原油罐进料、向新鲜水罐进水、向破乳剂罐引破乳剂、向电脱盐罐引油，并建立该工段与后续工段的动态平衡。请准备好工艺操作卡，在接到任务时填写基本信息；操作完成后，如实填写操作中存在的问题和建议。教师根据反馈情况，可组织集中研讨和答疑，以提高学生对换热和脱盐工段的理解和操作质量。

模块四　石油炼制与石油化工生产操作实训

情境1　换热和脱盐工段开车训练

启动仿真软件冷态开车工况，完成原油的换热和脱盐工段的开车操作。装置的开车过程仅模拟进油后的相关工作，因此在进油前对装置已经进行吹扫置换工作，装置所有调节阀的前后阀、联锁旁路阀都打开了。开车操作中首先将原油从界外引入原油罐（V1001），原油罐液位不超过50%，再由原油罐引入电脱盐罐并灌满，使电脱盐罐压力维持在1.5MPa、水相液位维持在10%左右。该工段的操作不能独立进行，需要配合后续操作，配合后续操作过程需要随时调整原油的输送量并维持电脱盐罐液位、压力，根据需要提前将新鲜水及破乳剂引入相应储罐中并根据需要向电脱盐罐及时输送。换热操作由后续操作常一中循环油、常二线产品、常三线产品、二次减底渣油温度决定原油进入电脱盐罐温度。认真填写工艺操作卡，成绩达到80分以上，建议操作用时40min。

情境2　换热和脱盐工段停车训练

启动仿真软件正常停车工况，完成换热和脱盐工段停车操作。装置各联锁投旁路，先降低原油输送量，各塔降低操作负荷后停脱盐脱水。原油走复线，关闭原油进电脱盐罐入口及出口，关闭新鲜水及破乳剂的输送泵及阀，电脱盐罐水相液位为0时关闭电脱盐罐污水阀。认真填写工艺操作卡，要求成绩在85分以上，建议用时15min。

情境3　换热和脱盐工段事故处理

本情境主要训练换热和脱盐工段事故的处理技术方案。换热和脱盐工段涉及的事故主要有原油中断和电脱盐罐压力异常。要求根据界面上参数的变化情况，对比正常值，快速判断出事故类型、分析出事故发生原因并做出正确的处理操作。学生启动对应工况完成事故处理，要求成绩均在90分以上，建议每个事故用时5min。

任务 三

初馏塔系统和拔头原油的换热工艺操作

一、工作任务要求

工作任务要求见表4-7。

表 4-7　工作任务要求

任务情境	学生以操作人员的身份进入常减压生产车间。在熟悉常压塔类型、结构、原理等基础必备知识后，进一步掌握初馏塔系统和拔头原油的换热工段流程；熟知关键参数指标与控制方案；根据操作要点完成初馏塔系统和拔头原油的换热工艺操作
教学模式	理实一体、任务驱动
教学场所与工具	仿真实训室；电脑及仿真软件
岗位角色	操作人员
工作任务与目标	① 熟悉常压蒸馏原理、常压塔结构、空冷器结构； ② 掌握初馏塔系统和拔头原油的换热工艺过程、关键参数指标； ③ 能够根据参数指标和控制方案进行液位、压力、温度等参数的调节； ④ 能够建立初馏塔、初顶回流罐的液位并维持稳定； ⑤ 能够根据操作要点完成开车操作、停车操作及事故处理

4-1-10

二、必备知识介绍

1. 熟悉常压蒸馏的原理

常减压蒸馏过程涉及的原理有平衡汽化过程、平衡冷凝过程以及常压分馏工艺原理,根据二维码资源理解常压蒸馏原理。

初馏和拔头原油换热工段的原理和设备

2. 熟悉主要设备

本工艺是常减压蒸馏过程中三段汽化的第一段汽化过程,主要设备有初馏塔、初顶回流罐、换热器、空冷器等。根据资源了解初馏塔及空冷器的结构与工作原理,并在表 4-8 中根据设备位号及设备名称填入设备的作用。

表 4-8　初馏塔系统主要设备及其作用

序号	设备位号	设备名称	设备作用
1	E1001/1,2	原油-初顶油气换热器	
2	E1311/1～3	初底油-减三线及减二中(一)换	
3	E1312/1,2	初底油-减渣Ⅰ(一)换热器	
4	E1321/1～6	初底油-常二中换热器	
5	E1322/1,2	初底油-减渣Ⅱ(一)换热器	
6	E1510/1,2	初顶水冷器	
7	P1004	初底油泵	
8	P1005	初顶回流泵	
9	A1001	初顶油空冷器	

3. 识读工艺流程

经过脱盐脱水的脱后原油与减压渣油换热升温至 210℃左右进入初馏塔第 1 层塔盘上,进行分馏。塔顶油气经冷却器冷至 40℃以下,注入初顶回流罐进行油水分离,分出的水排入含油污水沟,而低压瓦斯(煤气)可直接排空或去常压炉烧掉。初顶油由初顶泵分两路送出,一路作塔顶冷回流,另一路与常顶油混合作为宽馏分汽油出装置。初馏塔底油经初底泵抽出至常压炉,并进入常压炉辐射室加热,加热至 370℃左右进入常压塔进行常压分馏。

结合仿真软件补全初馏塔系统和拔头原油换热工段流程图(图 4-3),方框内填写物料名称或设备名称。

4. 主要参数指标与控制方案

(1)关键参数指标与报警指标　初馏塔系统和拔头原油的换热工段关键参数及报警值见表 4-9。

模块四 石油炼制与石油化工生产操作实训

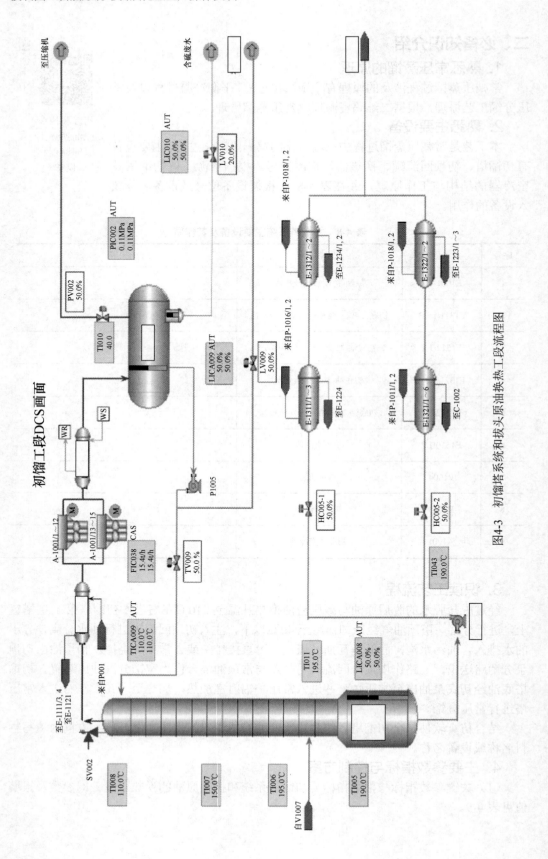

图4-3 初馏塔系统和拔头原油换热工段流程图

项目一　石油常减压蒸馏工艺操作

表 4-9　初馏塔系统和拔头原油的换热工段关键参数及报警值

位号	单位	正常值	说明	报警值	备注
TI005	℃	190	初馏塔釜温度		
TI006	℃	195	原油进初馏塔温度		
TI007	℃	150	初馏塔中部温度		
TI008	℃	110	初馏塔塔顶温度		
TICA009	℃	110	初馏塔塔顶回流温度控制	120℃	高报值
TI010	℃	40	初馏塔塔顶冷却温度		
TI011	℃	195	初馏塔进料板温度		
TI005	℃	190	初馏塔釜温度		
TI006	℃	195	原油进初馏塔温度		
FI004	t/h	100	初顶油气冷却器冷却水流量		
FIC005	t/h	410.5	初底油流量		
FIC038	t/h	15.4	初顶回流流量		
LICA008	%	50	初馏塔塔釜液位	20%/80%	低报值/高报值
LICA009	%	50	初顶回流罐液位	20%/80%	低报值/高报值
LIC010	%	50	初顶回流罐界位		
PIC002	MPa	0.1	初顶回流罐压力		

（2）控制方案　初馏塔的操作可以提高常减压装置处理量、增加装置产品品种、将装置腐蚀转移至初馏塔塔顶、缓解原油带水对常压塔的影响，初馏塔主要控制变量有温度、压力、液位等。具体控制方案如下：

①初馏塔塔釜液位控制。初馏塔装油阶段，开启脱盐罐阀门（VA057），原油由电脱盐罐引入初馏塔，观察初馏塔底的液位变化可适当加大原油引入量，直至初馏塔塔釜液位达到50%，装油结束；常压塔与减压塔装油阶段，打开初馏塔塔釜出料阀，初馏塔塔釜出料与塔进料保持一致，维持初馏塔液位在50%；装置热循环阶段，随初馏塔塔釜轻组分汽化，初馏塔液位下降，初馏塔液位不能低于20%，液位降低需要及时补充；正常生产阶段，初馏塔塔釜液位主要由塔釜出料控制。

②初馏塔温度控制。初馏塔进料温度由换热器组5、6、7将脱盐原油温度换热至195℃；塔釜温度由进料温度决定；塔顶温度通过控制初馏塔塔顶回流阀（TV009）将温度维持在110℃。

③初顶回流罐液位控制。初顶回流罐液位跟塔顶回流阀（TV009）及回流罐液位控制阀（LV009）的开度有关，当回流量一定时，通过调节LV009的开度控制回流罐油相液位在50%。通过控制LV010控制回流罐水相液位维持在50%。

④初顶回流罐压力控制。通过控制回流罐压力控制阀（PV002）控制压力维持在0.1MPa。

三、任务实施

本部分内容主要训练学生对初馏塔系统和拔头原油的换热工段的开车操作、停车操

模块四　石油炼制与石油化工生产操作实训

作和事故处理操作，包含初馏塔建立液位、初馏塔升温、初馏塔塔顶建立循环。请准备好工艺操作卡，在接到任务时填写基本信息；操作完成后，如实填写操作中存在的问题和建议。教师根据反馈情况，可组织集中研讨和答疑，以提高学生对初馏塔系统和拔头原油的换热工段的理解和操作质量。

情境1　初馏塔系统和拔头原油的换热工段开车训练

启动仿真软件冷态开车工况，完成初馏塔系统和拔头原油的换热工段开车训练。开车过程需要完成初馏塔建立液位、初馏塔升温、初馏塔塔顶建立回流、初馏塔液位稳定、初馏塔塔顶回流罐液位稳定、初馏塔温度稳定等操作，开车过程中初馏塔液位维持在50%，塔釜温度为190℃，脱盐原油进塔温度为195℃，塔顶温度在110℃，初顶回流流量15.4t/h。认真填写工艺操作卡，成绩达到80分以上，建议操作用时40min。

情境2　初馏塔系统和拔头原油的换热工段停车训练

在化工生产中由于生产任务的变化或者设备检修等原因，常常涉及设备的停车操作。本情境需要完成初馏塔系统和拔头原油的换热工段的停车操作。

启动仿真软件正常停车，首先需要降低原油加工量，其次关闭电脱盐系统，加热炉降温。当初馏塔塔顶温度低于100℃时，关闭初顶回流，关闭初顶油气冷却器，当回流罐内油相液位和水相液位为零时，关闭调节阀并关泵。当初馏塔底液位被抽空时，关闭初底油的流量调节阀，停初底油泵。认真填写工艺操作卡，要求成绩在85分以上，建议用时30min。

情境3　初馏塔系统和拔头原油的换热工段事故处理

初馏塔蒸馏过程塔顶产生易燃易爆的瓦斯气及石脑油，塔釜拔头原油的输出量对常压炉的温度有直接影响，因此该工段主要的事故类型有：初顶回流罐满液位和初底油泵抽空。

初顶回流罐满液位：回流罐液面指示满量程；严重时低压瓦斯分液罐大量存油，若进入加热炉，会引起烟囱冒黑烟，甚至炉膛闪爆事故。造成这一现象的原因有塔顶产品外送后路不通、仪表失灵，液位出现假指、回流泵自停或断电。需要快速切断初顶瓦斯进加热炉，将初顶回流罐液位控制及水相液位控制打到手动状态，全开初顶出料调节阀（LV009），开大回流罐废水出料调节阀（LV010），将水相液位降到20%以下，将回流罐液位调整到正常。

初底油泵抽空：轻微抽空时，发生抽空的泵出口压力、流量波动大，泵体伴有震动、声音异常；严重抽空时，发生抽空的泵出口压力、流量回零，泵体震动，声音异常，加热炉相应支路出口温度升高。事故原因有：预热泵时，预热线阀开度过大，引起运行泵抽空；泵在启动时，未预热到位，泵体内介质温度低；塔底液面过低；泵入口扫线蒸汽内漏；入泵介质组分轻，在泵体内汽化；机泵本身故障如电机反转或叶轮装反。需要停泵、联锁投旁路、按下P1004复位按钮，调整初馏塔塔釜出口流量，适当关小初馏塔各个出料流量调节阀，调节常压炉温度在正常范围，调节初馏塔液位，稳定在50%左右。

要求根据界面上参数的变化情况，对比正常值，快速判断出事故类型、分析出事故发生原因并做出正确的处理操作。学生启动对应工况完成事故处理，要求成绩均在90分以上，建议每个任务用时15min。

4-1-14

任务四 常压蒸馏工艺操作

一、工作任务要求

工作任务要求见表 4-10。

表 4-10 工作任务要求

任务情境	学生以操作人员的身份进入常减压生产车间。在熟悉常压蒸馏原理、加热炉结构、汽提塔工作原理等基础必备知识后,进一步掌握常压蒸馏工段流程;熟知关键参数指标与控制方案;根据操作要点完成常压蒸馏工艺操作
教学模式	理实一体、任务驱动
教学场所与工具	仿真实训室;电脑及仿真软件
岗位角色	操作人员
工作任务与目标	① 熟悉常压蒸馏原理、加热炉及汽提塔结构; ② 掌握常压蒸馏工艺过程、熟知关键参数指标; ③ 能够根据参数指标和控制方案进行液位、压力、温度等参数的调节; ④ 能够建立常压塔、常顶回流罐的液位并维持稳定,建立常一中、常二中回流; ⑤ 能够根据加热炉温度变化及时开启各侧线采出阀实现产品输出; ⑥ 能够根据操作要点完成开车、停车、事故处理操作

二、必备应知

1. 熟悉典型设备

常压蒸馏工段设备及工艺流程

常压蒸馏工段包括拔头原油预热、常压蒸馏、对常压塔不同段出料进行汽提等过程,涉及的关键设备主要有加热炉、常压塔、汽提塔、回流罐,请根据资源了解加热炉及汽提塔的结构及原理,结合仿真软件完成各设备的进出料情况,见图 4-4(a)、(b) 和 (c)。

2. 识读工艺流程

常压蒸馏的主要目的是分离出原油中的轻烃、汽油、煤油、轻柴油、重柴油等直馏石油产品,常压塔热量主要由加热炉提供,塔底不设再沸器,用低压蒸汽汽提,各侧线产品需经蒸汽汽提后送出。常压塔设置中段回流,在保证各产品分离效果的前提下,取塔中多余热量。

3. 参数指标与控制方案

(1) 关键参数指标 常压蒸馏工段关键参数指标见表 4-11。

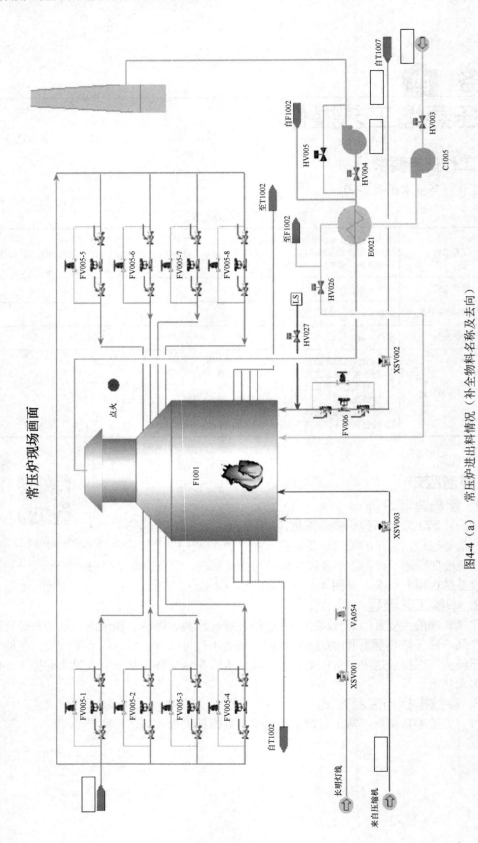

图4-4（a） 常压炉进出料情况（补全物料名称及去向）

项目一 石油常减压蒸馏工艺操作

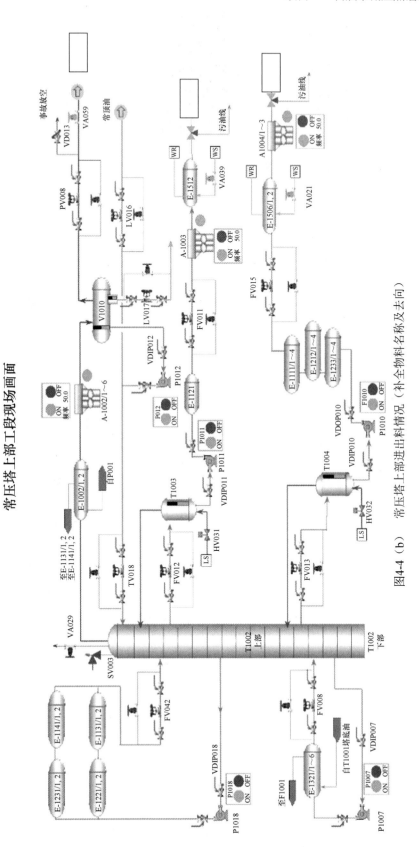

图4-4（b） 常压塔上部进出料情况（补全物料名称及去向）

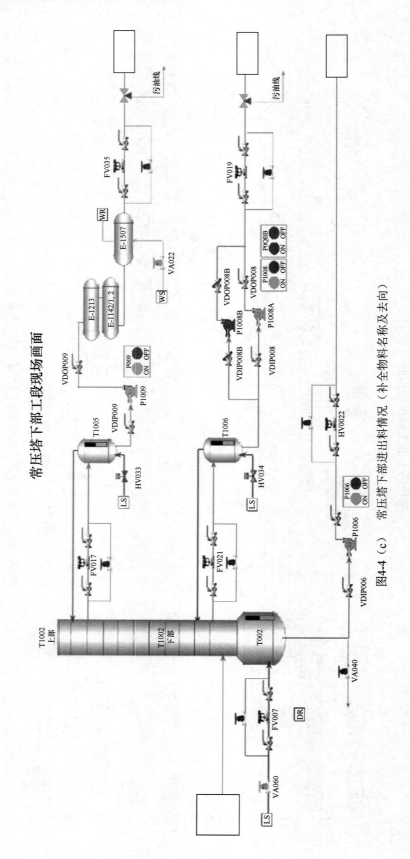

图4-4（c） 常压塔下部进出料情况（补全物料名称及去向）

项目一　石油常减压蒸馏工艺操作

表 4-11　常压蒸馏工段关键参数指标

位号	单位	正常值	说明	报警值	备注
TI001	℃	40	常二产品温度		
TI002	℃	40	常三产品温度		
TI012	℃	365	常压炉炉膛温度		
TICA013	℃	365	常压塔进料温度	385℃	高报值
TI014	℃	223	常压中回流返塔温度		
TI015	℃	237	常二抽出塔板处温度		
TI016	℃	173	常一抽出塔板处温度		
TI017	℃	155	常一蒸汽返塔处温度		
TIC018	℃	110	常压塔顶出口管路蒸汽温度		
TI019	℃	40	常顶蒸汽冷后温度		
TI020	℃	215	常二蒸汽返塔处温度		
TI021	℃	292	常三汽提塔返回蒸汽温度		
TI022	℃	297	常三抽出塔板处温度		
TI023	℃	237	常压进料塔板温度		
TI024	℃	40	常一产品温度		
TI039	℃	326	常四抽出处常压塔板温度		
TI040	℃	321	常四蒸汽返常压塔处温度		
TI044	℃	154	常一中返塔温度		
TI045	℃	352	常底油温度		
PI003	MPa	0.06	常压塔进料处塔内压力		
PIC008	MPa	0.03	常顶回流罐压力		
FIC006	t/h	6.1	常压炉减渣燃料流量		
FIC007	t/h	2.6	常压塔塔底蒸汽流量		
FIC008	t/h	25	常二中回流流量		
FIC009	t/h	23	常顶回流流量		
FI010	t/h	177.2	常顶冷却水流量		
FIC011	t/h	24.9	常一泵出口流量		
FIC012	t/h	26.3	常一出常压塔流量		
FIC013	t/h	52.1	常二出常压塔流量		
FI014	t/h	0.2	常一汽提塔蒸汽流量		
FIC015	t/h	52.1	常二泵出口流量		
FI016	t/h	0.5	常二汽提塔蒸汽流量		
FIC017	t/h	30	常三出常压塔流量		
FI018	t/h	0.3	常三汽提塔蒸汽流量		

模块四

项目一

4-1-19

模块四　石油炼制与石油化工生产操作实训

续表

位号	单位	正常值	说明	报警值	备注
FIC019	t/h	18	常四泵出口流量		
FI020	t/h	0.1	常四汽提塔蒸汽流量		
FIC021	t/h	52.1	常四出常压塔流量		
FIC022	t/h	270.3	常底油流量		
FIC035	t/h	30	常三泵出口流量		
FI036	t/h	50.7	常一冷却器冷却水流量		
FI039	t/h	44	常中冷却器冷却水流量		
FIC042	t/h	53.3	常一中流量		
LI004	%	50	常二产品罐液位		
LI005	%	50	常三产品罐液位		
LICA011	%	50	常压塔塔釜液位	20%/80%/10%	低报值/高报值/联锁
LIC012	%	50	常四汽提塔液位		
LIC013	%	50	常三汽提塔液位		
LIC014	%	50	常二汽提塔液位		
LIC015	%	50	常一汽提塔液位		
LICA016	%	50	常顶回流罐液位	20%/80%	低报值/高报值
LIC017	%	50	常顶回流罐界位		
LI018	%	50	常顶汽油罐液位		
LI019	%	50	常一产品罐液位		

（2）控制方案　常压塔是生产直馏产品汽油、煤油、柴油等石油产品的精馏塔，通过控制原油进料量、加热炉温度、精馏塔各段温度、汽提塔温度、塔顶压力、水蒸气用量、塔顶回流量、中段回流量、塔釜液位、回流罐液位、汽提塔液位，达到低风险、低能耗、高生产能力的生产目标。具体控制方案如下：

第一阶段【常压塔装油】

① 流量控制。打开初馏塔塔釜出料阀 HV0051、HV0052，两个出料阀的开度保持一致，通过控制初馏塔塔釜阀门控制常压炉进料量；打开常压炉的八路进料阀 FV0051～FV0058，为保证各路炉管内流速均匀、各路原油加热均匀，八个进料阀开度保持一致，通过控制常压炉进料量从而控制常压塔进料量。

② 液位控制。原油由初馏塔塔釜通过离心泵输送至常压塔，随初馏塔塔釜出料阀（HV0051、HV0052）开度增大，常压塔塔釜液位（LICA011）上升，如初馏塔液位持续上升，可开大初底排出阀，使初馏塔液位维持在 50%左右，同时观察常压塔塔釜液位（LICA011）达到 50%，常压塔装油结束。

第二阶段【冷循环】

液位控制。装置中各塔液位达到50%时装油结束，停原油泵。原油由减压塔塔釜泵输送至电脱盐罐入口阀（VD001）前，进行原油冷循环，通过控制初馏塔塔釜出料阀开

4-1-20

项目一　石油常减压蒸馏工艺操作

度与常压塔出料阀开度控制常压塔液位维持在 50% 左右。

第三阶段【常压炉点火升温】

① 常压炉点火前，应启动各塔顶的油气空冷器（A1001/1～12、A1001/13～15、A1002/1～6、A1009/1～2），并将各塔顶及侧线的冷却器（E1512、E1513、E1503、E1505/1～2）通冷却水。

② 首先打开各燃料管线上的阀门（XSV001、XSV002），开大用于调节炉膛负压的烟道挡板（HV005），增大烟囱的吸力。打开鼓风机入口阀（HV003），启动鼓风机（C1005），全开鼓风机出口阀（HV026），向炉内通新鲜空气。打开阀门（VA054）为长明灯通燃气，按下点火按钮，点燃长明灯，长明灯可以辅助主火嘴点火、避免意外熄火，最主要的作用是将不可控的多余燃气消耗掉，防止炉膛内因特殊原因而累积的燃气，在点火时发生爆炸。打开低压蒸汽阀（HV027），蒸汽与燃料油混合使其充分雾化，从而提高燃烧效率。确认各管路流量正常后，缓慢打开来自减底的渣油燃料油调节阀（FV006），主火嘴被点燃，按加热炉升温曲线的大致形状控制其升温速度。

③ 打开引风机入口阀，启动引风机。打开常顶回流罐事故放空阀和压力控制阀，将开车初期产生的常顶气放空。关闭烟道挡板，通过引风机入口阀调节炉膛压力在 -20～ -30Pa 之间。

第四阶段【热循环】

检查各塔放空阀是否开启，各冷却器给水阀门是否开启，常压炉开始升温时，前两小时温度不得大于 300℃。两小时后以每小时 20～30℃ 的速度升温，当炉出口温度升至 100～120℃ 时，恒温 2h 脱水，温度升至 150℃ 恒温 2～4h 脱水。热循环过程中常压炉与减压炉出口温度保持平衡，温差不超过 30℃。

第五阶段【建立塔顶、中段回流，开启侧线】

当常压炉出口温度达到 300℃ 左右，常顶回流罐出现水相液位后，通过界位控制器（LV017）将水相液位控制在 50%。常顶回流罐出现油相液位后，通过常顶回流泵（P1012）、回流量控制阀（TV018）建立常顶回流，控制常顶温度在 110℃ 左右。通过液位调节阀（LV016），控制油相液位在 50%。

当常压炉温度到达 300℃ 后，可由上到下打开侧线采出阀和中段循环回流阀，启动中段循环回流泵。常压塔底通汽提蒸汽，各侧线汽提塔根据来油情况通汽提蒸汽。

常压炉继续升温至 365℃ 左右，控制好常顶回流罐油相液位，原油罐液位下降后要适当补油。各汽提塔液位到达 40% 左右后，准备采出侧线产品。

三、任务实施

本部分内容主要训练学生对常压蒸馏工段的开车、停车、事故处理操作，包含常压塔建立液位、冷循环、常压炉点火升温、热循环、常压塔建立塔顶及中段回流、常压塔开侧线。请准备好工艺操作卡，在接到任务时填写基本信息；操作完成后，如实填写操作中存在的问题和建议。教师根据反馈情况，可组织集中研讨和答疑，以提高学生对常压蒸馏工段的理解和操作质量。

情境 1　常压蒸馏工段开车训练

启动仿真软件冷态开车工况，完成常压蒸馏工段开车训练。开车过程需要完成常压塔装油建立液位，需要打开初底油出料阀（HV0051），初底油流量调节阀（FV0051～FV0058），通过初馏塔塔釜出料泵将原油输送至常压塔，常压液位达到 50% 时原油将会被输送到减压塔。各塔液位达到50%时，停原油泵，开启冷循环线阀（VA025）建立冷循环。建立冷循环后进行常压炉点火升温，首先开各塔顶空冷器及侧线冷却器，其次加热炉进行点火升温操作，升温过程中要按升温曲线进行，升温过程进行恒温脱水与恒温热紧。当加热炉出口温度达到300℃时，建立塔顶回流、中段循环，开侧线。继续升温至常压炉出口温度在365℃左右并按照工艺参数调节至正常工况。认真填写工艺操作卡，成绩达到80分以上，建议操作用时4h。

评价标准：在操作过程中，系统的温度和压力要稳步上升，形成的关键指标曲线（实习报告）无剧烈波动，且最终稳定控制在正常指标范围内。如图4-5所示，即为操作质量优。

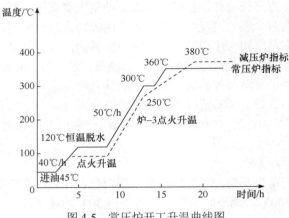

图4-5 常压炉开工升温曲线图

情境2 常压蒸馏工段停车训练

启动仿真软件正常停车，联锁投旁路。首先需要降低原油加工量，各侧线采出量及回流量需降低，保持平稳操作，各工艺指标不得偏离正常范围，并保证产品质量。其次关闭电脱盐系统，当原油量降至正常指标的60%~70%时，常压炉降温。常压炉出口温度向250℃降温过程中，常一、常二、常三、常四线并入污油线，若常一线、常一中、常二线、常二中、常三线、常四线泵抽空，经多次开停，确认无液位，则依次停运，停常一、常二中段油泵，停空冷器，当塔顶回流罐液位为零时，停塔顶回流泵。当常压炉出口温度低于250℃时，关闭常压炉减渣燃料油流量调节阀（FV006）。关闭阀门（HV027），停止向常压炉（F001）通低压蒸汽。关闭阀门（VA054），停止向常压炉（F001）通燃气。关闭常压炉引风机入口挡板（HV004）。停常压炉引风机C1002。停常压炉鼓风机（C1005）。关闭阀门（HV026），停止向常压炉（F001）通空气。关闭阀门（HV048），停止向减压炉（F002）通空气。常压塔系统退油。认真填写工艺操作卡，要求成绩在85分以上，建议用时1.5h。

任务 五

减压蒸馏工艺操作

一、工作任务要求

工作任务要求见表4-12。

表 4-12 工作任务要求

任务情境	学生以操作人员的身份进入常减压生产车间。在熟悉减压蒸馏原理、蒸汽喷射器结构等基础必备知识后，进一步掌握减压蒸馏工段流程；熟知关键参数指标与控制方案；根据操作要点完成减压蒸馏工艺操作
教学模式	理实一体、任务驱动
教学场所与工具	仿真实训室；电脑及仿真软件
岗位角色	操作人员
工作任务与目标	① 熟悉减压蒸馏原理、蒸汽喷射器结构； ② 掌握减压蒸馏工艺过程、熟知关键参数指标； ③ 能够根据参数指标和控制方案进行液位、压力、温度等参数的调节； ④ 能够实现减压塔抽真空，建立减压一线、二线、三线回流； ⑤ 能够根据减压炉温度变化及时开启各侧线采出阀实现产品输出； ⑥ 能够根据操作要点完成开车、停车操作

二、必备应知

1. 减压蒸馏原理

减压蒸馏操作可以提高原油拔出率，进而提高装置效益。通过二维码资源理解原油减压蒸馏的原因、减压蒸馏的原理以及工业中减压过程的实现途径。

2. 熟悉典型设备

减压蒸馏工段包括加热与减压蒸馏两部分，涉及的典型设备包括减压炉、精馏塔和抽真空设备，根据二维码资源了解真空喷射器的结构及工作原理，结合仿真软件完成各设备的进出料情况，见图 4-6（a）和（b）。

减压蒸馏原理及设备

3. 识读工艺流程

常底油经减压炉加热后进入减压塔进行减压分馏。减顶油气由蒸汽喷射器抽出，经减顶油气冷却器冷凝后，油水一并进入减顶油水分离罐分离切水。未冷凝部分放空或用真空火嘴引入减压炉烧掉。切出的水直接排入含油污水沟，减顶汽油用减顶油泵打至减顶汽油罐。

减一线油用减一线油泵由减压塔上部一线集油箱抽出，经减一冷却器冷却至 40℃ 左右分两路：一路作回流；另一路并入常减压油混合器作催化裂化原料。

减二线油用减二线油泵从减二线集油箱抽出，经减二冷却器冷却至 40℃ 后分两路：一路回减压塔作减二回流；另一路并入常减压油混合器作催化裂化原料。

减三线油用减三线油泵从减三线集油箱抽出，经减三冷却器冷却至 40℃ 后分两路：一路回减压塔作减三回流；另一路并入常减压油混合器作催化裂化原料。

减底渣油经减底油泵打出，分三路。一路去减压炉，一路去常压炉，还有一路与脱盐油换热后继续与脱盐前原油二次换热，充分换热后一部分去常减压油混合器，剩下的去减底渣油罐。

4. 关键参数指标与控制方案

（1）关键参数指标　减压蒸馏工段关键参数指标见表 4-13。

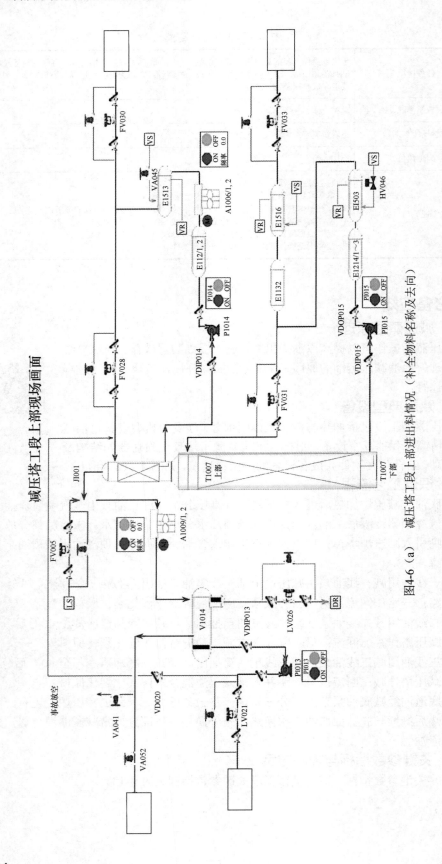

图4-6（a） 减压塔工段上部进出料情况（补全物料名称及去向）

项目一 石油常减压蒸馏工艺操作

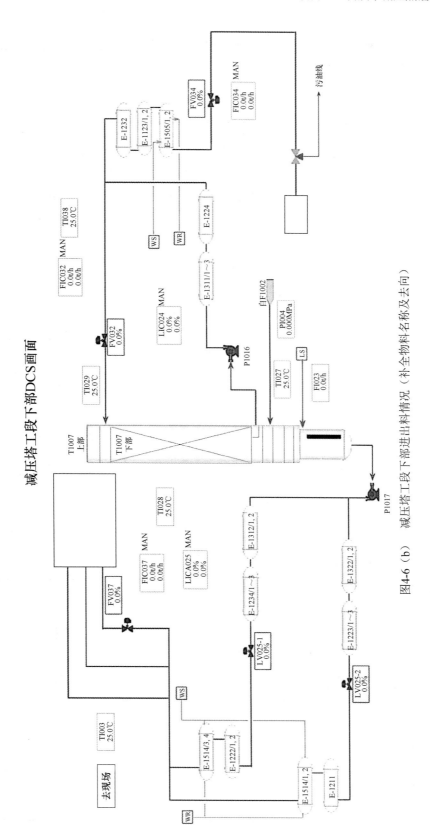

图4-6（b） 减压塔工段下部进出料情况（补全物料名称及去向）

模块四　石油炼制与石油化工生产操作实训

表 4-13　减压蒸馏工段关键参数指标及报警值

位号	单位	正常值	说明	报警值	备注
TI003	℃	40	减压渣油温度		
TI025	℃	385	减压炉炉膛温度		
TICA026	℃	385	减压塔进料温度	400℃	高报值
TI027	℃	371	减压进料塔板处温度		
TI028	℃	318	减三抽出处塔板温度		
TI029	℃	250	减三蒸汽返塔处温度		
TI030	℃	190	减二返塔处温度		
TI031	℃	174	减一抽出塔板处温度		
TI032	℃	92	减一返塔处温度		
TIC033	℃	90	减压塔顶处温度		
TI034	℃	40	减顶蒸汽冷后温度		
TI035	℃	90	减顶出口管路蒸汽温度		
TIA036	℃	84	减顶回流温度	115℃	高报值
TI037	℃	174	减二线回流温度		
TI038	℃	213	减三线回流温度		
PI004	MPa	0.092	减压塔进料压力		
PICA005	MPa	0.096	减压塔顶出塔管路压力	−0.08MPa	高报值
PI006	MPa	0.02	减顶油水分离罐压力		
FI023	t/h	2.7	减压塔汽提蒸汽流量		
FIC024	t/h	1.5	减压炉减渣燃料流量		
FIC025	t/h	2.2	减顶汽油泵出口流量		
FI026	t/h	1.5	减顶喷射泵蒸汽流量		
FI027	t/h	1.5	减顶油气水冷器冷却水流量		
FIC028	t/h	30	减一回流流量		
FI029	t/h	102.8	减一水冷却器冷却水流量		
FIC030	t/h	44.3	减一产品流量		
FIC031	t/h	15	减二回流流量		
FIC032	t/h	30	减三回流流量		
FIC033	t/h	30	减二产品流量		
FIC034	t/h	38.9	减三产品流量		
FIC037	t/h	109.5	减渣回炼流量		

4-1-26

项目一 石油常减压蒸馏工艺操作

续表

位号	单位	正常值	说明	报警值	备注
FI040	t/h	60	减二冷却器冷却水流量		
FI041	t/h	176.7	减三冷却器冷却水流量		
LI006	%	50	减底渣油罐液位		
LI020	%	50	减顶汽油罐液位		
LICA021	%	50	减顶油水分离罐液位	20%/80%	低报值/高报值
LIC022	%	62	减一线油箱液位		
LIC023	%	62	减二积油箱液位		
LIC024	%	62	减三积油箱液位		
LICA025	%	50	减压塔釜液位	20%/80%/10%	低报值/高报值/联锁
LIC026	%	50	减顶油水分离罐液位		

（2）控制方案 减压蒸馏是将常压重油通过抽真空降低塔压进行蒸馏得到减压一线、二线、三线产品以及减压渣油的过程。减压塔的基本要求是尽量提高拔出率，对馏分组成要求不是很严格，而高的拔出率需要通过提高塔的真空度实现。

第一阶段【装油及冷循环】

减压塔（T1007）的油来自于常压塔（T1002），由常底重油泵（P1006）输送，经常底油出料阀（HV0022），以及常底油流量调节阀（FV0101～FV0104）进入减压塔。装油过程中通过控制 HV0022、FV0101、FV0102、FV0103、FV0104 的开度大小维持常压塔液位在 50%，控制减压塔液位增长速度。当减压塔液位达到 50% 时，装油结束，打开冷循环线阀（VA025），打开减底油泵（P1017），停原油泵（P1001），建立开车循环并通过各塔塔釜出料阀控制各塔液位维持在 50%。

第二阶段【减压炉点火升温】

减压炉的点火过程与常压炉点火过程类似，详细控制过程参照常压炉点火过程。但要注意控制好燃料油流量，不要让减压炉出口原油温度超出常压炉出口温度。

第三阶段【抽真空】

当减压炉出口温度达 280℃的时候，减压塔开始抽真空，缓慢打开减压塔塔顶出塔管路压力调节阀（PV005）的前阀和后阀，控制减压塔定压力在-0.096MPa 左右。打开减顶气进减压炉的阀门（VA052）。

第四阶段【建立回流及侧线采出】

打开减顶油水分离罐（V1014）界位调节阀（LV026），调节水相液位在 50%。通过控制调节阀（LV021），减顶油泵（P1013），控制 V1014 油相液位在 50%。当减顶温度高于 70℃的时候，控制减一线油泵（P1014）、减一回流流量调节阀（FV028），建立减一回流。通过减一产品流量调节阀（FV030），控制减一产品出料、减一液位稳定在 60%左右。当减二线液位高于 30%的时候，通过减二线油泵（P1015）、减二回流流量调节阀（FV031），建立减二回流。减二产品合格后，通过减二产品流量调节阀（FV033），控制减二产品出料、减二液位稳定在 60%左右。当减三线液位高于 30%的时候，通过

4-1-27

模块四　石油炼制与石油化工生产操作实训

减三线油泵（P1016）、减三回流流量调节阀（FV032），建立减三回流。减三产品合格后，通过减三产品流量调节阀（FV034），控制减三产品出料、减三液位稳定在60%左右。

三、任务实施

本部分内容主要训练学生对减压蒸馏工段的开车、停车操作，包含减压塔建立液位、冷循环、减压炉点火升温、热循环、抽真空、减压塔建立回流、开侧线。请准备好工艺操作卡，在接到任务时填写基本信息；操作完成后，如实填写操作中存在的问题和建议。教师根据反馈情况，可组织集中研讨和答疑，以提高学生对减压蒸馏工段的理解和操作质量。

情境1　减压蒸馏工段开车训练

启动仿真软件冷态开车工况，完成减压蒸馏工段开车训练。开车过程需要完成减压塔装油建立液位，需打开常底重油泵（P1006）、常底油出料阀（FV0101）、常底油流量调节阀（FV0101～FV0104），将原油输送至减压塔，减压塔液位达到50%时，停原油泵，开启冷循环线阀（VA025）。建立冷循环后进行减压炉点火升温，首先开各塔顶空冷器及侧线冷却器，其次减压炉进行点火升温操作，升温过程中要按升温曲线进行，升温过程进行恒温脱水与恒温热紧。当减压炉出口温度达到280℃时，开始抽真空，建立侧线回流、开侧线。继续升温至减压炉出口温度在385℃左右，并按照工艺参数调节至正常工况。认真填写工艺操作卡，成绩达到80分以上，建议操作用时4h。

情境2　减压蒸馏工段停车训练

启动仿真软件正常停车，联锁投旁路。首先需要降低原油加工量、各侧线采出量及回流量，保持平稳操作，各工艺指标不得偏离正常范围，保证产品质量。其次关闭电脱盐系统，当原油量降至正常指标的60%～70%时，减压炉降温。减一线、减二线、减三线并入污油线。打开减底渣油去污油线阀。关闭减底渣油出料阀门（FV037）。关闭减一回流流量调节阀（FV028）、减二回流流量调节阀（FV031）、减三回流流量调节阀（FV032）。开大减一产品流量调节阀（FV030），减一线油外排。开大减二产品流量调节阀（FV033），减二线油外排。开大减三产品流量调节阀（FV034），减三线油外排。在减压炉缓慢向300℃降温过程中，若减一线泵、减二线泵、减三线泵抽空，经多次开停，确认无液位，则依次停运。当减压炉温度低于300℃时，关闭减压炉减渣燃料油流量调节阀（FV024）。关闭阀门HV049，停止向减压炉（F1002）通低压蒸汽。关闭阀门VA055，停止向减压炉（F1002）通燃气。关闭减压炉引风机入口挡板（HV004）。停减压炉引风机（C1002）。停减压炉鼓风机（C1005）。关闭阀门HV048，停止向减压炉（F1002）通空气。减压塔系统退油。认真填写工艺操作卡，要求成绩在85分以上，建议用时1h。

任务　六

常减压工艺事故处理操作

一、工作任务要求

工作任务要求见表4-14。

4-1-28

项目一 石油常减压蒸馏工艺操作

表 4-14　工作任务要求

任务情境	接到生产现场原油中断、电脱盐罐压力异常、初顶回流罐满液位、常底油泵抽空、常四线油泵故障、蒸汽中断等工艺事故的报警后，学生以技术人员的身份进入常减压蒸馏生产车间
教学模式	理实一体、任务驱动
教学场所与工具	仿真实训室；电脑及仿真软件
岗位角色	技术人员
工作任务与目标	① 接到事故报警后快速到达事故处置岗位； ② 能够快速判断事故类型、分析事故原因； ③ 能够根据应急预案及时稳妥地组织和处理事故； ④ 能够发现班组的技术问题并给予更优的操作指导，并能根据问题设计技术改造方案

二、必备知识

1. 事故现象和原因分析

填写表 4-15。

表 4-15　事故原因分析表

事故类型	事故现象	事故原因
原油中断		
电脱盐罐压力异常		
初顶回流罐满液位		
初底油泵抽空		
常四线油泵故障		
蒸汽中断		

2. 事故现象判断

在仿真操作界面中找到发生原油中断、电脱盐罐压力异常、初顶回流罐满液位、初底油泵抽空、常四线油泵故障、蒸汽中断等工艺事故时异常的工艺参数，在图 4-7（a）～（h）中圈出异常的工艺参数。

三、任务实施

本部分主要训练学生对原油中断、电脱盐罐压力异常、初顶回流罐满液位、初底油泵抽空、常四线油泵故障、蒸汽中断等事故的应急处理能力。要求根据仿真界面上参数的变化情况，对比正常值，快速判断出事故类型、分析出事故发生原因并做出正确的处理操作。学生按照要求启动对应工况完成事故处理，要求成绩均在 90 分以上，建议每个任务用时 5min。

4-1-29

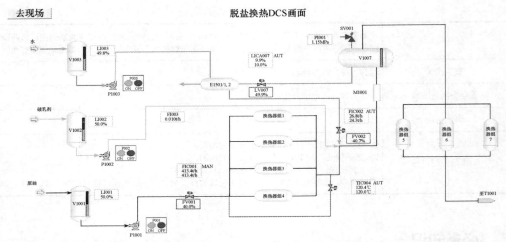

图 4-7（a） 原油脱盐换热操作 DCS 界面（请用红色方框标出原油中断时异常的工艺参数）

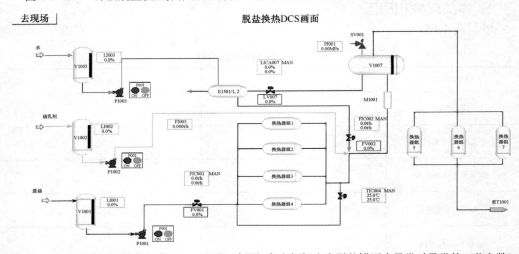

图 4-7（b） 原油脱盐换热操作 DCS 界面（请用红色方框标出电脱盐罐压力异常时异常的工艺参数）

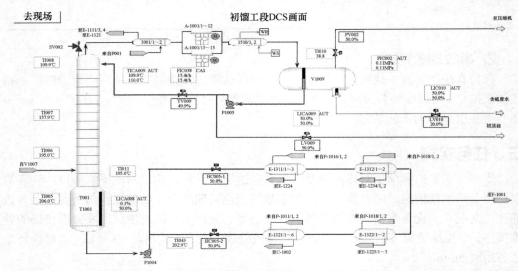

图 4-7（c） 初馏工段操作 DCS 界面（请用红色方框标出初顶回流罐满液位时异常的工艺参数）

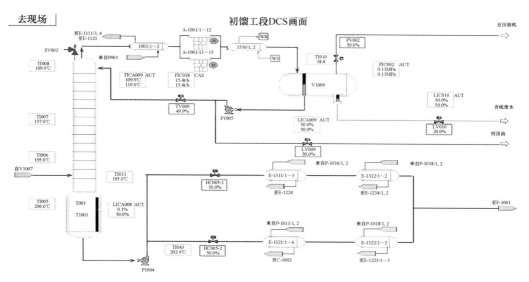

图 4-7（d） 初馏工段操作 DCS 界面（请用红色方框标出初底油泵抽空时异常的工艺参数）

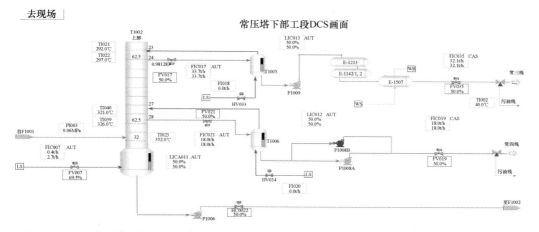

图 4-7（e） 常压塔下部工段操作 DCS 界面（请用红色方框标出初底油泵抽空变化的工艺参数）

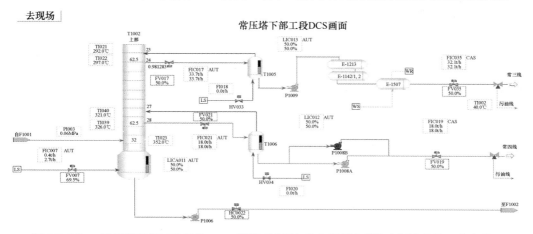

图 4-7（f） 常压塔下部工段操作 DCS 界面（请用红色方框标出蒸汽中断变化的工艺参数）

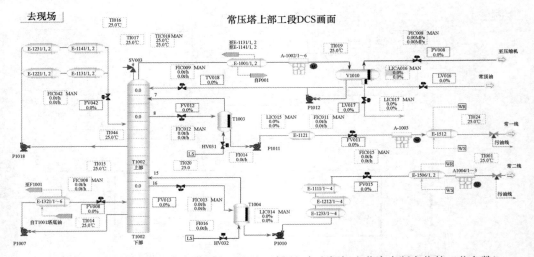

图 4-7（g） 常压塔上部工段操作 DCS 界面（请用红色方框标出蒸汽中断变化的工艺参数）

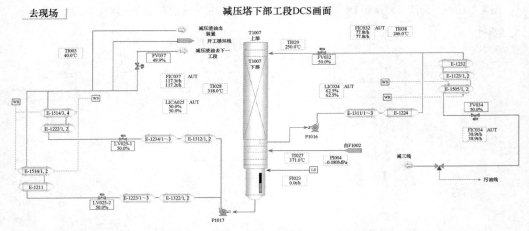

图 4-7（h） 减压塔下部工段操作 DCS 界面（请用红色方框标出蒸汽中断变化的工艺参数）

小研讨

刘丽，女，大庆油田有限责任公司第二采油厂第六作业区采油 48 队工人，2016 年荣获全国五一劳动奖章，2021 年被评为"大国工匠年度人物"。她用勤奋与韧劲解决了一个个生产难题。她带领"刘丽工作室"全体成员，先后实现技术革新 1048 项，用团结与创新培养了一批批石油领域人才，在实干与奋斗中传承大庆精神、铁人精神、石油精神。请查阅或观看大国工匠采油工刘丽的事迹，学习其爱岗敬业、创新实干的精神。谈谈你对"大庆精神、铁人精神、石油精神"的理解，以及这些精神如何引领了你的学习和工作。

项目思考与问答

1. （简答）请用文字描述燃料型常减压蒸馏工艺过程。

2. （简答）常减压蒸馏过程中采用减压蒸馏的目的是什么？采用何种方式降低减压塔压力？

3. （简答）简述原有脱盐脱水的基本原理。

4. （简答）简述本工艺中常压炉与减压炉的不同。

5. （简答）简述本工艺中常压塔的特点及生产的产品。

6. （简答）简述常减压装置冷态开车过程中冷循环和热循环的作用。

7. （简答）在稳态运行过程中，如发现炉（F1001）出口温度偏高，该如何调控？

8. （简答）在稳态运行过程中，如发现常压塔塔顶温度偏高，该如何调控？

9. （简答）在稳态运行过程中，如发现常减压塔的压力偏高，该如何调控？

10. （简答）在稳态运行过程中，如发现常压炉的压力偏高，该如何调控？

11. （单选）本工艺中的减压塔的操作压力为（　　）kPa（绝压）。
A. 0.0002　　　　B. 0.0003　　　　C. 0.0004　　　　D. 0.0005

12. （单选）本工艺正常生产中常压炉的出口温度为（　　）℃。
A. 195　　　　　B. 265　　　　　C. 365　　　　　D. 385

13. （单选）本工艺正常生产中减压炉的出口温度为（　　）℃。
A. 165　　　　　B. 265　　　　　C. 365　　　　　D. 385

项目操作结果评价

项目操作结果评价见表 4-16。

表 4-16 石油常减压蒸馏工艺操作-项目综合评价表

姓名		学号		班级		
组别		组长		成员		
项目名称						
维度	评价内容			自评	互评	师评	得分

维度	评价内容	自评	互评	师评	得分
知识	掌握常减压蒸馏过程中电脱盐脱水、常压蒸馏、减压蒸馏的基本原理（5分）				
	掌握常减压蒸馏过程中原油蒸馏换热和脱盐、初馏塔系统和拔头原油、常压蒸馏、减压蒸馏流程（5分）				
	掌握常减压蒸馏装置中电脱盐罐、常压炉、减压炉、精馏塔、减压塔、汽提塔、高压喷射器等设备结构及工作原理（5分）				
	掌握原油换热和脱盐工艺、初馏塔系统和拔头原油换热工艺、常压蒸馏工艺、减压蒸馏工艺操作中关键参数的调控（5分）				
	掌握常减压蒸馏典型故障的现象和产生原因（5分）				
能力	能根据开车操作规程，配合班组指令，进行常减压装置的开车操作（10分）				
	能根据停车操作规程，配合班组指令，进行常减压装置的停车操作（10分）				
	能够根据温度、压力、液位、流量等关键参数的正常运行区间，及时判断参数的波动方向和波动程度（10分）				
	能够正确处理参数波动、稳定运行装置，确保产品收率和质量（10分）				
	能够及时正确地判断故障类型，并妥善处理故障（10分）				
素质	具备诚实守信、爱岗敬业、精益求精的职业素养（5分）				
	在工作中具备较强的表达能力和沟通能力（5分）				
	具备严格遵守操作规程，密切关注生产状况的良好职业习惯，具备沉着冷静的心理素质（5分）				
	具备安全用电，正确防火、防爆、防毒意识（5分）				
	主动思考技术难点，探索优化生产操作，具备一定的创新能力（5分）				
我对任务完成情况的评价和反思					

项目二 石油烃热裂解制乙烯生产工艺操作

学习目标

 知识目标

1. 理解石油烃热裂解的反应原理。
2. 理解急冷、压缩、脱酸操作的工艺原理及作用。
3. 熟悉裂解系统、急冷系统、裂解气压缩系统、碱洗系统工艺流程。
4. 熟悉裂解炉、急冷换热器、废热锅炉、压缩机的结构及工作原理。
5. 掌握裂解炉工段、急冷工段、裂解气压缩工段操作中关键参数的调控。
6. 掌握裂解炉工段、急冷工段、裂解气压缩工段操作中典型故障的现象和产生原因。

 能力目标

1. 能根据操作规程,配合班组指令,进行裂解炉工段、急冷工段、裂解气压缩工段的开车和停车操作。
2. 能够根据生产中温度、压力、液位、流量等关键参数的正常运行区间,及时判断参数的波动方向和波动程度。
3. 根据反应特点和生产中关键参数的操作要点,能够正确处理参数波动、稳定运行装置,确保产品收率和质量。
4. 根据生产中的异常现象,能够及时、正确地判断故障类型,并妥善处理故障。

 素质目标

1. 具备诚实守信、爱岗敬业、团结互助的良好道德修养。
2. 具备较强的表达能力和沟通能力,沉着冷静的心理素质。
3. 具备严格遵守岗位操作规程,密切关注生产状况的良好职业习惯。
4. 具备安全用电,正确防火、防爆、防毒意识。
5. 主动思考生产中的技术难点,探索提高转化率、收率、安全性等的方案,优化生产过程,具备一定的创新能力。

项目导言

乙烯是世界上产量最大的化学品之一,乙烯工业是石油化工产业的核心,在国民经济中占有重要地位。世界上常将乙烯产量作为衡量一个国家石油化工发展水平的重要标志之一。

模块四　石油炼制与石油化工生产操作实训

乙烯最大的用途是生产聚乙烯，约占乙烯耗量的45%，其次是生产二氯乙烷和氯乙烯。乙烯经氧化可以制造环氧乙烷和乙二醇，经烃化可制苯乙烯。乙醛、乙醇、高级醇等均可以用乙烯制得，合成纤维、合成橡胶及合成塑料的生产均需用到乙烯。

乙烯可以使用多种化工原料经不同的生产方法制得，常见的乙烯生产原料有乙烷、丙烷和石脑油等。乙烯生产工艺较为丰富，但彼此之间的差异并不是特别大，这也是乙烯工业区别于其他化工产品工业的一个最大特点。乙烯的生产方法有石油烃热裂解技术、石脑油催化裂解技术、重油催化裂解技术、原油直接裂解技术、合成气制乙烯技术等。本实训项目采用石油烃热裂解技术生产乙烯。

将轻石脑油、重石脑油以及加氢裂化石脑油等裂解原料，分别送入裂解炉内，加入稀释蒸汽进行裂解，得到的裂解气（氢气、甲烷、乙烯、乙烷、丙烯、丙烷、丁二烯、裂解汽油、裂解燃料油等组分的混合物）经废热锅炉急冷，再经油冷、水冷至常温，并把其中大部分油类产品分离后送入后续工序。裂解气经多段压缩后，压力提高到4.173MPa，为后续深冷分离提供条件。来自压缩工段的裂解气，经脱水、深冷、加氢和精馏等过程，最终获得高纯度的乙烯、丙烯，同时得到副产品 H_2、CH_4、C_3、LPG、混合碳四馏分及裂解汽油。

项目任务

项目任务见表4-17。

表4-17　项目任务表

序号	项目任务	总体要求
1	裂解炉工艺操作	学生以操作人员身份进入乙烯生产车间，理解石油烃热裂解反应原理，熟悉裂解炉结构，掌握裂解工艺流程，熟知关键参数指标与控制方案，根据操作要点完成裂解炉工艺操作
2	急冷工艺操作	学生以操作人员身份进入乙烯生产车间，理解急冷系统原理及作用，掌握急冷系统工艺流程，熟知关键参数指标与控制方案，根据操作要点完成急冷工艺操作
3	裂解气压缩工艺操作	学生以操作人员身份进入乙烯生产车间，理解裂解气压缩、脱酸原理，掌握裂解气压缩系统和碱洗系统工艺流程，熟知关键参数指标与控制方案，根据操作要点完成裂解气压缩和碱洗工艺操作

任务 一

裂解炉工艺操作

一、工作任务要求

工作任务要求见表4-18。

表4-18　工作任务要求

任务情境	学生以操作人员的身份进入乙烯生产车间，完成各项化工生产安全教育，掌握裂解工艺过程及裂解炉系统工艺流程，熟知关键参数指标与控制方案，根据操作要点完成裂解炉工艺操作
教学模式	理实一体、任务驱动
教学场所与工具	仿真实训室；电脑及仿真软件

4-2-2

续表

岗位角色	操作人员
工作任务与目标	① 熟悉裂解炉的基本结构及物料走向； ② 能根据参数指标和控制方案进行压力、液位、温度等参数的调节； ③ 能控制裂解炉炉膛压力、汽包液位、裂解炉升温速率并维持稳定； ④ 能根据操作要点完成开车操作以及停车操作

二、必备应知

1. 裂解反应原理

烃类裂解的主要反应为一次反应，在发生一次反应的过程中伴随有二次反应发生。一次反应主要是发生脱氢和断链反应。

脱氢反应是 C—H 键断裂的反应，生成烯烃和氢气。

$$R{-}CH_2{-}CH_3 \longrightarrow R{-}CH{=}CH_2 + H_2 \text{（烷烃脱氢通式）}$$

断链反应是 C—C 键断裂的反应，反应产物是碳原子数减少的烷烃和烯烃。

$$R{-}CH_2{-}CH_2{-}R' \longrightarrow R{-}CH{=}CH_2 + R'{-}H \text{（烷烃裂解通式）}$$

或

$$C_{m+n}H_{[2(m+n)+2]} \longrightarrow C_mH_{2m} + C_nH_{2n+2}$$

在裂解温度下，氢及甲烷很稳定，烯烃可继续反应，主要的二次反应有：

① 反应生成的较大分子烯烃可以继续裂解生成乙烯、丙烯等小分子烯烃或二烯烃；
② 烯烃能够发生聚合、环化、缩合反应，最后直至转化成焦；
③ 烯烃加氢和脱氢；
④ 烃类分解生碳。

裂解炉结构及工作过程

2. 主要设备

本工段由原料预热、裂解反应、裂解气急冷三部分构成，用到的设备主要有裂解炉、引风机、线性急冷器、蒸汽汽包。根据二维码资源学习裂解炉、汽包的结构及工作过程，并结合仿真软件在表 4-19 中填入相应的设备名称及其作用。

表 4-19 裂解炉工段主要设备及其作用

序号	设备位号	设备名称	设备作用
1	C0801		
2	D0801		
3	E0801A～H		
4	F0801		

模块四 石油炼制与石油化工生产操作实训

3. 识读工艺流程

来自脱砷和原料预热单元的石脑油（73℃）在裂解炉（F0801）的对流段原料预热器预热至187～191℃后，与在对流段过热至327～341℃的稀释蒸汽混合，使裂解原料全部汽化，混合物的温度为183～200℃，然后经高温对流段Ⅰ和Ⅱ进一步加热到574～607℃，再通过横跨管，进入辐射室进行裂解，裂解温度为850～876℃。从辐射段出来的裂解气温度为850～876℃，用一组线性急冷换热器（E0801A～H）冷却，使温度降为387～481℃，再用喷注急冷油的方法使裂解气温度进一步降到230℃，进入油/水急冷塔。

裂解炉F0801由两个辐射室和一个对流段及八个线性废锅（LQE）组成，在辐射室炉管内发生裂解反应，主要生成乙烯和丙烯，对流段用于加热原料、稀释蒸汽、锅炉给水和高压蒸汽，急冷器主要是抑制裂解气二次反应，线性废锅（LQE）产生高压蒸汽进入汽包（D0801）。

根据工艺流程描述并结合仿真软件，补全流程图，见图4-8（a）、（b）和（c）。

4. 主要参数指标与复杂控制说明

（1）关键参数指标 换热和脱盐工段关键参数指标见表4-20。

表 4-20 换热和脱盐工段关键参数指标

位号	单位	正常值	说明
FI08007	t/h	54.43	石脑油进料量
TI08017/TI08018	℃	750～850	横跨段集合管温度
PIC08001	Pa	−70	炉膛负压
TI08051～TI08058	℃	850～876	裂解炉出口温度
TI08027/TI08127	℃	387～481	E0801 出口温度
TIC08011	℃	210～250	急冷器出口温度
FI08010/FI08011	t/h	3.935	燃料气流量
FI08009	t/h	64.535	锅炉给水量
TI08031	℃	328.5	D0801 温度
TIC08014	℃	446	一段过热
TIC08013	℃	520	二段过热

（2）复杂控制说明

① 比例控制。炉的进料流量FIC08001与FIC08005采用比例控制，FIC08001采用自动控制并输入比例值，FIC08005采用串级控制。炉的进料流量FIC08002与FIC08006采用比例控制，FIC08002采用自动控制并输入比例值，FIC08006采用串级控制。

② 串级控制。AIC08001主控，PIC08001副控，控制裂解炉烟道出口处压力；TIC08014主控，TIC08013副控，控制D0801高压蒸汽出口温度。

（3）控制方案 裂解炉操作是保障乙烯生产装置后续生产顺利进行以及决定产品收率的重要操作。通过控制石脑油进料量、工艺水蒸气流量、裂解温度、炉膛压力、燃料气流量、汽包液位、急冷器出口温度等保障后续生产。具体控制方案如下。

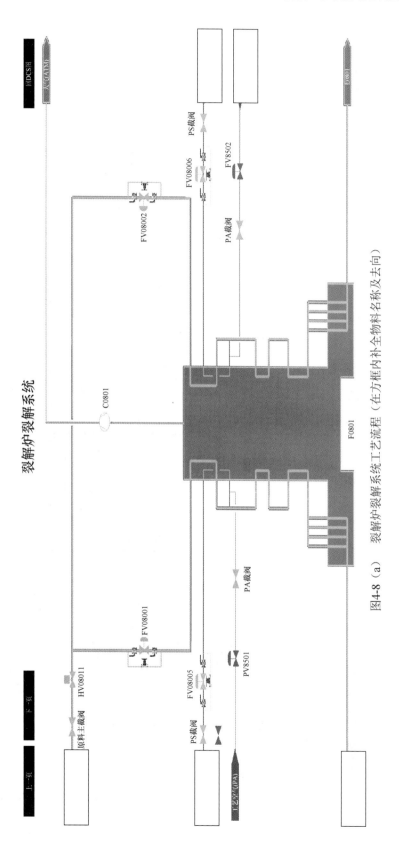

图4-8（a） 裂解炉裂解系统工艺流程（在方框内补全物料名称及去向）

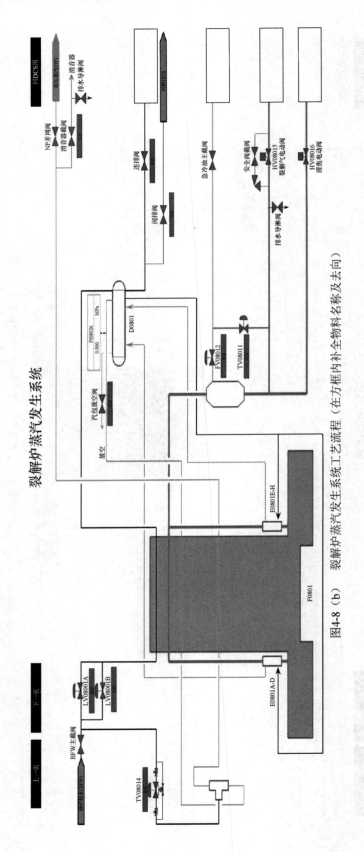

图4-8（b） 裂解炉蒸汽发生系统工艺流程（在方框内补全物料名称及去向）

项目二 石油烃热裂解制乙烯生产工艺操作

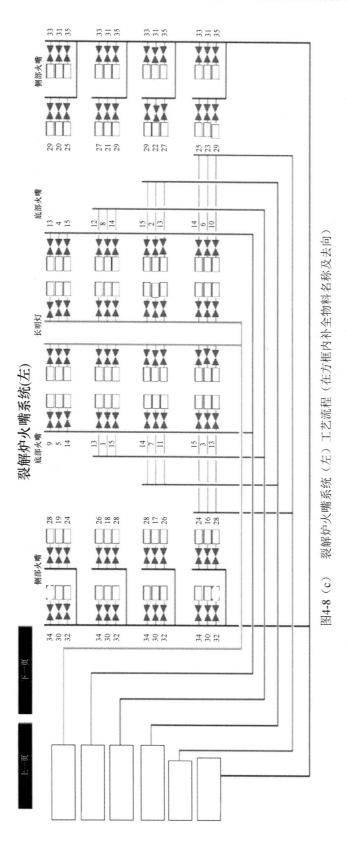

图4-8(c) 裂解炉火嘴系统(左)工艺流程(在方框内补全物料名称及去向)

第一阶段【建立炉膛负压、工艺蒸汽引至炉前】

开启引风机C0801，通过控制PIC08001的开度大小控制炉膛负压。开启工艺蒸汽现场阀并通过开导淋阀排凝液，将工艺蒸汽引至炉前。

第二阶段【裂解炉点火升温、汽包注水】

① 点火。开启底部阀门、打开点燃长明灯各燃气阀，将燃料气引至点燃长明灯。打开底部（侧壁）燃料气开关阀，稍开PIC08004～PIC08012将底部燃料气引至火嘴前，按顺序开底部火嘴根部阀。

② 汽包建立液位。打开汽包放空阀，开锅炉给水根部阀；当炉温达到250℃时，打开锅炉给水上水阀（LIC08001A），当汽包液位达到40%时，开启间歇排污阀，升温过程中控制液位在60%。当汽包压力到9.0MPa时，关闭LV08001A，开启LV08001B，当TIC08013达到500℃时，注水控制蒸汽温度。当TIC08013达到400℃后，TIC08014投自动设定在520℃，当蒸汽压力达到高压蒸汽系统的压力时，从消音器切到HP蒸汽系统。

③ 升温。裂解炉由环境温度升温至250℃，升温时间5h。当TI08034超过250℃时，向炉内通入工艺蒸汽降低炉管温度，1h内，由FIC08005/006控制工艺蒸汽量从0提至6000kg/h，横跨烟气温度（TI08034）约为250℃。废热锅炉出口温度（TI08027/127）小于120℃，工艺蒸汽由清焦线排入大气；超过120℃，将裂解炉切入T2711。裂解炉由250℃升温至750℃，根据开车升温程序图（图4-9），在10h内工艺蒸汽与辐射炉管出口温度成正比增加，炉口温度（TI08051～058）逐渐升至750℃，蒸汽流量为21000kg/h。当TI08027/127达到220℃时，调整急冷油注入量，将急冷油塔入口温度调至230℃。裂解炉由750℃升温至800℃，用时2h，工艺蒸汽用量由21000kg/h提至30000kg/h。

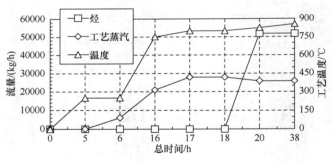

图4-9 开车升温图

第三阶段【连接急冷、投油】

开裂解气电动阀前导淋排水，关排水导淋。打开安全阀旁路，关闭清焦阀，打开裂解气阀，打开急冷油现场主截止阀。裂解炉由800℃升温至820℃，2h内，由FIC08001/002把石脑油进料量从0提高到54430kg/h，由FIC08005/006把工艺蒸汽流量从30000kg/h降至27215kg/h，辐射炉管出口温度从800℃提高到856℃。

第四阶段【装置调至正常】

控制炉出口温度在850℃左右，控制汽包（D0801）压力在12.48MPa左右，控制炉膛负压在-70Pa左右，控制炉原料单侧流量在27t/h，控制炉工艺蒸汽流量在13.507t/h，控制急冷器出口温度在240℃左右，控制二段高压蒸汽出口温度在510℃，控制炉烟气含氧量在2%左右。

项目二　石油烃热裂解制乙烯生产工艺操作

三、任务实施

本部分内容主要训练学生对裂解炉工段的开车、停车、事故处理操作，包含开车前准备、裂解炉点火升温、汽包注水、连接急冷、投油、装置调至正常，并建立该工段与后续工段的动态平衡等。请准备好工艺操作卡，在接到任务时填写基本信息；操作完成后，如实填写操作中存在的问题和建议。教师根据反馈情况，可组织集中研讨和答疑，以提高学生对裂解炉工段的理解和操作质量。

情境1　裂解炉工段冷态开车训练

启动仿真软件冷态开车工况，完成裂解炉工段的开车操作。开车过程仅模拟装置炉膛负压建立及之后的相关工作，因此炉膛负压建立之前的开工准备、开工前各岗位准备、公用工程启用、装置各区域置换已经完成。开车操作中首先将炉膛建立负压，将炉膛压力维持在负压−50～−100Pa之间。其次裂解炉点火升温，先要点燃裂解炉长明灯，之后点燃裂解炉底部火嘴，最后点燃侧壁火嘴，裂解炉内的温度与燃料气的用量、风门开度的大小、炉膛负压、炉膛氧含量、工艺蒸汽用量均有关，在升温过程中严格按照各裂解炉升温图进行。升温过程中还要维持汽包液位稳定，急冷器出口温度稳定。升温至800℃后进行连接急冷、投油操作。此过程需要逐步将工艺蒸汽用量、石脑油进料量、裂解炉温度、急冷器出口温度控制稳定。认真填写工艺操作卡，成绩达到80分以上，建议操作用时5h。

情境2　裂解炉工段停车训练

启动仿真软件正常停车工况，完成裂解炉工段停车操作。装置各联锁投旁路，先逐渐关侧线原料油，并增大工艺蒸汽负荷。裂解炉温度降至810℃以下，关闭原料进料、打开进料吹扫蒸汽截止阀，裂解气出口走清焦线，关闭侧线、底部火嘴，逐渐降低工艺蒸汽流量。降温过程中温度以50℃/h速度降温，当COT（裂解炉辐射段炉管出口温度）低于550℃时，关闭高压蒸汽入管网阀。关闭连续排污阀，开间歇排污，TI08034温度为250℃时，汽包停止进水，关闭工艺蒸汽（PS）。关闭各燃料气总阀，泄压。认真填写工艺操作卡，要求成绩在85分以上，建议用时2h。

情境3　裂解炉工段事故处理

裂解炉工段涉及的事故主要有原料中断、锅炉给水中断、引风机故障、裂解炉飞温、汽包液位低、燃料气压力低。要求根据界面上参数的变化情况，对比正常值，快速判断出事故类型、分析出事故发生原因并做出正确的处理操作。学生启动对应工况完成事故处理，要求成绩均在90分以上，建议每个任务用时30min。

任务 二
急冷工艺操作

一、工作任务要求

工作任务要求见表4-21。

表4-21　工作任务要求

任务情境	学生以操作人员的身份进入乙烯生产车间，掌握急冷原理和作用，熟悉急冷系统的工艺过程，熟知关键参数指标与控制方案，根据操作要点完成急冷工艺操作
教学模式	理实一体、任务驱动

模块四

项目二

4-2-9

续表

教学场所与工具	仿真实训室；电脑及仿真软件
岗位角色	操作人员
工作任务与目标	① 熟悉油冷系统、水冷系统以及稀释蒸汽系统物料走向； ② 能够根据参数指标和控制方案进行压力、液位、温度等参数的调节； ③ 能够根据操作要点完成急冷系统开车、停车和事故处理操作

二、必备应知

1. 急冷原理与急冷系统作用

裂解炉出来的裂解气富含烯烃和大量水蒸气，温度一般高于 800℃。烯烃反应性很强，若任它们在高温下长时间停留，会发生二次反应，引起结焦、烯烃收率下降及生成经济价值不高的副产物，因此需要将裂解炉出口的高温裂解气尽快冷却，以终止其裂解反应。

急冷方法有直接急冷和间接急冷。直接急冷是用急冷剂与裂解气直接接触，急冷剂可用油或水，急冷下来的油、水密度相差不大，分离困难，污水量大，不能回收高品位的热量。采用间接急冷的目的是回收高品位的热量，产生高压水蒸气作动力能源以驱动裂解气、乙烯、丙烯压缩机、汽轮机及高压水阀等机械，同时终止二次反应。

生产中一般都先采用间接急冷，即裂解产物先进急冷换热器，取走热量，然后采用直接急冷，即油洗和水洗来降温。

急冷系统的作用：

① 尽可能降低裂解气温度，从而保证裂解气压缩机的正常运转，并降低裂解气压缩机的功耗。

② 尽可能分馏出裂解气中的轻、重组分，减少压缩分离系统的进料负荷。

③ 将裂解气中的稀释蒸汽以冷凝水的形式分离回收，用以再发生稀释蒸汽，从而大大减少污水排放量。

④ 回收裂解气低能位热量。通常可由急冷油回收的热量发生稀释蒸汽，由急冷水回收的热量进行分离系统的工艺加热。

2. 识读工艺流程

裂解原料在裂解炉中经高温裂解产生裂解气，其组分主要有 H_2、C_2H_4、C_3H_6、混合 C_4、芳烃（C_6~C_8），还含有苯乙烯、茚类、二烯烃等。高温裂解气经废热锅炉冷却，再经急冷器进一步冷却后，裂解气的温度可以降到200~300℃之间。将急冷器冷却后的裂解气依次经过汽油分馏塔油冷和急冷水塔水冷后进一步冷却至常温，在冷却过程中分馏出裂解气中的重组分（如：轻、重燃料油，裂解汽油，水分），并进一步回收热量，这个环节称为裂解气的急冷系统。具体流程见二维码资源。

急冷工段工艺流程

3. 急冷工段设备

本工段由油/水冷、油汽提、洗涤水循环、稀释蒸汽几部分构成，用到的设备主要有油/水冷塔、油汽提塔、过滤器、稀释蒸汽发生器。请在表 4-22 中根据设备位号填入相应的设备名称及其作用。

项目二　石油烃热裂解制乙烯生产工艺操作

表 4-22　急冷工段主要设备及其作用

序号	设备位号	设备名称	设备作用
1	T2711	油/水急冷塔	
2	T2712	油汽提塔	
3	E3013A/B～E3015	稀释蒸汽过热器	
4	D2811	油水分离罐	
5	D3012	稀释蒸汽收集器	
6	S2711A/B～S2716/R	过滤器	

4．关键参数指标与控制方案

（1）关键参数指标　急冷工段关键参数指标见表 4-23。

表 4-23　急冷工段关键参数指标

位号	单位	正常值	说明
TI27503	℃	196	T2711 油洗塔底温度
TI27528	℃	178.5	PFO 回流温度
TI27504	℃	180	T2711 油洗中段温度
TI27507	℃	150	PGO 回流下部温度
TI27510	℃	125	T2711 油洗中段温度
TI27514	℃	105	T2711 油洗塔顶温度
TIC28504	℃	120.44	PGO 回流温度
LI27501	%	50	T2711 底部液位
LICA27503	%	50	T2711 中段液位
TI27518	℃	38	水冷系统塔顶裂解气温度
TI28512	℃	80	水洗段底部温度
TI27520	℃	35.2	低温急冷水回流温度
TI27519	℃	60	高温急冷水回流温度
PIC27511	kPa	56	水冷系统平衡管压力
PIC27510	kPa	50	水冷系统塔顶压力
LDIC28503	%	50	D2811 水腔液位
LIC28501	%	50	D2811 油腔液位
TI30531	℃	176	稀释蒸汽温度
PIC30501	MPa	0.58	稀释蒸汽压力

模块四　项目二

4-2-11

（2）复杂控制说明

① 分程控制

a. PIC27510

当调节器控制小于50%时，A阀打开；

当调节器控制等于50%时，A阀全开；

当调节器控制大于50%时，A阀全开，B阀打开；

当调节器控制等于100%时A阀全开，B阀全开。

b. PIC30501（带修正量PY30501A/B的分程控制）

当调节器控制小于50%时，A阀打开；

当调节器控制等于50%时，A阀全开；

当调节器控制大于50%时，A阀全开，B阀打开；

当调节器控制等于100%时A阀全开，B阀全开。

c. LICA3001

当调节器控制等于50%时，A阀关闭，B阀关闭；

当调节器控制小于50%时，A阀打开；

当调节器控制等于0%时，A阀全开；

当调节器控制大于50%时，A阀关闭，B阀打开；

当调节器控制等于100%时A阀关闭，B阀全开。

② 串级控制。LIC27503与FIC27536。LIC27503主控，FIC27536副控，控制T2711侧采段液位。

（3）控制方案　急冷工段的操作是保障乙烯生产装置后续生产顺利进行以及决定产品收率的重要操作。通过控制急冷水各段温度、急冷油各段温度、急冷塔水/油液位、稀释蒸汽温度保障后续生产。具体控制方案如下。

第一阶段【水循环开车】

向D2811注水：打开注水阀（VX2D2811），当D2811液位升至80%时，开启泵P2811，D2811液位由LDIC28503监控。打开E2515和E5511的入口阀，回路洗涤水由FIC27505调节经过E2811A/B进入T2711水急冷单元的下部，再由FIC27506进行调节，经过E2812A/B去T2711水急冷单元上部。洗涤水开始循环后，打开E2515和E5511的洗涤水进口阀，洗涤水回路供水至回路总管的压差由PIC28507调节，最终建立水循环。

汽油室（D2811）注油：打开注油阀（VX3D2811），将石脑油从界区引入D2811，首次注入时汽油液位约为80%（LIC28501显示），启动汽油泵（P2813/R），如果LIC28501降低，须注入石脑油补充。

第二阶段【引油循环开车】

PFO（裂解燃料油）循环油路：打开开工引油阀VX1D9502，将T2711塔底液位充至70%。启动泵P2711B，FIC27503将约500t/h的PGO送入T2711中段按循环油路逐段进行充液，建立循环。

PGO（裂解柴油）循环油路：当PFO循环稳定时，由FIC27513控制引入PGO至T2711塔中部，液位至50%，启动泵P2712，由FIC27502调节流回，控制FIC27521使T2711底部和中部两段循环达到平衡。

油路升温：PGO和PFO油路同时升温，流量分别由FIC27502和FIC27503控制。

第三阶段【工艺蒸汽系统开车】

开阀 LV30501 至 D3012 液位约为 60%，打开 E3013A/B 与 D3012 连接的进出口阀，投用 PIC30501，开 PV30501A（开度 10%）。对 E3013A/B 预热，并发生蒸汽。

打开 E3014A 和 E3014E 的蒸汽出口管线（进口管线关闭），再打开 E3014A 和 E3014E 到 E3016 的开关阀。

用 LP（低压）蒸汽加热发生工艺蒸汽，D3012 内压力上升，发生的工艺蒸汽预热从 E3014A 和 E3014E 经过的 HPO（重质燃料油）。

E3014A～H 入口的 HPO 温度达到工艺蒸汽的饱和温度时，关闭 E3014A 和 E3014E 到 E3016 的开关阀。工艺蒸汽发生量下降，调节 PV30501A 增加 E3013A/B 的蒸汽发生量。

第四阶段【急冷系统接收裂解气调整】

从裂解炉来的工艺蒸汽经过 T2711 的 HPO 和 LPO 单元进入水洗单元，在 T2711 较低段，油回路将工艺蒸汽冷却，工艺蒸汽将汽油分离出来，在水急冷区冷凝，沉积在 D2811 的汽油腔。

工艺蒸汽在 T2711 的水洗单元冷凝，D2811 水位上升，启用 LDIC28503，启动 P2812，将工艺水送入 T3001。

根据洗涤水的温度将 E2811A/B 或 E2812A/B 投用。

裂解气中的裂解汽油在 T2711 的急冷区冷凝，在 D2811 中分离出来，调节 T2711 的汽油回流比（FIC27501），汽油室的液位控制（LIC28501），多余的汽油经 P2813 排入汽油稳定塔（T5601）。

T2711 水急冷塔温度是由 FIC27506 和 FIC27505 根据进入塔高段和中段的洗涤水回流比调节的，塔底温度（TI28512）是根据进入中段的流量计（FIC27505）调节的，塔顶温度（TI27518）由 FIC27506 调节，通过控制 E2811A/B 的冷却水流量调节 TI27519 和 TI27520 的温度。

三、任务实施

本部分内容主要训练学生对急冷工段的开车、停车和事故处理操作。包含向急冷塔注水、注油、急冷水循环、急冷油循环加热、工艺蒸汽系统建立液位并发生蒸汽、接收裂解气后装置调至正常，并建立该工段与后续工段的动态平衡。请准备好工艺操作卡，在接到任务时填写基本信息；操作完成后，如实填写操作中存在的问题和建议。教师根据反馈情况，可组织集中研讨和答疑，以提高学生对该工段的理解和操作质量。

情境 1 急冷工段冷态开车训练

启动仿真软件冷态开车工况，完成急冷工段的开车操作。装置的开车过程仅模拟装置引油、建立开工液位及之后的相关工作，因此装置引油之前开工准备、开工前各岗位准备、公用工程启用、装置各区域置换已经完成。开车操作中首先将装置冷却所用冷却水、冷却油引入装置，并让急冷水和急冷油循环并升温，循环和升温过程中循环管路中会充满水和油，因此急冷水和急冷油的液位会下降，应及时补充使水相液位和油相液位维持稳定，同时油和水的升温借助于外部换热器，在升温过程中要注意温度与换热器之间的平衡。工艺蒸汽系统的开车需要将急冷水引入并通过外部低压蒸汽发生蒸汽，维持相应的压力。急冷系统接收裂解气调整，此部分需要控制的操作点较多，需要维持塔内水、油的液位，需要调整塔各段温度、水和油的循环量、汽提塔液位、温度控制、工艺蒸汽系统。认真填写工艺操作卡，成绩达到 80 分以上，建议操作用时 4h。

模块四 石油炼制与石油化工生产操作实训

情境 2 急冷工段停车训练

启动仿真软件正常停车工况，完成急冷工段停车操作。停车过程包括油洗部分停车、水洗部分停车、系统停车操作三大步。油洗部分停车首先通过调整汽油回流将 D2811 油腔液位提至 85%左右，降低 T2711 底部液位至 30%，控制 PGO 采出量将中段液位控制在 50%，将裂解气放火炬。随着塔温的降低，关闭 PGO 回流。其次将中段的 PGO 不断送入 T2711 底部，用来稀释 PFO。提高 PFO 去 D8702 的流量。当 LIC27503 液位降至 10%时，停 P2712。PGO 与 PFO 油路的混合物继续送入 D8702。关闭 P2711 入口阀门。汽油经 FV27501 全部送入 T2711。关闭 FV27501。关闭 LV27507 停止 PFO 外送。水洗部分停车包括逐渐降低 FV27506 和 FV27505 的回流流量，将 E2811 和 E2812 的冷却水关小，由 PIC27510 控制放火炬。随着系统温度的降低，停 P2811。关闭 FV27501 和 FV27502。将 E2811 和 E2812 的冷却水全关。将 E2811 和 E2812 切除后倒空。系统排水倒空。系统停车操作，裂解炉负荷的降低，导致急冷油热量减少，PS 用量相应增加，应通过调整 E3013 的产汽量或通过 PV30501B 将 LPS（低压工艺蒸汽）直接补入 PS 中。随着系统的全面停车，系统将没有工艺水，裂解岗位需要的 PS 完全由 PV30501B 补充。关闭 FV30503，停止 E3016 的排污，关闭 LV28503。认真填写工艺操作卡，要求成绩在 85 分以上，建议用时 1h。

情境 3 急冷工段事故处理

急冷工段涉及的事故主要有原料中断、洗涤水中断。要求根据界面上参数的变化情况，对比正常值，快速判断出事故类型、分析出事故发生原因并做出正确的处理操作。学生启动对应工况完成事故处理，要求成绩均在 90 分以上，建议每个任务用时 30min。

任务 三

裂解气压缩工艺操作

一、工作任务要求

工作任务要求见表 4-24。

表 4-24 工作任务要求

任务情境	学生以操作人员的身份进入裂解气压缩车间，理解裂解气压缩原理以及裂解气中酸性气体的脱除原理，掌握裂解气压缩系统和碱洗系统工艺流程，熟知关键参数指标与控制方案，根据操作要点完成裂解气压缩工艺操作
教学模式	理实一体、任务驱动
教学场所与工具	仿真实训室；电脑及仿真软件
岗位角色	操作人员
工作任务与目标	① 熟悉裂解气压缩系统和碱洗系统工艺流程； ② 能够根据参数指标和控制方案进行压力、液位、温度等参数的调节； ③ 能够根据操作要点完成压缩系统开车和停车操作

二、必备应知

1. 裂解气压缩及碱洗原理

（1）裂解气压缩 来自急冷工段的裂解气在常压状态下为气体，通过压缩将裂解气

4-2-14

升压至约 3.7MPa，提高裂解气中各组分的沸点为后续深冷分离工艺奠定基础。直接压缩提高压力会使裂解气温度升高导致不饱和烯烃发生聚合，影响压缩机正常工作并造成产品损失。因此，裂解气的压缩采用多段压缩与段间冷却以及向压缩机壳体注水的方法解决直接压缩带来的问题。

（2）裂解气脱酸　裂解气中的酸性气体主要是指 CO_2 和 H_2S。也有少量有机硫化物，如氧硫化碳（COS）、二硫化碳（CS_2）、硫醚（RSR）、硫醇（RSH）、噻吩等。

本系统采用碱洗法脱除酸性气体。碱洗法是用 NaOH 溶液洗涤裂解气，碱液与酸性气体发生化学反应，生成的碳酸盐和硫化物溶于废碱中，从而达到脱除酸性气的目的。主要反应方程式如下：

$$CO_2 + 2NaOH \longrightarrow Na_2CO_3 + H_2O$$

$$H_2S + 2NaOH \longrightarrow Na_2S + 2H_2O$$

$$COS + 2NaOH \longrightarrow NaSCOONa + H_2O$$

$$NaSCOONa + 2NaOH \longrightarrow Na_2CO_3 + Na_2S + H_2O$$

$$SO_2 + 2NaOH \longrightarrow Na_2SO_3 + H_2O$$

2. 工艺流程

压缩工段有压缩一段二段流程，压缩三段四段流程、压缩五段流程、碱洗流程、汽水系统流程、油系统流程、汽轮机流程、高压密封气流程、中压密封气流程以及低压密封气流程。扫描二维码学习具体的工艺流程。

压缩工段
工艺流程

3. 压缩工段设备

本工段由裂解气压缩机、压缩机各段吸入罐、段间冷却器、透平、鲜碱分离器、油碱分离器、碱洗塔几部分构成，用到的设备主要有压缩机、换热器、分离罐、碱洗塔。请在表 4-25 中根据设备位号填入相应的设备名称及其作用。

表 4-25　压缩工段主要设备及其作用

序号	设备位号	设备名称	设备作用
1	C3101		
2	D3101～D3104、D3106		
3	D3105		
4	D3107		
5	D3501		
6	D3502		
7	E3101A/B～E3104A/B		
8	T3501		
9	X3201		

模块四 石油炼制与石油化工生产操作实训

4. 主要参数指标与控制方案

（1）关键参数指标 压缩工段关键参数指标见表 4-26。

表 4-26 压缩工段关键参数指标

位号	单位	正常值	说明
PIT31503	MPa	0.045	一段吸入压力
PIT31504	MPa	0.195	一段排出压力
PIT31507	MPa	0.171	二段吸入压力
PIT31508	MPa	0.427	二段排出压力
PIT31511	MPa	0.424	三段吸入压力
PIT31512	MPa	0.92	三段排出压力
PIT31515	MPa	0.914	四段吸入压力
PIT31516	MPa	1.894	四段排出压力
PIT31519	MPa	1.82	五段吸入压力
PIT31520	MPa	3.63	五段排出压力
TIT31502	℃	38	一段吸入温度
TIT31504	℃	75.2	一段排出温度
TIT31507	℃	32.0	二段吸入温度
TIT31508	℃	72.7	二段排出温度
TIT31511	℃	33.5	三段吸入温度
TIT31529	℃	73	三段排出温度
TIT31515	℃	33.5	四段吸入温度
TIT31516	℃	70.3	四段排出温度
TIT31519	℃	35.0	五段吸入温度
TIT31520	℃	79.4	五段排出温度
FIT31515	t/h	280	三段出口流量
FIT31516	t/h	233	五段出口流量
FIC35503	t/h	2.2	T3501 进口洗涤水流量
FIC35501	t/h	3.64	T3501 上段洗涤水出口流量
FI3506	t/h	1.18	T3501 新碱补加量
FI35507	t/h	54.2	T3501 中段碱循环流量
FI35508	t/h	50.5	T3501 下段碱循环流量
LIC35501	%	50	T3501 液位
LICA3506	%	50	D3501 液位

4-2-16

项目二 石油烃热裂解制乙烯生产工艺操作

（2）控制方案 压缩工段是保障装置后续分离操作正常运行以及装置节能降耗的重要操作，通过控制压缩机各段吸入罐液位、压缩机出入口压力及温度、碱洗塔碱液循环量等操作保障后续生产。具体控制方案如下：

第一阶段【油路系统投用】

打开油冷器手动阀门，打开邮箱冲油阀门，打开蒸汽加热阀的上下游阀门，油箱的液位达到10%后，开蒸汽加热，打开P31265A出口、进口阀门，启动P31265A，打开控制油（ZS31286，ZS31287）。通过蒸汽量控制油温在33～52℃之间，控制油压力（PIT31285）大于等于0.5MPa。

第二阶段【汽水系统投用】

在汽水系统现场开启VX1TTYS，将低压锅炉给水管线将脱盐水接入。打开冷却水手动阀门（VX3EX）。分别打开回流阀、排凝阀的前后阀，将回流阀设为自动并设定相应的压力。按要求启动P3201A，依次投用开动喷射泵、二级喷射泵、一级喷射泵，停开工喷射泵。

第三阶段【干气密封系统投用】

分别在高压、中压、低压密封流程中，开启氮气阀，并在相应管路上按要求设定相应的密封压力。

第四阶段【开车前准备】

全开三段出口，五返和四返返回阀，压缩机段间冷却器冷却水投用。向碱洗塔注水、注碱使液位达到50%。

第五阶段【压缩机正常开车】

引氮气充压，建立蒸汽密封，确认透平能够正常启动。透平复位，启动透平，将压缩机转速逐渐提高，暖机。

第六阶段【裂解气引入】

引裂解气同时关小氮气，维持压缩机转速。打开压缩机注水阀并维持注水压力。打开萃取汽油汽油阀，打开D3502烃类外送阀、碱液外送阀。

第七阶段【质量控制】

按要求控制压缩机各段液位维持在30%～80%，控制压缩机三段、五段流量，防止压缩机喘振，控制压缩机各段出口压力。

三、任务实施

本部分内容主要训练学生对压缩工段的开车、停车操作。包含压缩机油系统、汽水系统、密封系统、压缩机启动操作，压缩机各段温度、压力控制，并建立该工段与后续工段的动态平衡。请准备好工艺操作卡，在接到任务时填写基本信息；操作完成后，如实填写操作中存在的问题和建议。教师根据反馈情况，可组织集中研讨和答疑，以提高学生对该工段的理解和操作质量。

情境1 压缩工段正常开车训练

启动仿真软件冷态开车工况，完成开车操作。装置的开车过程仅模拟装置试车前准备工作完成之后的相关工作，因此装置公用工程启用、装置各区域置换已经完成。开车操作中首先需要进行油路系统、复水系统、干气密封的操作。其次是压缩机各段以及碱洗的开车准备，准备完成后才能进行压缩机开车。压缩机开车过程中，压缩机转速的操作要严格按照操作规程进行，速度不能过快。压缩机各段吸入罐的液位、压缩机各段出口压力设有联锁设置，操作不当会使透平跳闸，压缩机停车。压缩机各段入口温度设有高温报警。认真填写工艺操作卡，成绩达到 80 分以上，建议操作用时 4h。

情境 2　压缩工段停车训练

启动仿真软件正常停车工况，完成该工段停车操作。停车过程包括降裂解气压缩量、降压缩机各段吸入罐液位、降压缩机转速、停泵操作。随着负荷降低，逐渐将各吸入罐液面调至最小，保证系统稳定不窜压。逐渐全开 FV31515、FV31516 返回阀，降至最小调节转速 4378r/min。手协现场降速，迅速通过临界转速。当速度降至 500r/min 时，关闭主汽阀停车。并关闭各泵。认真填写工艺操作卡，要求成绩在 85 分以上，建议用时 1h。

 小研讨

侯祥麟，是我国石油化工技术的开拓者之一，炼油技术的奠基人，被称为"战略科学家"。他一生与油结缘，为油而忧，闻油而喜，为我国的石油化工事业倾尽心血。请学习侯祥麟老先生的事迹，分小组讨论从侯祥麟老先生身上学到了哪些品质？

项目二　石油烃热裂解制乙烯生产工艺操作

项目思考与问答

1. （简答）简述裂解炉的结构及各部分的作用。

2. （简答）裂解过程中加入稀释蒸汽的优点。

3. （简答）炉膛点火的顺序是什么？

4. （简答）裂解的基本原理是什么？

5. （简答）急冷系统的作用是什么？

6. （简答）裂解工段为什么需要急冷系统？

7. （简答）急冷系统的主要参数有哪些？

8. （简答）简述裂解气压缩采用几段压缩工艺。

9. （简答）简述裂解气压缩过程中段间冷却的目的。

10. （简答）裂解气碱洗过程中的碱液浓度采用哪几种？

11. （简答）碱洗塔顶部的水洗段有何作用？

模块四

项目二

4-2-19

项目操作结果评价

项目操作结果评价见表 4-27。

表 4-27 石油裂解制乙烯生产工艺操作-项目综合评价表

姓名		学号		班级	
组别		组长		成员	
项目名称					

维度	评价内容	自评	互评	师评	得分
知识	理解石油烃热裂解的反应原理（5分）				
	理解急冷、压缩、脱酸操作的工艺原理及作用（5分）				
	熟悉裂解系统、急冷系统、裂解气压缩系统、碱洗系统工艺流程（5分）				
	熟悉裂解炉、急冷换热器、废热锅炉、压缩机的结构及工作原理（5分）				
	掌握裂解炉工段、急冷工段、裂解气压缩工段操作中关键参数的调控方法和故障处理措施（5分）				
能力	能根据开车操作规程，配合班组指令，进行裂解炉工段、急冷工段、裂解气压缩工段的开车操作（10分）				
	能根据停车操作规程，配合班组指令，进行裂解炉工段、急冷工段、裂解气压缩工段的停车操作（10分）				
	能够根据生产中温度、压力、液位、流量等关键参数的正常运行区间，及时判断参数波动方向和波动程度（10分）				
	能够正确处理参数波动、稳定运行装置，确保产品收率和质量（10分）				
	能够及时正确判断故障类型，并妥善处理故障（10分）				
素质	诚实守信、爱岗敬业、精益求精（5分）				
	具备较强的表达能力、沟通能力和良好心理素质（5分）				
	具备严格遵守操作规程的良好职业习惯（5分）				
	具备安全用电，正确防火、防爆、防毒意识（5分）				
	主动思考技术难点，探索提高转化率、收率、安全性等的方案，优化生产过程，具备一定的创新能力（5分）				
我对任务完成情况的评价和反思					

项目三 聚丙烯生产工艺操作

学习目标

 知识目标

1. 了解聚丙烯的性质、用途以及生产工艺。
2. 掌握聚丙烯生产反应原理、工艺条件和典型设备的使用。
3. 掌握聚丙烯生产工艺流程和操作要点。
4. 掌握聚丙烯生产中常见事故的现象和原因。

 能力目标

1. 根据操作规程,配合班组指令,能进行聚丙烯的开、停车操作。
2. 根据控制方案和调控要点,能正确处理参数波动,维持聚丙烯生产稳态运行。
3. 根据生产中的异常现象,能及时、正确地判断事故类型,并妥善处理。

 素质目标

1. 具备诚实守信、爱岗敬业、团结互助的良好道德修养。
2. 具备较强的表达能力和沟通能力。
3. 具备严格遵守岗位操作规程,密切关注生产状况的良好职业习惯。
4. 具备出现故障时能够沉着冷静查找原因,并迅速做出正确反应的良好心理素质。
5. 具备安全用电,正确防火、防爆、防毒意识。
6. 主动思考生产中的技术难点,探索提高转化率、收率、安全性等的方案,优化生产过程,具备一定的创新能力。

项目导言

聚丙烯简称 PP,是以丙烯为单体聚合而成的聚合物,是一种无色、无臭、无毒、半透明固体物质,是通用塑料中的一个重要品种。聚丙烯具有耐化学性、耐热性、电绝缘性、高强度力学性能和良好的高耐磨加工性能等,这使得聚丙烯自问世以来,便迅速在机械、汽车、电子电器、建筑、纺织、包装、农林渔业和食品工业等众多领域得到广泛的开发应用。

近年来,随着我国包装、电子、汽车等工业的快速发展,极大地促进了我国工业的发展。而且因为其具有可塑性,聚丙烯材料正逐步替代木制产品,高强度韧性和高耐磨性能已逐步取代金属的机械功能。另外聚丙烯具有良好的接枝和复合功能,在混凝土、纺织、包装和农林渔业方面具有巨大的应用空间。

项目任务

项目任务见表 4-28。

表 4-28　项目任务

序号	项目任务	总体要求
1	岗位初体验	学生以实习生的身份进入聚丙烯生产车间，熟悉反应原理、影响因素、工艺条件和典型设备，了解工艺流程等基本生产知识
2	预聚合反应工艺操作	学生以操作人员的身份进入聚丙烯生产车间，理解反应原理和工艺条件，掌握预聚合工段流程，熟知关键参数指标与控制方案，根据操作要点完成预聚合反应操作
3	聚合反应工艺操作	学生以操作人员的身份进入聚丙烯生产车间，掌握聚合工段流程，熟知关键参数指标与控制方案，根据操作要点完成聚合反应操作

任务 一　岗位初体验

一、工作任务要求

工作任务要求见表 4-29。

表 4-29　工作任务要求

任务情境	作为一名实习生，在接受三级安全教育的基础上，进入聚丙烯生产车间，在师傅的带领下完成岗位初体验，了解聚丙烯生产的基本知识
教学模式	理实一体、任务驱动
教学场所与工具	仿真实训室；电脑及仿真软件
岗位角色	实习生
工作任务与目标	① 了解聚丙烯生产车间的主要工作任务； ② 理解丙烯聚合工艺和原理； ③ 了解丙烯聚合工艺流程

二、必备应知

1. 丙烯聚合原理

聚丙烯生产工艺路线有二十几种，按照聚合类型可以分为溶液法、浆液法、本体法、本体气相组合法、气相法等生产工艺。本实训项目采用了 SPG 聚合工艺，即液相本体与气相本体组合式连续聚合工艺。在该工艺的支持下，能够使丙烯原料经过脱水、脱硫等过程的有效操作，最终满足聚合要求，具有催化剂利用效率高、易生产共聚物等优点，在聚丙烯生产工艺中占据着重要的地位。

其聚合原理如下：

$$n\text{CH}=\text{CH}_2 \longrightarrow -\!\!\!\left[\text{CH}-\text{CH}_2\right]\!\!\!-_n$$
$$\quad\;\;|\qquad\qquad\qquad\;\;\;|$$
$$\;\;\text{CH}_3\qquad\qquad\quad\text{CH}_3$$

项目三 聚丙烯生产工艺操作

通过双键断裂发生相互加成生成聚丙烯，产物是由许多分子量不同的聚合物组成的。

2. 主要工艺流程

聚丙烯生产工艺包括催化剂配制工段、原料精制工段、聚合工段、分离与干燥脱活工段、造粒工段、产品掺和、包装码垛及存储、公用工程。

原料丙烯在原料精制单元经脱水、脱氧、脱硫操作后，使原料达到聚合反应要求进入丙烯罐 D007，然后进入预聚釜 D200。100 单元为催化剂配制单元，高效催化剂与进入预聚合反应器的丙烯流量按照相应比例加入。按照比例加入的催化剂与丙烯原料进入200 单元，在预聚釜 D200 完成预聚合。在 D201、D202、D203 完成聚合反应后进入分离与干燥脱活 300 单元。

三、任务实施

根据工艺流程的描述和仿真软件，在图 4-10 中填写各设备位号和名称。

任务 二
预聚合反应工艺操作

一、工作任务要求

工作任务要求见表 4-30。

表 4-30　工作任务要求

任务情境	学生以操作人员的身份进入聚丙烯生产车间，在掌握反应原理和工艺流程的基础上，进一步理解预聚合单元流程；熟知关键参数指标与控制方案；根据操作要点完成聚丙烯预聚单元操作
教学模式	理实一体、任务驱动
教学场所与工具	仿真实训室；电脑及仿真软件
岗位角色	操作人员
工作任务与目标	① 熟悉预聚合单元涉及的反应器、干燥器等设备； ② 能够根据参数指标和控制方案进行温度、压力等参数的调节； ③ 能够建立催化剂与丙烯原料之间的配比； ④ 能根据操作要点完成预聚合过程的开、停车操作

二、必备应知

1. 工艺流程

原料丙烯经固碱脱水器（D001A/B）粗脱水，羰基硫水解器（D002）、脱硫器（D003）脱去羰基硫及 H_2S，然后进入两条可互相切换的脱水、脱氧、再脱水的精制线：氧化铝脱水器（D004A/B），Ni 催化剂脱氧器（D005A/B）、分子筛脱水器（D006A/B），经上述精制处理后的丙烯中水分脱至 10μL/L 以下，脱硫至 0.1μL/L 以下，然后进入丙烯罐（D007），经丙烯加料泵（P002A/B）打入聚合釜。

模块四

项目三

4-3-3

模块四 石油炼制与石油化工生产操作实训

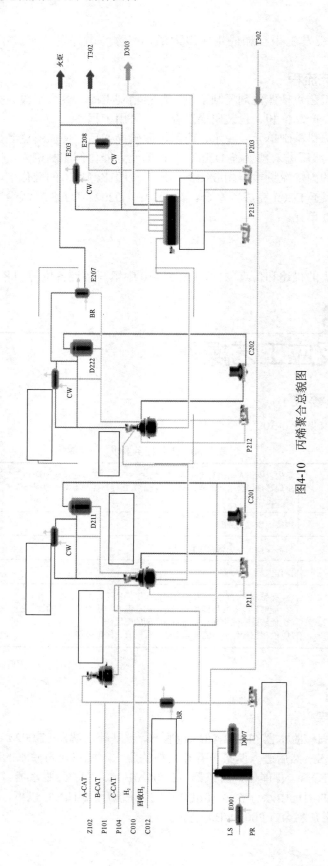

图4-10 丙烯聚合总貌图

高效载体催化剂系统由 A（Ti）、B（三乙基铝）及 C（硅烷）组成。A 催化剂由 A 催化剂加料器（Z101A/B）加入预聚釜（D200）。B 催化剂存放在催化剂计量罐（D101B）中，经 B 催化剂计量泵（P101A/B）加入 D200 预聚釜，B 催化剂以 100%浓度加入 D200。这样做的好处是可以降低干燥器入口挥发分的含量，但安全上要特别注意，管道的安装、验收要特别严格，因为一旦泄漏就会着火。C 催化剂的加入量非常小，必须先在 D110A/B、C 催化剂计量罐中配制成 15%的己烷溶液，然后用 C 催化剂计量泵（P104A/B）打入 D200。丙烯 A、B、C 催化剂先在 D200 预聚釜中进行预聚合反应，预聚压力 3.1～3.96MPa，温度低于 20℃。根据流程描述完成图 4-11。

丙烯预聚合DCS图

图 4-11　预聚合工段工艺流程图（补全物料管线）

2. 典型设备

预聚合反应单元涉及的典型设备包括催化剂加料器、换热器、反应釜等，请根据二维码资源熟悉设备的结构及工作过程。

3. 主要控制目标与控制方案

控制目标：预聚合反应在预聚釜 D200 中进行，该反应为放热反应，由催化剂引发，在一定条件下发生预聚合反应。通过控制原料流量、催化剂配比、反应压力、反应温度配合后续生产。具体控制方案如下：

第一阶段【丙烯置换】

丙烯置换前需要将种子粉料加入 D203。在现场启动气态丙烯进料阀，开 FIC201 阀将气态丙烯引入 D200，此时 D200 压力上升的速度与 FIC201 的开度成正比，观察压力与开度之间的关系，当压力达 0.5MPa 后关 FIC201。开启现场火炬阀放空，使 D200 压力降至 0.05MPa，关现场火炬阀，置换结束。此过程的操作关键是需要注意 FIC201 开度与 D200 压力的关系以及现场火炬阀的开度与 D200 压力的关系。

第二阶段【单元升压、加液态丙烯】

打开 FIC201 使 D200 升压，当 D200 升压至 0.7MPa 关闭 FIC201。

现场关闭气相丙烯进料阀，开启液相丙烯进料阀。为保证预聚合反应温度，开启进料冷却器循环冷却水阀，开启预聚釜（D200）夹套冷却水阀。开启 FIC201，液态丙烯进入 D200，开启搅拌，当 PI201 指示为 3.0MPa 时，开启现场釜底阀（POP2119），加液结束。

第三阶段【加催化剂】

现场开启阀门 AOA2004，调节 C-Cat 进预聚釜（D200）的量；现场开启阀门 AOA2003，调节 B-Cat 进预聚釜（D200）的量；现场开启阀门 AOA2002，调节 A-Cat 进预聚釜（D200）的量。

模块四 石油炼制与石油化工生产操作实训

三、任务实施

本部分内容主要训练学生对预聚合反应单元的开、停车操作，包含反应前系统置换、系统升压、向系统加料、系统温度控制。请准备好工艺操作卡，在接到任务时填写基本信息；操作完成后，如实填写操作中存在的问题和建议。教师根据反馈情况，可组织集中研讨和答疑，以提高学生对该单元的理解和操作质量。

情境1 预聚合反应开车训练

启动仿真软件冷态开车工况，完成预聚合反应单元的开车操作。要求完成丙烯预聚合单元丙烯置换、预聚合单元升压、丙烯液相进料、催化剂按配比加入、反应温度控制、反应压力控制等操作。操作过程中注意丙烯置换时压力不能超过0.5MPa，升压过程中气相丙烯的压力不能超过0.7MPa。操作稳定后预聚釜压力稳定在3.70MPa左右，进料流量为400kg/h，反应温度由冷却水控制。认真填写工艺操作卡，成绩达到80分以上，建议操作用时30min。

情境2 预聚合反应停车训练

启动仿真软件正常停车工况，完成预聚合单元的停车操作。要求完成解除联锁、停止向D200进料、停冷却水、停搅拌、系统放空。停车过程中注意需要先停进料，再停搅拌，避免反应釜内物料过多损坏反应釜。最终反应釜无余液、压力降到0.5MPa以下。认真填写工艺操作卡，要求成绩在85分以上，建议用时15min。

任务 三
聚合反应工艺操作

一、工作任务要求

工作任务要求见表4-31。

表4-31 工作任务要求

任务情境	学生以操作人员身份进入聚丙烯生产车间，在熟知聚合反应单元流程的基础上，明确关键参数指标与控制方案；根据操作要点完成第一、第二、第三反应器的操作
教学模式	理实一体、任务驱动
教学场所与工具	仿真实训室；电脑及仿真软件
岗位角色	生产操作人员
工作任务与目标	① 熟悉第一、第二、第三反应器工艺流程； ② 能够根据参数指标和控制方案进行温度、压力、液位等参数的调节； ③ 能够建立三个反应器之间物料的平衡； ④ 能根据操作要点完成聚合反应系统开、停车操作及事故处理操作

二、必备应知

1. 工艺流程

来自丙烯预聚釜（D200）的反应物与液相丙烯一起进入第一反应器（D201），在D201液态丙烯中进行淤浆聚合。反应器顶部的气相丙烯经第一反应器冷却器（E201）用冷水冷却后进入丙烯凝液罐（D211）进行气液分离。D211分离的液相返回至D201，气相经

4-3-6

循环风机（C201A/B）增压与氢气混合后一同返回至 D201。反应过程中释放的热量用冷水移除，停车过程中为防止聚合物冷却，用中压蒸汽维持反应釜温度。反应釜中部及上部物料进入第二反应器，反应釜底部物料进入第三反应器。

来自第一反应器（D201）的物料进入第二反应器（D202）进行淤浆聚合。反应器顶部的气相经第二反应器冷却器（E202）用冷水冷却后，气相分两路，一路进入丙烯凝液罐（D222）进行气液分离，一路经第二反应器尾气冷却器（E207）冷却分离。E207 冷却后的气相去高压丙烯洗涤塔 T302，E207 冷却的液相与丙烯凝液罐（D222）的液相、冷却器（E202）的液相混合后返回至 D202。丙烯凝液罐（D222）的气相经循环风机（C202）增压后返回至 D202。CO 气体从反应器底部进入。反应产物全部进入第三反应器。

来自第一反应器（D201）、第二反应器（D202）的物料进入第三反应器（D203）进行气相聚合。反应器顶部的气相经丙烯过滤器过滤后进入第三反应器冷却器（E203），E203 的气相送至火炬，液相进入第三反应器尾气冷却器（E208）用冷水冷却后返回至 D203。CO 气体从反应器顶部进入。反应产物全部送至 D303。

根据工艺流程描述，在图 4-12（a）、（b）和（c）中补全物料管线。

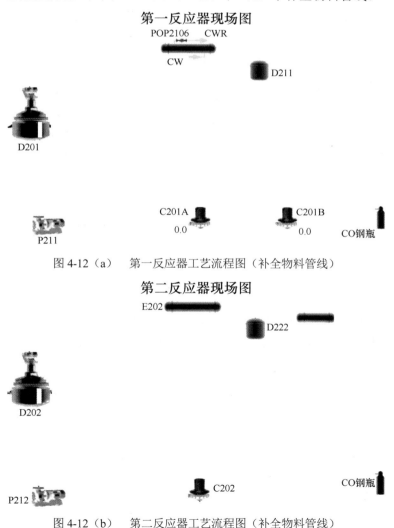

图 4-12（a） 第一反应器工艺流程图（补全物料管线）

图 4-12（b） 第二反应器工艺流程图（补全物料管线）

第三反应器现场图

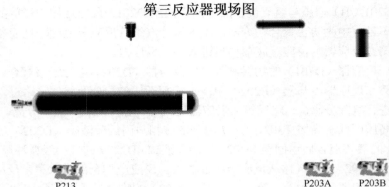

 P213   P203A   P203B

图 4-12（c） 第三反应器工艺流程图（补全物料管线）

2. 关键参数指标与控制方案

（1）关键参数指标　聚合反应单元关键参数指标见表 4-32。

表 4-32　聚合反应单元关键参数指标

位号	单位	正常值	说明
FIC211	kg/h	2050	进 D201 丙烯流量
FIC212	m³/h	45	进 D201 循环气流量
LICA211	%	45	D201 液位
TIC211	℃	70	D201 液相温度
PIA211	MPa	2.8	D201 压力
FIC221	kg/h	500	进 D202 丙烯流量
FIC222	m³/h	40	进 D202 循环气流量
TIC221	℃	67	D202 液相温度
LICA221	%	45	D202 液位
PIC231	MPa	2.8	D203 压力
TRC231	℃	80	D203 温度
TIC233	℃	51	P213 的出口温度

（2）控制方案　聚合反应分别在第一反应器（D201）、第二反应器（D202）中以及第三反应器（D203）进行，该反应在一定温度和压力条件下发生聚合反应。通过控制反应压力、温度、液位保障生产。具体控制方案如下：

第一阶段【丙烯置换】

丙烯置换前需要将种子粉料加入 D203，D200 的丙烯置换已完成。分别开启 FIC211、FIC221、AOA2013，将气态丙烯引入 D201、D202、D203，当压力达 0.5MPa 后关闭各气态丙烯引入阀。开启现场放空阀，使 D201、D202、D203 压力降至 0.05MPa，关现场放空阀，置换结束。此过程的操作关键是需要注意气态丙烯引入阀开度与各反应釜压力的关系以及现场放空阀的开度与反应釜压力的关系。

第二阶段【升压、加液态丙烯】

开启 FIC211 引气相丙烯，PIA211 指示为 0.7MPa 后，关 FIC211。

项目三　聚丙烯生产工艺操作

开 FIC211，向 D201 进液态丙烯，启动 D201 搅拌，现场开 E201 入口阀，开 LICA211A 一条线前后手阀，开 C201A/B 机入口阀，开 C201A/B 机出口阀，开 C201A/B 机，调整转速，调节 FCI212 为 45m³/h，开 MS 阀，釜底 TIC212 升温，调节 TIC211，控制釜温为 65℃。

开 FIC221，向 D202 进液相丙烯，启动 D202 搅拌，现场开 E202 入口阀，开 E207 入口阀，开 C202 入口阀，开 C202 出口阀，启动 C202，调节转速，调节 FIC222 为 40m³/h，釜底 TIC222 升温，控制釜温为 60℃，调节 FIC221 冲洗进料量为 500kg/h。

当 D202 出料至 D203 后，即为 D203 进液相丙烯，开 E203 入口阀，开 E203 出口阀，启动 P213，开 MS 阀，釜底 TIC233 升温，调整 TRC231，控制釜温为 80℃，启动 P203A。

此过程的操作关键需要注意各反应釜压力、液位、温度之间的关系。

第三阶段【加氢、质量指标控制】

打开 FIC213，加氢至 D201，氢气循环 D201、D202、D203。

按照关键参数指标要求，将各项指标调整至指标要求。

三、任务实施

本部分内容主要训练学生对反应单元的开、停车操作及事故处理操作，包含系统置换、系统升压、向系统加料操作，系统压力、温度、液位控制。请准备好工艺操作卡，在接到任务时填写基本信息；操作完成后，如实填写操作中存在的问题和建议。教师根据反馈情况，可组织集中研讨和答疑，以提高学生对该单元的理解和操作质量。

情境 1　聚合反应开车训练

启动仿真软件冷态开车工况，完成聚合反应单元的开车操作。要求完成丙烯聚合单元丙烯置换、聚合单元升压、丙烯液相进料、反应温度控制、反应压力控制等操作。操作过程注意丙烯置换时压力不能超过 0.5MPa，升压过程中气相丙烯的压力不能超过 0.7MPa。操作稳定后聚合反应器塔压力、进料流量稳定在质量指标要求范围之内，反应温度根据需求由冷却水及中压蒸汽控制。认真填写工艺操作卡，成绩达到 80 分以上，建议操作用时 60min。

情境 2　聚合反应停车训练

启动仿真软件正常停车工况，完成聚合单元的停车操作。要求完成解除联锁、停止进料、停冷却水、停搅拌、系统放空。停车过程中注意需要先停进料，再停搅拌，避免反应釜内物料过多损坏反应釜。最终反应釜无余液、压力降到 0.5MPa 以下。认真填写工艺操作卡，要求成绩在 85 分以上，建议用时 20min。

情境 3　聚合反应事故处理

启动仿真软件事故处理工况，完成聚丙烯装置的事故处理操作。本工艺涉及的事故有：停电、停水、停蒸汽、原料中断、氮气中断、低压密封油中断、高压密封油中断等。系统温度及设备故障时造成界面上的参数变化均不相同。要求根据界面上参数的变化，对比正常值，快速分析出事故原因，做出相应处理操作，并认真填写工艺操作卡，要求成绩均在 90 分以上。建议每个事故操作用时 5min。

模块四

项目三

4-3-9

小研讨

　　李峰荣是北方华锦化学工业股份有限公司乙烯分公司聚丙烯的一线技术工人。工作中，他认真钻研的工作态度和求真务实的工作作风，不仅深得同事的认同，还为公司创造了极高的效益。多年来，李峰荣同志多次被评为集团公司劳动模范、集团公司优秀共产党员。1999年被评为盘锦市劳动模范；2006年荣获辽宁省五一劳动奖章；2019年获得全国五一劳动奖章；2020年被推荐为全国劳动模范候选人。

　　工作伊始，李峰荣就与老工人一起摸爬滚打在操作现场，很快就掌握了聚丙烯装置的工艺流程，用最短的时间成长为车间的技术骨干。李峰荣担任车间主任、书记后，更是在巡检质量和操作水平上下功夫。2017年至今，他带领车间技术人员通过持续的技术攻关解决了一系列的技术难题。目前他们研发的锂电池膜试验料已经批量投放市场，获得锂电池膜生产厂家的广泛认可。在李峰荣的带领和努力下，车间每年都能圆满完成公司下达的各项任务指标，产品优级品率及合格品率为99%，各种安全事故为零。

　　请学习李峰荣在工作中所展现的劳模精神、劳动精神，谈谈你对"劳动光荣、技能宝贵、创造伟大"的理解。

项目三　聚丙烯生产工艺操作

项目思考与问答

1. （单选）管道吹扫和气密试验是装置（　　）的一项重要工作。

A. 开车前　　　　　　　　　　　B. 开车后

C. 试车前　　　　　　　　　　　D. 试车后

2. （单选）聚丙烯生产工艺中，高效载体催化剂系统由 A、B 及 C 组成。A 催化剂指（　　）。

A. 分子筛　　　　　　　　　　　B. 硅烷

C. 三乙基铝　　　　　　　　　　D. Ti 催化剂

3. （单选）聚丙烯生产工艺中，高效载体催化剂系统由 A、B 及 C 组成。B 催化剂指（　　）。

A. 分子筛　　　　　　　　　　　B. 硅烷

C. 三乙基铝　　　　　　　　　　D. Ti 催化剂

4. （单选）下列设备中，哪一设备属于预聚合单元？（　　）

A. D201　　　　　　　　　　　　B. D202

C. D203　　　　　　　　　　　　D. D200

5. （简答）简述聚丙烯聚合工艺中，D203 采用卧式聚合釜的原因。

6. （简答）聚合工艺中加入氢气、一氧化碳的作用是什么？

4-3-11

项目操作结果评价

项目操作结果评价见表 4-33。

表 4-33 聚丙烯生产工艺操作-项目综合评价表

姓名		学号		班级	
组别		组长		成员	
项目名称					

维度	评价内容	自评	互评	师评	得分
知识	了解聚丙烯的性质、用途以及生产工艺（5分）				
	掌握聚丙烯生产反应原理、工艺条件和典型设备的使用（5分）				
	掌握聚丙烯生产工艺流程和操作要点（5分）				
	掌握聚丙烯生产中常见事故的现象和原因（5分）				
能力	能根据开车操作规程，配合班组指令，能进行聚丙烯生产的开车操作（15分）				
	能根据停车操作规程，配合班组指令，能进行聚丙烯生产的停车操作（15分）				
	能根据控制方案和调控要点，能正确处理参数波动，维持聚丙烯生产稳态运行（15分）				
	能够根据生产中的异常现象，能及时、正确地判断事故类型，并妥善处理（10分）				
素质	诚实守信、爱岗敬业、精益求精（5分）				
	具备较强的表达能力、沟通能力和良好心理素质（5分）				
	具备严格遵守操作规程的良好职业习惯（5分）				
	具备安全用电，正确防火、防爆、防毒意识（5分）				
	主动思考技术难点，探索提高转化率、收率、安全性等的方案，优化生产过程，具备一定的创新能力（5分）				
我对任务完成情况的评价和反思					

模块五
煤制甲醇生产工艺操作实训

项目一　煤粉气化工艺操作实训

学习目标

知识目标

1. 掌握煤粉气化工艺生产任务、工艺原理、工艺条件和典型设备的使用。
2. 掌握煤粉气化的工艺流程和生产操作要点。
3. 掌握煤粉气化生产中常见事故的现象、原因和处理措施。

能力目标

1. 能够绘制煤粉气化工艺流程简图，具备化工识图和绘图基本技能。
2. 根据操作规程，配合班组指令，进行煤粉气化的开、停车操作。
3. 根据控制方案和调控要点，正确处理参数波动，维持煤粉气化生产稳态运行。
4. 根据生产中的异常现象，能够及时、正确地判断事故类型，并妥善处理。

素质目标

1. 培养学生在工作中具备较强的表达能力和沟通能力。
2. 培养学生资料搜集整理能力与综合分析问题、解决问题的素质和能力。
3. 培养学生遵守操作规程，具备严谨的工作态度。
4. 培养学生在操作中，具备服从意识和团队合作意识。
5. 培养学生在面对参数波动和生产故障时，具备沉着冷静的心理素质和敏锐的观察判断能力。
6. 培养学生在完成任务过程中，强化安全生产、清洁生产和经济生产意识。
7. 引导和培养学生爱岗敬业、精益求精、追求卓越的工匠精神。

项目导言

煤是自然界蕴藏最丰富、分布地域最广的自然资源。我国煤炭储藏量十分丰富，煤的产量位居世界前列。构成煤炭的元素主要有碳、氢、氧、氮和硫等，还有极少量的磷、氟、氯和砷等元素。煤的品种很多，可将煤分为泥煤、褐煤、烟煤、无烟煤等。

煤的化工利用途径（图 5-1）主要有焦化、气化、液化等。将煤进行化学加工，可以获得气体、液体和固体燃料以及大量的基本有机化工原料。煤气化是以煤或焦炭为原料，以氧气、水蒸气或氢气等作气化剂，在高温条件下通过化学反应使其转化为可燃性气体的工艺过程。煤气化是清洁利用煤炭资源的重要途径和手段，也是发展现代煤化工最重要的单元技术。进入 21 世纪后，开发高效、超洁净煤气化技术更是成为了世界煤化工技术发展的主流。

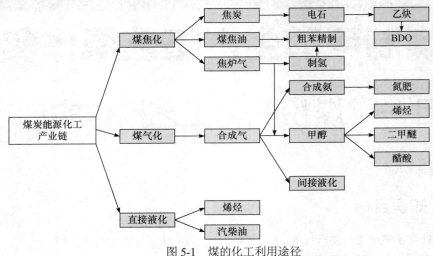

图 5-1　煤的化工利用途径

项目任务

项目任务见表 5-1。

表 5-1　项目任务

序号	项目任务	总体要求
1	岗位初体验	学生以实习生的身份进入煤气化生产车间，熟悉反应原理、影响因素、工艺条件和典型设备，了解工艺流程等基本生产知识
2	煤粉制备系统操作	学生以操作人员的身份进入煤粉制备生产车间，熟悉煤粉的性质、种类、规格、影响因素、工艺条件和典型设备，了解工艺流程等基本生产知识，根据操作要点完成煤粉制备系统操作
3	煤粉加压与给料系统操作	学生以操作人员的身份进入煤粉加压与给料系统生产车间，理解反应原理、各装置作用和工艺条件，掌握工段流程，熟知关键参数指标与控制方案，根据操作要点完成煤粉加压与给料系统操作
4	煤气化与合成气洗涤冷却系统操作	学生以操作人员的身份进入煤气化生产车间，掌握气化生产原理及工艺流程，掌握合成气洗涤冷却系统工作原理及工艺过程；熟知典型设备的工作原理及作用，熟知关键参数指标与控制方案，根据操作要点完成煤粉气化及合成气洗涤冷却系统操作
5	渣锁斗系统操作	学生以操作人员的身份进入渣锁斗系统，掌握渣锁斗工作原理及循环排渣工艺过程，根据操作要点完成渣锁斗系统操作
6	渣水处理系统操作	学生以操作人员的身份进入渣水处理系统，掌握渣水循环处理系统工作原理、各设备作用及工艺过程、操作要点，根据操作要点完成渣水处理系统操作

任务 一
岗位初体验

一、工作任务要求

工作任务要求见表 5-2。

项目一　煤粉气化工艺操作实训

表 5-2　工作任务要求

任务情境	作为一名实习生，在接受三级安全教育的基础上，进入煤粉气化生产车间，在师傅的带领下完成岗位初体验，了解煤粉气化的基本知识
教学模式	理实一体、任务驱动
教学场所与工具	仿真实训室；电脑及仿真软件
岗位角色	实习生
工作任务与目标	① 了解煤粉气化车间的主要工作任务； ② 理解煤粉气化原理； ③ 了解主要设备和工艺流程

二、必备应知

1. 煤粉制备原理

煤粉制备系统采用负压制粉及制粉尾气自循环工艺技术，依靠主排风机的抽力形成负压，干燥器升温炉出口处负压最小，依次是磨煤机入口、磨煤机出口、袋式收粉器入口、袋式收粉器出口、主排风机入口，负压逐渐增大。系统自身产生的部分尾气与干燥气升温炉产生的高温烟气在干燥气升温炉内混合形成入磨煤机的一次风。磨煤机采用中速磨机，原料煤的磨细和干燥是在磨煤机中同时进行的，一次风进入磨煤机后，把一定细度的煤粉带到位于磨煤机上部的分离器进行分离。不符合要求的粗煤粉落回到磨盘上，被再次碾磨。合格的煤粉随气体进入低压脉冲袋式收粉器，把煤粉收集下来，进入振动筛进行筛分，除去煤粉中纤维类等杂物后进入常压煤粉仓。

2. 煤粉气化原理

煤气化采用干煤粉加压气化技术，该技术为加压气流床气化工艺，在高温高压条件下进行，气化介质氧气、蒸汽和煤粉并流入气化炉内，利用煤部分氧化（燃烧）释放热量，维持在该煤种的灰熔点温度以上进行气化反应，反应温度一般为 $1600℃$。反应过程非常迅速，在极为短暂的时间内完成升温、挥发分脱除、裂解、燃烧及转化等一系列物理和化学过程，碳的转化率较高（$>99\%$）。由于反应温度较高，不生成焦油、酚及高级烃等凝聚的副产物，所以对环境的污染较小。

主要的气化反应：

$$C + O_2 = CO_2 \qquad +393MJ/kmol$$

$$C + CO_2 = 2CO \qquad -133MJ/kmol$$

$$C + H_2O = CO + H_2 \qquad -131MJ/kmol$$

$$C + 2H_2 = CH_4 \qquad +75MJ/kmol$$

次要化学反应有：

$$CO + H_2O = CO_2 + H_2 \qquad +41MJ/kmol$$

$$CH_4 + H_2O = CO + 3H_2 \qquad -211MJ/kmol$$

3. 主要工艺系统

煤粉气化工艺主要包括煤粉制备系统、煤粉加压与给料系统、煤粉气化及合成气洗涤冷却系统、烧嘴冷却系统、水冷壁冷却系统、渣锁斗系统、渣水处理系统和火炬放空系统。各系统的工艺流程请学习二维码资源。

三、任务实施

煤粉气化工艺用到的设备有煤粉锁斗、气化炉、渣锁斗等,请根据工艺流程和仿真软件,在表 5-3 中填写各设备的位号及其作用。

煤粉气化
工艺流程

表 5-3　煤粉气化的主要设备及其作用

序号	设备名称	设备位号	设备作用
1	煤粉锁斗		
2	气化炉		
3	渣锁斗		

任务 二　煤粉制备系统操作

一、工作任务要求

工作任务要求见表 5-4。

表 5-4　工作任务要求

任务情境	学生以操作人员的身份进入煤粉制备生产车间,熟悉煤粉的性质、种类、规格、影响因素、工艺条件和典型设备,了解工艺流程等基本生产知识。本任务包括熟悉煤粉制备系统基本知识和完成煤粉制备系统开、停车操作两个部分
教学模式	理实一体、任务驱动
教学场所与工具	仿真实训室;电脑及仿真软件
岗位角色	操作人员
工作任务与目标	① 熟悉煤粉的性质、种类、规格; ② 了解主要典型设备和工艺流程; ③ 掌握煤粉制备系统的关键参数指标; ④ 完成煤粉制备系统的开、停车操作

二、必备应知

1. 熟悉典型设备

煤粉制备系统涉及的典型设备包括磨煤机、干燥器升温炉、袋式收粉器等,请学习它们的结构。

请根据仿真软件,在表 5-5 中填写煤粉制备系统所涉及的设备名称及其作用。

煤粉制备
设备及操作

表 5-5　煤粉制备系统主要设备及其作用

序号	位号	设备名称	设备作用
1	V1101		
2	M1101		
3	M1102		
4	M1103		

2. 识读工艺流程

煤粉制备采用负压制粉及制粉尾气自循环工艺技术，依靠主排风机的抽力将系统抽成负压。磨煤机采用中速磨机，原料煤的磨细和干燥在磨煤机中同时进行。一次风进入磨煤机后，把一定细度的煤粉带到位于磨煤机上部的分离器进行分离。不符合要求的粗煤粉落回到磨盘上，被再次碾磨。合格的煤粉随气体进入低压脉冲袋式收粉器，把煤粉收集下来，进入振动筛进行筛分，除去煤粉中纤维类等杂物后进入常压煤粉仓。

根据工艺流程描述，补全煤粉制备系统的工艺流程图（图 5-2）。

制粉系统DCS图

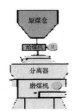

图 5-2　煤粉制备系统工艺流程图（补全主物料管线）

3. 主要参数指标

煤粉制备系统主要参数指标见表 5-6。

表 5-6　煤粉制备系统主要参数指标

控制点位号	控制点名称	工艺指标	单位
TIRA11201	磨煤机入口温度	200～230	℃
TIRA11205	磨煤机出口温度	80～90	℃
TIRA11301	袋式收粉器进口温度	≤90	℃

续表

控制点位号	控制点名称	工艺指标	单位
TIRA11303	袋式收粉器出口温度	<90	℃
TIRA11501	干燥气升温炉入口循环尾气温度	90	℃
PIC11202	磨机入口压力	−1000~−500	Pa
PIC11203	磨机出口压力	−9000~−8500	Pa
PIA11304	袋式收粉器出口压力	−10400	Pa
PIA11502	去干燥气升温炉循环气压力	−500~500	Pa
FIC11403	主排风机流量	≤180000	m³/h（标准状况）
FIQ11503	去干燥气升温炉循环气流量	80000~86000	m³/h（标准状况）

三、任务实施

本部分内容主要训练学生对煤粉制备系统的操控能力，包含开车、停车操作。请准备好工艺操作卡，在接到任务时填写基本信息；操作完成后，如实填写操作中存在的问题和建议。教师根据反馈情况，可组织集中研讨和答疑，以提高学生对煤粉制备系统的理解和操作质量。

情境1　煤粉制备开车训练

本情境需要完成煤粉制备的开车操作。启动仿真软件冷态开车工况，完成煤粉制备工段的开车操作。要求启动主排风机及磨煤机的循环水系统；完成系统的置换、干燥升温炉的启用、主排风机的启用，磨煤机及分离器的投用等操作。操作过程注意置换用氮气调节阀（FCV11611）流量为4000m³/h（标准状况），FICQ11612值控制在4000m³/h（标准状况），称量给料机流量（FIC11203）设定值设为46t/h，按风煤曲线逐渐加大主排风机入口调节阀（HCV11422）开度，将FIC11404设定值设为140000m³/h（标准状况），开始正常制粉。

情境2　煤粉制备停车训练

在化工生产中由于生产任务的变化或者设备检修等原因，常常涉及设备的停车操作。完成煤粉制备工段的停车操作。

启动仿真软件正常停车工况，完成煤粉制备工段的停车操作。按要求关闭给煤机进料阀，停称量给料机；关闭燃料气管线阀门，停干燥器升温炉；当磨煤机出口温度为65℃时，关闭磨煤机；停主排风机；关闭振动筛；停星型卸灰阀，停干燥气升温炉助燃风机等操作。停车操作过程中务必牢记先降温再降压的原则，确保生产安全。

煤粉加压与给料系统操作

一、工作任务要求

工作任务要求见表5-7。

项目一　煤粉气化工艺操作实训

表 5-7　工作任务与要求

任务情境	在完成工艺安全教育的基础上，学生以操作人员的身份进入煤粉加压与给料系统生产车间。在理解反应原理、各装置作用的基础上，进一步掌握工艺条件及工段流程，熟知关键参数指标与控制方案，根据操作要点完成煤粉加压与给料系统操作
教学模式	理实一体、任务驱动
教学场所与工具	仿真实训室；电脑及仿真软件
岗位角色	操作人员
工作任务与目标	① 了解主要设备和工艺流程； ② 掌握本操作系统关键参数指标的调控； ③ 能根据操作要点完成加压与给料系统的开、停车操作及事故处理操作

二、必备应知

1. 熟悉典型设备

煤粉加压与给料系统涉及的典型设备包括煤粉仓、煤粉袋式除尘器、煤粉锁斗、煤粉给料罐等，请根据仿真软件写出图 5-3（a）、（b）中的主要设备名称和位号。

请根据工艺流程及图 5-3（a）、（b）中的设备位号，在表 5-8 中填写设备名称及其作用。

表 5-8　煤粉加压与给料系统主要设备及其作用

序号	设备位号	设备名称	设备作用
1	V1222A		
2	S1222A		
3	V1214A/B/C		
4	V1225A		

2. 识读工艺流程

从煤粉制备振动筛来的煤粉连续输送到常压煤粉仓内存储。常压煤粉仓底部的流化氮气、上部的密封氮气及装置的放空气经煤粉袋式除尘器除尘后，煤粉落入常压煤粉仓内，气体经煤粉袋式除尘器（要求标准状况下，含尘量≤10mg/m³）高点放空。

煤粉锁斗清空后，关闭其底部的出口阀门。待高压平衡阀和活化气阀关闭后，通过均压阀给煤粉锁斗降压。然后再通过泄压阀将压力泄至煤粉袋式除尘器和常压煤粉仓，使压力达到平衡。

开启煤粉锁斗入口阀及常压煤粉仓底部的阀门，对煤粉锁斗进行装填。当煤粉锁斗装满后，关闭常压煤粉仓底部的出口阀门，关闭煤粉锁斗顶部的入口阀门，关闭煤粉锁斗泄压阀。

通过其他煤粉锁斗将该煤粉锁斗的压力升至 2.7MPa，然后打开煤粉锁斗底部活化气阀门，通过高压氮气管线对该容器加压。当压力接近煤粉加料罐的压力并且两者达到平衡后，煤粉锁斗充压阀关闭，高压平衡阀开启。当煤粉给料罐中的料位低于一定高度时，煤粉锁斗底部的阀门开启，向煤粉给料罐补充煤粉。当煤粉锁斗清空后，循环上面的步骤。

在满足正常投煤量的情况下，为保证煤粉锁斗加压和减压操作周期所需的时间，每个系列的三个煤粉锁斗交替运行。

模块五　项目一

5-1-7

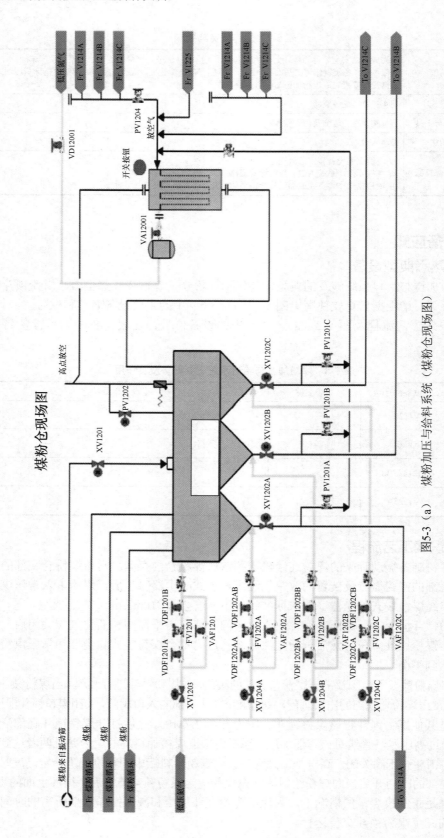

图5-3 (a) 煤粉加压与给料系统（煤粉仓现场图）

项目一 煤粉气化工艺操作实训

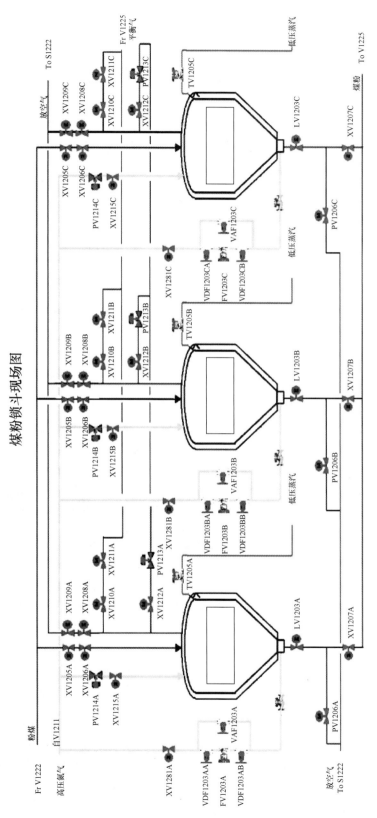

图5-3（b） 煤粉加压与给料系统设备（煤粉锁斗现场图）

模块五　煤制甲醇生产工艺操作实训

3. 主要参数指标

煤粉加压与给料系统主要参数指标见表 5-9。

表 5-9　煤粉加压与给料系统主要参数指标

控制点位号	控制点名称	工艺指标	单位
TI1201	进常压煤粉仓温度	60～120	℃
TIA1204	煤粉除尘器温度	60～100	℃
TICA1205	煤粉锁斗温度	60～100	℃
TICA1256	煤粉加料罐温度	60～120	℃
PISA1201	出煤粉仓煤粉管道压力	0～0.008	MPa
PICA1204	进煤粉锁斗高压氮气压力	0～5.0	MPa
PI1207	煤粉加料罐放空气管道压力	4.3	MPa
PDIS1214	煤粉锁斗之间压差	−4.4～0/0～4.4	MPa
FICA1201	进煤粉仓低压氮气流量	400	m³/h（标准状况）
FIC1202	进煤粉仓锥部低压氮气流量	135	m³/h（标准状况）
FIC1203	进煤粉锁斗锥部高压氮气流量	950	m³/h（标准状况）
FICA1204	进煤粉加料罐活化器高压氮气流量	1195	m³/h（标准状况）

三、任务实施

本部分内容主要训练学生对煤粉加压与给料系统的开、停车操作及故障处理。请准备好工艺操作卡，在接到任务时填写基本信息；操作完成后，如实填写操作中存在的问题和建议。教师根据反馈情况，可组织集中研讨和答疑，以提高学生对反应工段的理解和操作质量。

情境 1　煤粉加压与给料系统开车训练

本情境需要完成煤粉加压与给料系统的开车操作。启动仿真软件冷态开车工况，完成煤粉加压与给料系统的开车操作。要求启动事故氮压缩机，建立高压氮缓冲罐压力；完成煤粉加料罐的置换；完成煤粉输送系统及煤粉仓的置换；完成煤粉锁斗的置换；完成煤粉仓、锁斗及给料罐之间的收料、充压、卸料、泄压循环过程等操作。操作过程注意保持充压氮气缓冲罐压力（PISA1240）为 6.0MPa，保持氮气缓冲罐出口阀压力（PICA1241）为 5.0MPa，保持煤粉仓底部活化气管线氮气流量为 135m³/h（标准状况），控制粉煤仓料位在 40%～80%，进料期间控制粉煤仓温度（TIA1203）在 70～80℃，保持进煤粉加料罐高压氮气压力（PDIC1205）为 0.5MPa，进煤粉加料罐活化器高压氮气流量（FV1204）为 1195m³/h（标准状况）。认真填写工艺操作卡，成绩达到 80 分以上，建议操作用时 40min。

情境 2　煤粉加压与给料系统停车训练

本情境需要完成煤粉加压给料系统的停车操作。启动仿真软件正常停车工况，完成煤粉加压与给料系统的停车操作。按要求完成停止煤粉锁斗自动运行；关闭煤粉加料罐压力补偿气；关闭煤粉加料罐活化气；停煤粉加料罐蒸汽；关闭高压煤粉补气器切断阀；停煤粉锁斗蒸汽；关闭煤粉锁斗活化气；给锁斗系统泄压等操作。停车操作过程中务必牢记先降温再降压的原则，确保生产安全。认真填写工艺操作卡，成绩达到 80 分以上，建议操作用时 40min。

煤粉加压与给料系统操作

5-1-10

情境 3　煤粉加压与给料系统事故处理

本操作系统主要训练学生在煤粉加料罐不能正常加料、煤粉锁斗不能正常加料、加料罐泄压阀（PV1205A）泄漏严重、粉煤管线堵塞等事故的应急处理能力。要求根据仿真界面上参数的变化情况，对比正常值，快速判断出事故类型、分析出事故发生原因并做出正确的处理操作。学生按照要求启动对应工况完成事故处理。学生启动对应工况完成事故处理，要求成绩均在 90 分以上，建议每个事故用时 10min。

任务 四　煤粉气化与合成气洗涤冷却系统操作

一、工作任务要求

工作任务要求见表 5-10。

表 5-10　工作任务要求

任务情境	学生以操作人员的身份进入煤粉气化生产车间，在掌握气化反应原理、合成气洗涤冷却原理、各装置作用的基础上，进一步掌握工艺条件及工段流程，熟知关键参数指标与控制方案，根据操作要点完成煤粉气化及合成气洗涤冷却系统操作
教学模式	理实一体、任务驱动
教学场所与工具	仿真实训室；电脑及仿真软件
岗位角色	操作人员
工作任务与目标	① 理解煤粉气化原理、气体洗涤原理； ② 熟悉主要典型设备和工艺流程； ③ 掌握本操作系统关键参数指标的调控； ④ 能根据操作要点完成煤粉气化及合成气洗涤冷却系统开、停车操作及事故处理操作

二、必备应知

1. 熟悉典型设备

煤粉气化与合成气洗涤冷却系统涉及的典型设备包括气化炉、洗涤塔、闪蒸器等，请根据仿真软件完成气化炉的进出料流程，见图 5-4。

根据设备和本系统工艺流程，在表 5-11 中填写设备名称及其作用。

气化炉结构与原理

表 5-11　煤粉气化与合成气洗涤冷却系统主要设备及其作用

序号	设备位号	设备名称	设备作用
1	R1201		
2	V1315		
3	T1301		
4	T1302		
5	V1304		

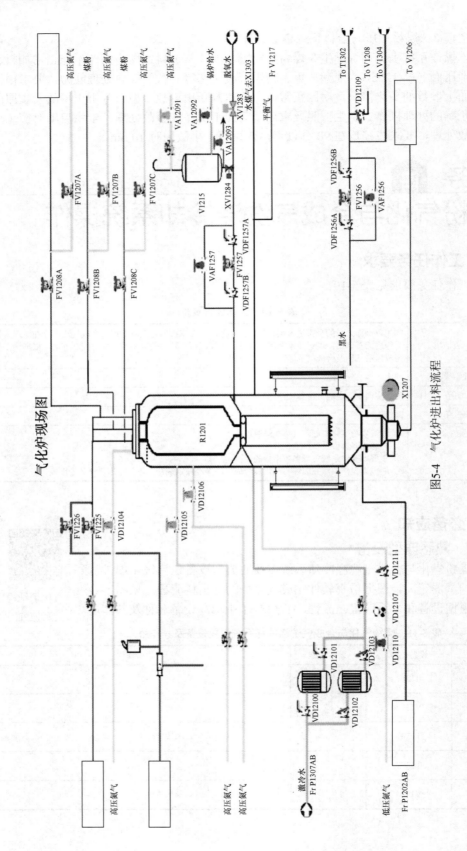

图5-4 气化炉进出料流程

2. 识读工艺流程

经三个工艺煤粉烧嘴喷入气化炉（R1201）的煤粉与氧气、蒸汽在 1600℃左右的高温下发生部分氧化反应，生成的粗合成气、熔渣及未完全反应的碳通过燃烧室下部的渣口与激冷水沿下降管并流向下，进入气化炉激冷室，粗合成气被冷却后在激冷室的液位以下以鼓泡的形式进行洗涤和进一步冷却，由激冷室上部空间进行气水分离后出气化炉激冷室。

从气化炉激冷室出来的饱和了水蒸气的粗合成气进入混合器（X1303），与来自黑水循环泵（P1307A/B）的黑水混合，使粗合成气夹带的固体颗粒完全润湿，以便从合成气快速除去。水/粗合成气的混合物进入旋风分离器（V1315），合成气中的大部分细灰进入液相，连续排出旋风分离器（V1315），进入渣水处理系统。

出旋风分离器的粗合成气进入洗涤塔（T1301）的下部，合成气向上穿过塔板，与塔中部加入的高温热水和塔上部加入的高压脱氧水及变换高温冷凝液逆流接触，对粗合成气进行进一步的洗涤除尘，洗涤后的合成气离开塔板从塔顶部送下游工序。洗涤塔底部排出的黑水，通过流量控制经减压后进入渣水处理系统。

洗涤塔中部含固量较低的洗涤黑水经黑水循环泵（P1307A/B）加压后分两路，一路经激冷水过滤器（V1204 A/B）过滤后送入气化炉激冷环，另一路送入混合器（X1303）分别作为洗涤水、润湿水。

激冷室底部的含渣水通过液位调节阀连续排放至蒸发热水塔（T1302A/B），未完全反应的碳颗粒悬浮在渣水中，随同渣水一起到渣水处理系统作进一步处理。

3. 主要参数指标

煤粉气化与合成气洗涤冷却系统的主要参数指标见表 5-12。

表 5-12　煤粉气化与合成气洗涤冷却系统的主要参数指标

控制点位号	控制点名称	工艺指标	单位
TIA1225	气化炉水冷壁出口总管温度	270	℃
TIA1227	气化炉渣口水冷壁出口温度	270	℃
TIA1229A/B	烧嘴座水冷壁出口温度指示、报警	270	℃
TIA1224A/B/C/D	气化炉水冷壁出口温度	270	℃
TIA1226A/B	气化炉渣口水冷壁出口温度	270	℃
TIA1228A/B	烧嘴座水冷壁出口温度	270	℃
TI1247	出气化炉激冷室底部黑水温度	212	℃
TI1301	V1315 旋风分离器出口温度	221	℃
TI1302	T1301 洗涤塔出口工艺水温度	220	℃
TI1303	T1301 洗涤塔塔顶工艺气体温度	213	℃
TI1306	蒸发热水塔出口黑水温度	159	℃
TI1307	蒸发热水塔顶部排放气体温度	156	℃
PIA1256	进气化炉燃烧室高压氮气压力	3.8～4.3	MPa
PIA1260	进气化炉烧嘴座高压氮气压力	3.8～4.3	MPa
PIA1242	气化炉出口水煤气管道压力	3.98	MPa
PIA1245	进气化炉框架高压过热蒸汽管道压力	9.8	MPa

模块五 煤制甲醇生产工艺操作实训

续表

控制点位号	控制点名称	工艺指标	单位
PICA1246	进气化炉框架高压过热蒸汽管道压力	4.8	MPa
PI1301	出旋风分离器 V1315A 合成气压力	3.9	MPa
PICA1303	洗涤塔塔顶工艺气体压力	3.86	MPa
PIC1305	洗涤塔塔顶工艺气体压力	3.86	MPa
PIC1307	蒸发热水塔进口黑水（来自气化炉）压力	3.5	MPa
PIC1308	蒸发热水塔进口黑水（来自气化炉）压力	3.5	MPa
PIC1309	蒸发热水塔进口黑水（来自洗涤塔）压力	3.5	MPa
PIC1310	蒸发热水塔进口黑水（来自洗涤塔）压力	3.4	MPa
PIC1311	蒸发热水塔进口黑水（来自旋风分离器）压力	3.5	MPa
PIC1312	蒸发热水塔进口黑水（来自旋风分离器）压力	3.5	MPa
PIC1313	蒸发热水塔塔下段压力	0.5	MPa
PIC1315	蒸发热水塔顶出口闪蒸气压力	0.5	MPa
FICR1226	进氧气-蒸汽混合器中压蒸汽流量	8405	m³/h（标准状况）
FIA1274	进气化炉燃烧室高压氮气流量	40.8	m³/h（标准状况）
FIA1229	进工艺煤粉烧嘴冷却气流量	14	m³/h（标准状况）
FI1272	进气化炉水冷壁冷却水分管流量	32.7	m³/h（标准状况）
FIQ1263	进气化炉低温低压氮气流量	500	m³/h（标准状况）
FIQ1264	进气化炉高温低压氮气流量	8500	m³/h（标准状况）
FIQ1265	进气化炉低温高压密封水流量	8	m³/h（标准状况）
FIQ1266	进气化炉高压过热蒸汽流量	20376	m³/h（标准状况）
FIQ1267	进气化炉高温高压密封水流量	8	m³/h（标准状况）
FIQ1268	进高压过热蒸汽减温减压器密封水流量	4.5	m³/h（标准状况）
FIQ1270	进气化炉低压蒸汽流量	13850	m³/h（标准状况）
FICA1302	旋风分离器出口黑水流量	29.76	m³/h（标准状况）
FIQ1303	出水洗塔水煤气计量	177038	m³/h（标准状况）
FIC1305	洗涤塔进口灰水流量	60	m³/h（标准状况）
FICA1306	洗涤塔出口黑水流量	16	m³/h（标准状况）
FI1315	蒸发热水塔进口变换低温冷凝液流量	46.11	m³/h（标准状况）
FIC1316	蒸发热水塔进口脱氧水流量	4.74	m³/h（标准状况）
LI1208	气化炉激冷室液位	46	%
LIA1301	旋风分离器液位	52.5	%
LIA1303	洗涤塔液位	67	%
LICA1306	蒸发热水塔下段液位	47	%

三、任务实施

本部分内容主要训练学生对煤粉气化与合成气洗涤冷却系统的操控能力，包括开车、

项目一　煤粉气化工艺操作实训

停车及故障处理。

情境1　煤粉气化与合成气洗涤冷却系统开车训练

本情境需要完成煤粉气化及合成气洗涤冷却系统的开车操作。启动仿真软件冷态开车工况，完成该系统的开车操作。要求建立洗涤塔液位；建立除氧槽液位；建立事故激冷水槽液位；建立烧嘴冷却水系统循环；建立水冷壁冷却水系统循环；启动脱氧水泵建立洗涤塔、高温热水储罐液位；启动黑水循环泵，建立气化炉液位。完成气化炉系统吹扫密封氮气置换；完成气化炉系统置换；完成合成气外管置换、闪蒸系统置换，洗涤塔安全阀后火炬置换，LPG 系统置换。完成氧气系统投用操作，气化炉投料及后续操作，LPG 气化及配氮系统投用等操作。操作过程注意保持洗涤塔液位 67%，保持除氧槽液位（LICA1305）为 63%，除氧槽压力（PIC1302）为 0.03MPa，建立事故激冷水槽液位 86%，烧嘴冷却水高位槽液位保持 67%，调节进工艺烧嘴（X1202）冷却水流量为 14m³/h，水冷壁缓冲罐液位 56%，调节水冷壁出口节流阀（VA12058、VA12059、VA12060、VA12061）的流量各自为 32.7m³/h，调节气化炉渣口出口节流阀（VA12062、VA12063）的流量各自为 7.1m³/h，维持气化炉液位（LICA1209）为 46% 并稳定。完成气化炉系统、合成气外管、闪蒸系统等置换，氧含量均小于 0.5% 为合格。氧气投用时调节 PV1244，将氧气管线的压力缓慢提升至 4.8MPa 并稳定。气化炉投料系统稳定后，在维持水系统循环稳定、烧嘴冷却水系统平衡、水冷壁水系统平衡下，保持合成气温度为 213℃，合成气压力为 3.86MPa。认真填写工艺操作卡，成绩达到 80 分以上，建议操作用时 40min。

情境2　煤粉气化与合成气洗涤冷却系统停车训练

本情境需要完成煤粉气化与合成气洗涤冷却系统的停车操作。启动仿真软件正常停车工况，完成该系统停车操作。按要求进行系统停车，完成气化炉液位、激冷水流量调节；完成系统保压及卸压，气化炉黑水切换，洗涤塔及旋风分离器黑水切换，烧嘴冷却水系统停车，水冷壁冷却水系统停车等操作。认真填写工艺操作卡，成绩达到 80 分以上，建议操作用时 40min。

情境3　煤粉气化与合成气洗涤冷却系统事故处理

本操作系统主要训练学生对气化炉带水、气化炉夹层温度高、气化炉水冷壁出水温度高、蒸发热水塔顶超温、合成气出口温度高、烧嘴保护水泄漏等事故的应急处理能力。要求根据仿真界面上参数的变化情况，对比正常值，快速判断出事故类型、分析出事故发生原因并做出正确的处理操作。学生按照要求启动对应工况完成事故处理，要求成绩均在 90 分以上，建议每个事故用时 10min。

任务 五

渣锁斗系统操作

一、工作任务要求

工作任务要求见表 5-13。

表 5-13　工作任务要求

任务情境	学生以操作人员的身份进入煤粉气化生产车间渣锁斗系统，掌握渣锁斗工作原理及循环排渣工艺过程，熟知关键参数指标与控制方案，根据操作要点完成渣锁斗系统操作
教学模式	理实一体、任务驱动
教学场所与工具	仿真实训室；电脑及仿真软件
岗位角色	操作人员
工作任务与目标	① 接受本操作系统安全教育培训； ② 了解渣锁斗系统的主要典型设备和工艺流程； ③ 掌握渣锁斗系统关键指标的调控； ④ 能根据操作要点完成渣锁斗系统的开、停车操作及事故处理操作

二、必备应知

1. 熟悉典型设备

渣锁斗系统涉及的典型设备包括破渣机、渣锁斗、锁斗冲洗水罐、锁斗冲洗水换热器、锁斗循环水泵等。

请在表 5-14 中填写设备名称及其作用。

锁斗系统设备及操作

表 5-14　渣锁斗系统主要设备及其作用

序号	设备位号	设备名称	设备作用
1	X1207		
2	V1206		
3	V1207		
4	E1202		
5	P1202A/B		

2. 识读工艺流程

沉积在气化炉激冷室底部的粗渣及其他固体颗粒，通过锁斗循环水流的作用，经锁斗安全阀、锁斗进口阀进入锁斗（V1206）。锁斗安全阀处于常开状态，仅当气化炉激冷室液位低报警引起气化炉停车时，安全阀才关闭。锁斗循环水泵（P1202A/B）从锁斗顶部抽出相对洁净的水送回激冷室底部水浴，以帮助排渣。渣由激冷室进入锁斗后沉淀在锁斗的底部，从而使渣水分离，渣通过这种方式在给定的时间内收集在锁斗中。

锁斗循环分为收渣、减压、清洗、排渣和充压五个阶段，由一套逻辑联锁自动控制系统控制，循环时间一般大约 30min，其中收渣的时间为 28min，排渣时间约为 2min。

灰水由低压灰水泵（P1303A/B）经锁斗冲洗水冷却器（E1202）冷却后，送入渣锁斗冲洗水罐，去冲洗渣锁斗。锁斗排放出的渣水进入渣池（V1208）前仓。

3. 主要参数指标

渣锁斗系统主要参数指标见表 5-15。

项目一 煤粉气化工艺操作实训

表 5-15 渣锁斗系统主要参数指标

控制点位号	控制点名称	工艺指标	单位
TI1251	锁斗循环泵出口循环黑水温度	40～150	℃
TI1252	V1206 锁斗中渣水（上部）温度	40～150	℃
TI1253	V1206 锁斗中渣水（下部）温度	40～150	℃
TIA1254	E1202 出口灰水温度	50	℃
PI1243	锁斗内渣水压力	3.98～0	MPa
PDIS1213	锁斗/气化炉出口合成气压差	0～4.2	MPa
FIA1258	出锁斗循环泵锁斗循环水流量	44	m³/h（标准状况）
FICA1259	进锁斗冲洗水罐灰水流量	65.3	m³/h（标准状况）
FIC1260	渣池泵出口黑水流量	53	m³/h（标准状况）

三、任务实施

本部分内容主要训练学生对渣锁斗系统的开、停车操作及故障处理能力。

情境 1 渣锁斗系统开车训练

本情境需要完成渣锁斗系统的开车操作。启动仿真软件冷态开车工况，完成该系统的开车操作。要求启动破渣机（X1207）；打开锁斗冲洗水换热器（E1202）循环水进出口阀；打开锁斗冲洗水罐灰水调节阀前后阀；打开锁斗循环泵去气化炉激冷室回路；将锁斗至捞渣机管线倒为通路，确认满足锁斗开车初始条件后启动锁斗程控器，启动锁斗循环泵等。操作过程注意保持锁斗冲洗水罐液位 97%，控制灰水流量为 65.3m³/h，控制锁斗循环流量（FIA1258）为 44m³/h。认真填写工艺操作卡，成绩达到 80 分以上，建议操作用时 40min。

情境 2 渣锁斗系统停车训练

本情境需要完成渣锁斗系统的停车操作。启动仿真软件正常停车工况，完成该系统停车操作。气化炉停车后，当系统泄至常压时，渣锁斗再执行顺控 4 个循环后，确认已经无渣可排出。停锁斗循环泵（P1202A），停渣锁斗系统，停锁斗冲洗水罐补水阀，停锁斗冲洗水冷却器。停破渣机（X1207）、捞渣机、停渣池泵（P1203）等。认真填写工艺操作卡，成绩达到 80 分以上，建议操作用时 40min。

情境 3 渣锁斗系统事故处理

本操作系统主要训练学生对渣锁斗故障的应急处理能力。要求根据仿真界面上参数的变化情况，对比正常值，快速判断出事故类型、分析出事故发生原因并做出正确的处理操作。学生按照要求启动对应工况完成事故处理。认真填写工艺操作卡，成绩达到 80 分以上，建议操作用时 40min。

任务 六
渣水处理系统操作

一、工作任务要求

工作任务要求见表 5-16。

表 5-16　工作任务要求

任务情境	学生以操作人员的身份进入煤粉气化生产车间渣水处理系统，掌握渣水循环处理系统工作原理、各设备作用及工艺过程，熟知关键参数指标与控制方案，根据操作要点完成渣水处理系统操作
教学模式	理实一体、任务驱动
教学场所与工具	仿真实训室；电脑及仿真软件
岗位角色	操作人员
工作任务与目标	① 接受本操作系统安全教育培训； ② 熟悉主要典型设备和工艺流程； ③ 掌握本操作系统关键参数指标的调控； ④ 能根据操作要点完成渣水处理系统开、停车操作及事故处理操作

二、必备应知

1. 熟悉典型设备

渣水处理系统涉及的典型设备包括蒸发热水塔、真空闪蒸罐、真空闪蒸分离罐、沉降槽、灰水槽、真空过滤机、废水冷却器等。

请在表 5-17 中填写设备名称及其作用。

渣水处理系统设备及操作

表 5-17　渣水处理系统主要设备及其作用

序号	设备位号	设备名称	设备作用
1	V1304		
2	V1305		
3	V1308		
4	V1309		
5	V1312		
6	M1301		
7	E1303		

2. 识读工艺流程

来自气化炉激冷室、旋风分离器及洗涤塔底部的黑水分别经过减压送入蒸发热水塔（T1302）下部蒸发室。减压后的黑水在蒸发热水塔蒸发室内发生闪蒸，水蒸气及部分溶解在黑水中的酸性气 CO_2、H_2S 等被迅速闪蒸出来。蒸发热水塔蒸发室底部被浓缩后的黑水通过蒸发热水塔下部蒸发室液位调节阀控制送入真空闪蒸器（V1304），进行真空闪蒸。来自渣池的含渣水用渣池泵（P1203A/B）通过流量调节也送入真空闪蒸罐，在真空闪蒸罐内进行真空闪蒸，大量溶解的气体释放出来，黑水进一步浓缩，含固量增大，温度进一步降低。闪蒸后的气体进入真空闪蒸冷凝器（E1302），由循环水冷却后，再送往真空闪蒸分离罐（V1305），从分离罐顶部出来的闪蒸气送往惰性气体真空泵

项目一 煤粉气化工艺操作实训

（P1301A/B），真空闪蒸分离罐底部冷凝液依靠重力送往灰水槽（V1309）。真空闪蒸罐（V1304）底部再次浓缩的黑水经液位调节控制依靠重力送至沉降槽（V1308）。为了加速固体颗粒在沉降槽中的沉降速度，在沉降槽中加入了絮凝剂。进一步浓缩沉降后的黑水浓度达 30%以上，经沉降槽底流泵（P1302A/B）送入真空过滤机（M1301）压滤处理。滤饼运出界外，滤液自流入滤液地下槽（V1312）。沉降槽上部澄清后的灰水溢流至灰水槽（V1309）。

3. 主要参数指标

渣水处理系统主要参数指标见表 5-18。

表 5-18　渣水处理系统主要参数指标

控制点位号	控制点名称	工艺指标	单位
TI1306	蒸发热水塔出口黑水温度	159	℃
TI1307	蒸发热水塔顶部排放气体温度	156	℃
TI1310	真空闪蒸罐出口闪蒸气温度	78.9	℃
TI1311	真空闪蒸冷凝器出口工艺冷凝液温度	65	℃
PICSA1314A/B	高温热水泵出口灰水压力	5.63	MPa
PICA1316	真空闪蒸罐顶压力	−0.056	MPa
FIC1318	沉降槽底流泵出口黑水流量	18	m³/h（标准状况）
FIQ1320	灰水槽进口新鲜水流量	50	m³/h（标准状况）
FIC1321	废水冷却器出口灰水流量	64	m³/h（标准状况）
FICA1322	低压灰水泵去蒸发热水塔灰水流量	82	m³/h（标准状况）

三、任务实施

本部分内容主要训练学生对渣水处理系统的开、停车操作。

情境 1　渣水处理系统开车训练

本情境需要完成渣水处理系统的开车操作。启动仿真软件冷态开车工况，完成该系统的开车操作。要求建立澄清槽、灰水槽液位；建立除氧槽液位。完成闪蒸系统置换，氧含量小于 0.5%；启动真空闪蒸系统，完成系统升压、黑水切换、闪蒸开车、真空过滤机系统投用等操作。

操作过程注意保持灰水槽液位 69%，保持脱氧水槽液位 63%，保持真空闪蒸罐液位54%，真空系统压力稳定在−56kPa，控制真空闪蒸分离罐液位稳定在 31%，控制蒸发热水塔的液位（LICA1306 或 LICA1307）为 47%，建立酸性气分离器液位为 45%，控制脱氧水加热器出口温度为 148℃，保持沉降槽底流泵出口流量为 18m³/h。认真填写工艺操作卡，成绩达到 80 分以上，建议操作用时 40min。

情境 2　渣水处理系统停车训练

本情境需要完成渣水处理系统的停车操作。启动仿真软件正常停车工况，完成该系统停车操作。要求完成系统泄压，将气化炉黑水切换进真空闪蒸罐；洗涤塔、旋风分离

5-1-19

器黑水切换进沉降槽；气化炉黑水排进沉降槽；气化炉黑水排入渣池；完成系统氮气置换，氧含量小于 0.5%；关闭蒸发热水塔液位调节阀；关闭酸性气冷凝器循环水；关闭惰性气体真空泵（P1301A）等操作。认真填写工艺操作卡，成绩达到 80 分以上，建议操作用时 40min。

 小研讨

袁渭康院士长期从事工业反应器的研究与开发，发展了移动床煤气化器模型的近似解析解和通用的相平面分析法，以及反应器多态的全局分析法；在生物反应器的状态估计和控制、固定床电极反应器、超临界流体反应和 CVD 反应器的模型化方面获得了创新成果；进行反应器动态行为研究，发展了一种全新的动力学模型筛选及状态估计方法，以及过程在线辨识方法；主持了多个工业反应器的开发项目；创导了"工业反应过程的开发方法论"，应用反应工程理论，成功实现了反应器开发工作的高质量、短周期。

请查阅袁渭康院士对工匠精神的阐释，并分小组讨论工匠精神的内涵和当代意义。

项目思考与问答

1. （单选）下列选项中，不属于煤的元素分析内容的是（　　）。

A. H　　　　　　　B. O　　　　　　　C. P　　　　　　　D. S

2. （单选）合成气洗涤塔出口在线分析系统分析的组分不包括（　　）。

A. CH_4　　　　B. CO_2　　　　C. H_2　　　　D. H_2O

3. （单选）沉降槽出口加分散剂的目的是（　　）。

A. 不让水中的杂质沉降，以免水中杂质凝结堵塞管道和阀门引起生产事故

B. 净化灰水

C. 过滤杂质

D. 促使颗粒物团聚，增大

4. （单选）粉煤锁斗的运行过程有 4 个阶段，分别是（　　）。

A. 进料阶段　　升压阶段　　卸料阶段　　泄压阶段

B. 升压阶段　　进料阶段　　卸料阶段　　泄压阶段

C. 进料阶段　　卸料阶段　　升压阶段　　泄压阶段

D. 泄压阶段　　进料阶段　　升压阶段　　卸料阶段

5. （单选）下列选项中不是合成气洗涤塔的作用的是（　　）。

A. 增重　　　　B. 增湿　　　　C. 降温　　　　D. 增量

6. （单选）合成气的成分主要通过控制（　　）来达到。通常以此为输入值，用于判断运行条件的正确性。

A. 甲烷　　　　B. 一氧化碳　　　　C. 氢气　　　　D. 二氧化碳

7. （单选）在水冷壁和气化炉压力容器之间的环隙通入的保护气是（　　）。

A. 高压二氧化碳　B. 低压二氧化碳　C. 高压氮气　　D. 低压氮气

8. （判断）开工抽引器的作用是形成气化炉内微负压，实现微负压点火。（　　）

9. （判断）循环风机启动前应先进行手动盘车、打开进口风门。（　　）

10. （判断）气化炉的操作温度越高越好。（　　）

11. （判断）絮凝剂能加速细灰沉降，使灰水浊度减小。（　　）

12. （填空）煤的工业分析一般有：_____、_____、_____、_____。

13. （填空）洗涤塔的作用是：_____、_____、_____。

14. （简答）什么是煤的气化？

15. （简答）洗涤塔顶部除沫器的作用是什么？

16. （简答）高压氮气吹扫的目的是什么？

17. （简答）真空闪蒸的作用有哪些？

项目操作结果评价

项目操作结果评价见表 5-19。

表 5-19 煤粉气化工艺操作实训-项目综合评价表

姓名		学号		班级	
组别		组长		成员	
项目名称					

维度	评价内容	自评	互评	师评	得分
知识	煤的品种及煤的化工利用（5 分）				
	煤粉气化的原理、工艺系统及主要典型设备（5 分）				
	煤粉气化全工段工艺流程和操作要点（5 分）				
	气化生产中常见事故的现象和原因（5 分）				
能力	根据操作规程，配合班组指令，进行煤粉制备系统的开、停车操作（10 分）				
	根据操作规程，配合班组指令，进行煤粉加压与给料系统的开、停车操作（10 分）				
	根据操作规程，配合班组指令，进行煤粉气化与合成气洗涤冷却系统的开、停车操作（20 分）				
	根据操作规程，配合班组指令，进行渣锁斗及渣水处理系统的开、停车操作（10 分）				
	根据控制方案和调控要点，正确处理参数波动，维持生产稳态运行（5 分）				
	根据生产中的异常现象，能够及时、正确地判断事故类型，并妥善处理（5 分）				
素质	在工作中具备较强的表达能力和沟通能力，且遵守操作规程，具备严谨的工作态度（5 分）				
	在开、停车操作中，服从班组指令，注重内外操配合，具备服从意识和团队合作意识（5 分）				
	面对参数波动和生产故障时，具备沉着冷静的心理素质和敏锐的观察判断能力（5 分）				
	在完成班组任务过程中，强化安全生产、清洁生产和经济生产意识（5 分）				
我对任务完成情况的评价和反思					

项目二　甲醇合成工艺操作实训

学习目标

　知识目标

1. 了解甲醇的性质、用途。
2. 掌握甲醇的生产反应原理、工艺条件和典型设备的使用。
3. 理解系统置换的目的，掌握系统置换后的气体浓度和压力要求。
4. 掌握甲醇合成器温度、压力及物料组成的调节控制方法。
5. 掌握合成甲醇的工艺流程和操作要点。
6. 掌握煤制甲醇生产中常见事故的现象和原因。

　能力目标

1. 根据操作规程，配合班组指令，能进行甲醇装置的开、停车操作。
2. 根据控制方案，能正确处理压力、温度、浓度等参数的波动，维持甲醇生产稳定运行。
3. 根据生产中的异常现象，能及时、正确地判断事故类型，并妥善处理。

　素质目标

1. 培养学生在工作中具备较强的表达能力和沟通能力。
2. 培养学生资料搜集整理能力与综合分析问题、解决问题的素质和能力。
3. 培养学生遵守操作规程，具备严谨的工作态度。
4. 培养学生在操作中，具备服从意识和团队合作意识。
5. 培养学生在面对参数波动和生产故障时，具备沉着冷静的心理素质和敏锐的观察判断能力。
6. 培养学生在完成任务过程中，强化安全生产、清洁生产和经济生产意识。
7. 引导和培养学生爱岗敬业、精益求精、追求卓越的工匠精神。

项目导言

甲醇（图5-5），化学式为CH_3OH，是结构最简单的醇。甲醇是一种轻质、易挥发、无色、易燃的液体，具有与乙醇相似的独特气味。它是重要的有机化工原料和优质燃料，主要用于制造二甲醚、乙酸、氯甲烷、甲胺、硫酸二甲酯等多种有机产品，也是农药、医药的重要原料之一，亦可代替汽油作燃料使用。

本软件采用德国Lurgi公司设计的低压甲醇合成工艺。以合成气为原料，反应压力为5MPa，温度为240～260℃，在铜基催化剂作用下，在管壳式合成塔中合成甲醇。学生以不同的身份进入生产车间，通过训练能够完成甲醇合成装置的操作。

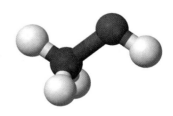

图5-5　甲醇分子结构

模块五 煤制甲醇生产工艺操作实训

项目任务

项目任务见表 5-20。

表 5-20 项目任务

序号	项目任务	总体要求
1	岗位初体验	学生以实习生的身份进入甲醇生产车间，熟悉物料性质、反应原理、影响因素、工艺条件和典型设备，了解工艺流程等基本生产知识
2	甲醇合成系统置换操作	学生以操作人员的身份进入甲醇生产车间，在已掌握相关专业知识的基础上，理解系统置换的目的和工艺流程，掌握置换的准备工作、操作步骤及控制要点，完成系统置换操作
3	甲醇合成反应系统操作	学生以操作人员的身份进入甲醇生产车间，理解反应原理和工艺条件，掌握反应工段流程，熟知关键参数指标与控制方案，根据操作要点完成甲醇合成反应操作

任务 一
岗位初体验

一、工作任务要求

工作任务要求见表 5-21。

表 5-21 工作任务要求

任务情境	作为一名实习生，在接受三级安全教育的基础上，进入甲醇生产车间，在师傅的带领下完成岗位初体验，了解甲醇生产基本知识
教学模式	理实一体、任务驱动
教学场所与工具	仿真实训室；电脑及仿真软件
岗位角色	实习生
工作任务与目标	① 接受本装置相关培训； ② 理解合成气制甲醇的生产原理； ③ 了解主要设备和工艺流程； ④ 了解本装置关键参数指标

二、必备应知

1. 反应原理

一氧化碳加氢为多方向反应，随反应条件及所用催化剂不同，可生成醇、烃、醚等产物，因而在合成气法制甲醇过程中可能发生以下反应。

主反应 $\qquad CO + 2H_2 \rightleftharpoons CH_3OH$

副反应 $\qquad CO + 3H_2 \longrightarrow CH_4 + H_2O$

$$2CO + 2H_2 \longrightarrow CH_4 + CO_2$$

$$4CO + 8H_2 \longrightarrow C_4H_9OH + 3H_2O$$

$$2CO + 4H_2 \longrightarrow CH_3OCH_3 + H_2O$$

副反应产生的副产物还可以进一步发生脱水、缩合等反应，生成烯烃、酯类或酮类等副产物。副反应不仅消耗原料，而且影响甲醇的质量和催化剂的寿命，特别是生成甲

5-2-2

烷的副反应是一个强放热反应，不利于反应温度的控制，且生成的甲烷不能随产品冷凝，更不利于主反应的化学平衡和反应速率。

2. 工艺流程

甲醇生产工艺流程主要包括系统置换、合成反应、产品分离与精制，详见二维码资源。

甲醇生产工艺流程

三、任务实施

甲醇生产工艺用到的设备有蒸汽透平、循环压缩机、废热锅炉、合成塔等，请根据工艺流程，在表5-22中填写设备的名称及其作用。

表 5-22　甲醇生产主要设备及其作用

序号	设备位号	设备名称	设备作用
1	K601		
2	C601		
3	V601		
4	V602		
5	E601		
6	E602		
7	E603		
8	R601		
9	X601		

任务 二
甲醇合成系统置换操作

一、工作任务要求

工作任务要求见表5-23。

表 5-23　工作任务要求

任务情境	学生以操作人员的身份进入甲醇生产车间，在明确置换操作目的的基础上，进一步理解置换工段流程；熟知关键参数指标与控制方案；根据操作要点完成置换操作
教学模式	理实一体、任务驱动
教学场所与工具	仿真实训室；电脑及仿真软件
岗位角色	操作人员
工作任务与目标	① 接受系统置换相关培训； ② 了解主要设备和工艺流程； ③ 理解置换系统的关键参数指标； ④ 牢记置换操作的注意事项； ⑤ 完成置换操作

模块五　煤制甲醇生产工艺操作实训

二、必备应知

1. 气体置换

对系统进行气体置换操作一般有两种情况：一种是在用设备需检修时进行置换；另一种是新建设备或检修合格后准备投入生产时进行置换。两种情况下的置换原理是一样的，即首先用一种载体（如氮气）来替换原介质（如空气），然后再用目标介质（如氢气和一氧化碳）来替换载体，通过载体来完成两种介质的互换工作，避免两种介质发生直接混合而遇火爆炸。在具体操作时，还应注意载体与空气或目标介质的密度关系，利用三者间的密度不同来确定置换方法。

甲醇合成工段的置换操作是在水压试验后进行的。氮气置换的目的是置换掉管道及设备中的空气（氧气），避免开车过程中甲醇合成原料气中的一氧化碳或氢气与空气混合浓度在爆炸极限范围内而发生爆炸，同时进行保压测试。氢气置换的目的是置换掉系统中的氮气，为开车做准备。

2. 识读工艺流程

（1）N_2 置换　现场微开低压，向系统充 N_2；开启调节阀 PRCA6004，如果升压速度过快或降压速度过慢，可开副线阀；将系统中含氧量稀释至 0.25%以下，在吹扫时，系统压力维持在 0.5MPa 附近，但不要高于 1MPa；当系统压力接近 0.5MPa 时，关闭 N_2 入口阀，进行保压；保压一段时间，如果系统压力不降低，说明系统气密性较好，可以继续进行生产操作；如果系统压力明显下降，则要检查各设备及其管道，确保无问题后再进行生产操作。

（2）建立循环　手动开启防喘振阀，防止压缩机喘振，在压缩机出口压力大于系统压力且压缩机运转正常后关闭；开启压缩机（C601）入口前阀；开透平（T601），为循环压缩机（C601）提供运转动力。调节控制阀 SIS6202 使转速不致过大，开启 VD6015，投用压缩机；待压缩机出口压力大于系统压力后，开启压缩机（C601）后阀，打通循环回路。

（3）H_2 置换充压　通 H_2 前，先检查含 O_2 量，若高于 0.25%（体积含量），应先用 N_2 稀释至 0.25%以下再通 H_2。现场开启 H_2 副线阀，进行 H_2 置换，使 N_2 的体积含量在 1%左右；开启控制阀 PRCA6004，充压至 2.0MPa，但不要高于 3.5MPa；注意调节进气和出气的速度，使 N_2 的体积含量降至 1%以下，而系统压力维持在 2.0MPa 左右。此时关闭 H_2 副线阀和压力控制阀 PRCA6004。

3. 主要参数指标

置换操作主要参数指标见表 5-24。

表 5-24　置换操作主要参数指标

序号	位号/物质	正常值	单位	说明
1	PI6001	0.5	MPa	合成塔 R601 入口压力，不能超 0.55MPa（氮气置换）
2	PI6001	2	MPa	合成塔 R601 入口压力，不能超 2.5MPa（氢气置换）
3	O_2	<0.25	%（体积分数）	系统中氧气含量
4	N_2	<1	%（体积分数）	系统中氮气含量
5	TI6004	<60	℃	E603 出口温度

5-2-4

三、任务实施

本部分的训练任务是系统置换操作。请准备好工艺操作卡,在接到任务时填写基本信息;操作完成后,如实填写操作中存在的问题和建议。教师根据反馈情况,可组织集中研讨和答疑。

甲醇合成系统置换操作及事故案例

1. 置换作业人员的素质要求

① 作业人员应熟悉气体置换工艺流程和规程。
② 作业人员应按制定的置换方案进行作业。
③ 作业人员应具备安全防火、防爆的基本知识,并有消防灭火的基本技能。

2. 安全措施要求

① 建立置换工作指挥部,委派业务精干人员任指挥,工作人员要明确分工,各负其责,坚守岗位,动作协调,全体工作人员要服从命令、听指挥,遵守各项规章制度,严禁违章操作。
② 所用工具应为铜质或有橡胶衬面的工具,以防产生火花;作业人员应穿胶底鞋,严禁穿带铁钉的鞋上岗作业。
③ 不得带移动电话或寻呼机;作业人员的衣着应为棉织品,不得穿化纤衣服,防止静电积聚,引起放电火花。

3. 氮气置换操作注意事项

① 注意远离氮气排放点,若在排放点操作应特别注意风向,一定要站在上风口。
② 置换排放时一定要戴好空气呼吸器,以防氮气浓度高而使人窒息发生事故。
③ 每条线路进行置换后,要注意及时切断与其他部分的联系,以免气体反串或串入其他线路而埋下事故隐患。

任务三
甲醇合成反应系统操作

一、工作任务要求

工作任务要求见表 5-25。

表 5-25　甲醇合成反应系统操作岗位任务与要求

任务情境	学生以操作人员的身份进入甲醇合成生产车间。在掌握甲醇合成反应原理和操作条件的基础上,进一步理解反应工段流程,熟知关键参数指标与控制方案,根据操作要点完成甲醇合成反应操作
教学模式	理实一体、任务驱动
教学场所与工具	仿真实训室;电脑及仿真软件
岗位角色	操作人员
工作任务与目标	① 熟悉反应工段涉及的反应器、汽包、压缩机等相关设备; ② 能够根据参数指标和控制方案进行温度、压力等参数的调节; ③ 能够建立未反应物料的循环并维持稳定; ④ 能够根据操作要点完成甲醇合成工段的开、停车及事故处理操作

二、必备应知

1. 熟悉典型设备

甲醇合成装置包括蒸汽透平（T601）、循环气压缩机（C601）、甲醇分离器（F602）、精制水预热器（E602）、中间换热器（E601）、最终冷却器（E603）、甲醇合成塔（R601）、蒸汽包（F601）以及开工喷射器（X601）等。鲁奇管壳型甲醇合成塔是德国鲁奇公司研制设计的一种管束型副产蒸汽合成塔。直径2m，长度10m，最大允许压力5.8MPa，正常工作压力5.2MPa，正常温度255℃，最高温度280℃。合成塔结构类似于一般的列管式换热器，列管内装填催化剂，管外为沸腾水。原料气经预热后进入反应器的列管内进行甲醇合成反应，放出的热量很快被管外的沸腾水移走，管外沸腾水和锅炉汽包维持自然循环，汽包上装有压力控制器，以维持恒定的压力。

甲醇合成工段设备及操作

2. 识读工艺流程

蒸汽驱动透平带动压缩机运转，提供循环气连续运转的动力，并同时往循环系统中补充 H_2 和混合气（$CO+H_2$）。反应放出的大量热通过蒸汽包（F601）移走，合成塔入口气在中间换热器（E601）中被合成塔出口气预热至46℃后进入合成塔R601，合成塔出口气由255℃依次经中间换热器E601、精制水预热器（E602）、最终冷却器（E603）换热至40℃，与补加的 H_2 混合后进入甲醇分离器（F602），分离出的粗甲醇送往精馏系统进行精制，气相的一小部分送往火炬，气相的大部分作为循环气被送往压缩机（C601），被压缩的循环气与补加的混合气混合后经（E601）进入反应器（R601）。

3. 主要控制目标与控制方案

控制目标：合成甲醇生产控制的重点是反应器的温度、系统压力以及合成原料气在反应器入口处各组分的含量。具体控制方案如下。

（1）温度控制　通过开启开工喷射器（X601）使反应器升温至接近210℃，如果升温速率较慢，可以通过关小汽包蒸汽出口，减小蒸汽采出量，升高汽包压力，使反应器温度升高。升温速率过快则进行相反操作。

（2）压力控制　系统压力偏高可能的原因是反应器温度未达到210℃，贸然通入大量一氧化碳和氢气混合气而不能被转化，将导致超压（大于5.5MPa）。压力控制主要通过混合气入口量FRCA6001、H_2入口量FRCA6002和放空量FRCA6004来控制。压力过高可以通过降低原料入口量和加大放空量来降低压力，如果过低则进行相反操作。

（3）入塔原料气、循环气组成控制　循环量主要是通过透平来调节。通过调节循环气量和混合气入口量使反应入口气中 H_2/CO（体积比）在 7~8 之间，同时通过调节FRCA6002，使循环气中 H_2 的含量尽量保持在79%左右，同时逐渐增加入口气的量直至正常［FRCA6001的正常量为14877m³/h（标准状况），FRCA6002的正常量为13804m³/h（标准状况）］，达到正常后，新鲜气中 H_2 与 CO 之比（FFR6002）在2.05~2.15之间。

调节组成的方法是：

① 如果增加循环气中 H_2 的含量，应开大FRCA6002、增大循环量并关小FRCA6001，经过一段时间后，循环气中 H_2 含量会明显增大；

② 如果减小循环气中 H_2 的含量，应关小FRCA6002、减小循环量并开大FRCA6001，经过一段时间后，循环气中 H_2 含量会明显减小；

③ 如果增加反应塔入口气中 H_2 的含量，应关小FRCA6002并增加循环量，经过一

段时间后，入口气中 H_2 含量会明显增大；

④ 如果降低反应塔入口气中 H_2 的含量，应开大 FRCA6002 并减小循环量，经过一段时间后，入口气中 H_2 含量会明显减小。

（4）比值控制　在化工、炼油及其他工业生产过程中，工艺上常需要两种或两种以上的物料保持一定的比例关系，比例一旦失调，将影响生产或造成事故。实现两个或两个以上参数符合一定比例关系的控制系统，称为比值控制系统。通常以保持两种或几种物料的流量为一定比例关系的系统，称之流量比值控制系统。

对于比值调节系统，首先是要明确哪种物料是主物料，而另一种物料按主物料来配比。比如在本单元中，FIC1425（以 C_2 为主的烃原料）为主物料，而 FIC1427（H_2）的量随主物料（C_2 为主的烃原料）的量的变化而改变；FFI6001 和 FFI6002 也是比值调节，即根据 FIC6001 的流量，按一定的比例调整 FIC6002 的流量。

三、任务实施

本部分内容主要训练学生对甲醇合成反应工段的开、停车操作和故障处理能力。请准备好工艺操作卡，在接到任务时填写基本信息；操作完成后，如实填写操作中存在的问题和建议。教师根据反馈情况，可组织集中研讨和答疑，以提高学生对反应工段的理解和操作质量。

情境 1　甲醇合成反应开车训练

本情境需要完成甲醇合成反应工段的开车操作。启动仿真软件冷态开车工况，完成甲醇合成反应工段的开车操作。要求完成引锅炉水、N_2 置换、建立循环、H_2 置换充压、投原料气、反应器升温并将各参数调至正常等操作。操作过程注意入口原料气中 H_2 与 CO 的体积比为 7～8，甲醇合成反应器温度为 210℃，汽包液位为 50%，系统压力为 5MPa。认真填写工艺操作卡，成绩达到 80 分以上，建议操作用时 40min。

情境 2　甲醇合成反应停车训练

在化工生产中需要定期对设备进行检修，就需要将整个工艺进行停车，或者由于发生停电、停蒸汽等突发事件对部分或全部设备进行停车操作。本情境需要完成甲醇合成反应工段的停车操作。

启动仿真软件正常关断工况，完成合成工段的停车操作。要求完成停原料气、开蒸汽、汽包降压、R601 降温、停 C/T601、停冷却水、停原料气、停压缩机、泄压、N_2 置换等操作。停车操作过程中务必牢记先降温再降压的原则，确保生产安全。最终 H_2 与 CO 混合进料流量为零，氢气进料流量为零，反应器温度控制在 210℃ 以上，汽包压力降至 2.5MPa 后开启放空阀泄至常压。认真填写工艺操作卡，要求成绩在 85 分以上，建议用时 15min。

情境 3　甲醇合成反应工段事故处理

本情境主要训练合成反应工段事故的判断和事故处理。合成工段常见故障包括液位高、温度高、压力高、压缩机坏、催化剂老化、阀卡等类型。请启动对应工况完成事故处理，要求成绩均在 90 分以上，建议每个事故用时 5min。

小研讨

请根据你个人在甲醇生产操作中的真实感悟，分小组总结和交流甲醇生产事故操作的经验和教训，深刻体会化工安全和安全意识的重要性。

模块五　煤制甲醇生产工艺操作实训

项目思考与问答

1. （简答）写出甲醇的结构式及本工艺的反应方程式。

2. （填空）甲醇是以_____与_____为主要原料进行制取的。

3. （单选）本工艺中的甲醇合成反应在（　　）内进行。

A. 固定床反应器　　　　　　　　　　B. 流化床反应器

C. 气流床反应器　　　　　　　　　　D. 熔融床

4. （单选）本工艺的甲醇合成反应是可逆反应，适宜的反应温度为（　　）。

A. 140～160℃　　B. 220～260℃　　C. 340～360℃　　D. 440～460℃

5. （单选）本工艺中，使用的用于置换的气体是（　　）。

A. 氮气　　　　　B. 氢气　　　　　C. 一氧化碳　　　D. 空气

6. （多选）影响甲醇合成的因素有（　　）。

A. 操作温度　　　B. 操作压力　　　C. 催化剂性能　　D. 原料气氢碳比

E. 空速

7. （简答）合成塔是如何升温的？

8. （简答）汽包液位是如何控制的？

9. （简答）系统压力是如何控制的？

10. （简答）空速对甲醇合成的影响有哪些？如何增加空速？

5-2-8

项目二　甲醇合成工艺操作实训

项目操作结果评价

项目操作结果评价见表 5-26。

表 5-26　甲醇合成工艺操作实训-项目综合评价表

姓名		学号		班级	
组别		组长		成员	
项目名称					

维度	评价内容	自评	互评	师评	得分
知识	甲醇的性质、用途（5 分）				
	甲醇的生产反应原理、工艺条件和典型设备（5 分）				
	甲醇的工艺流程和操作要点（5 分）				
	甲醇生产中常见事故的现象和原因（5 分）				
能力	根据开车操作规程，配合班组指令，进行甲醇合成工艺的开车操作（20 分）				
	根据停车操作规程，配合班组指令，进行甲醇合成工艺的停车操作（10 分）				
	根据控制方案和调控要点，正确处理参数波动，维持甲醇生产稳态运行（10 分）				
	根据生产中的异常现象，能够及时、正确地判断事故类型，并妥善处理（10 分）				
素质	在工作中具备较强的表达能力和沟通能力（5 分）				
	遵守操作规程，具备严谨的工作态度（5 分）				
	在开、停车操作中，服从班组指令，注重内外操配合，具备服从意识和团队合作意识（5 分）				
	面对参数波动和生产故障时，具备沉着冷静的心理素质和敏锐的观察判断能力（5 分）				
	在完成班组任务过程中，强化安全生产、清洁生产和经济生产意识（5 分）				
	主动思考生产中的技术难点，探索提高转化率、收率、安全性等的方案，优化生产过程，具备一定的创新能力（5 分）				
我对任务完成情况的评价和反思					

5-2-9

项目三　甲醇精制工艺（四塔精馏）操作实训

学习目标

　知识目标

1. 熟悉甲醇精制原理、工艺条件和典型设备。
2. 掌握甲醇精制的工艺流程和操作要点。
3. 掌握甲醇精制中常见事故的现象和原因。
4. 掌握甲醇精制中甲醇泄漏着火等应急处置预案。

　能力目标

1. 根据操作规程，配合班组指令，进行甲醇精制的开、停车操作。
2. 根据控制方案和控制要点，正确处理参数波动，控制甲醇精制过程稳态运行。
3. 根据生产中的异常现象，能够及时、正确地判断事故类型，并进行妥善处理。
4. 能对甲醇精制车间的泄漏、着火等紧急事故进行应急处置，并对伤员进行急救。

　素质目标

1. 在工作中具备较强的表达能力和沟通能力。
2. 遵守操作规程，具备严谨的工作态度。
3. 在开、停车操作中，服从班组指令，注重内外操配合，具备服从意识和团队合作意识。
4. 处理参数波动和生产故障时，具备沉着冷静的心理素质和敏锐的观察判断能力。
5. 在完成班组任务过程中，强化安全生产、清洁生产和经济生产意识。
6. 主动思考生产中的技术难点，探索提高转化率、收率、安全性等的方案，优化生产过程，具备一定的创新能力。

项目导言

　　从反应器中出来的产物大多是混合物，混合物中包括未反应的原料和反应产物、副产物。化工生产中通常把没有经过分离或精制的混合物称为粗品，有些粗品根本没有工业使用价值，所以反应后得到的粗品必须经过进一步的分离与精制，才能得到具有使用价值和商品价值的最终商品。产物的分离和提纯不仅可从混合物中分离出最终产品，还可以使生产过程中没能反应的物料得以循环利用。本工艺采用四塔精馏工艺把粗甲醇提纯得到纯度较高的精甲醇。四塔包括预馏塔、加压塔、常压塔及甲醇回收塔。学生以不同身份进入该工段，熟悉并负责完成甲醇精制工段的冷态开车、稳定控制、工艺管理、事故处理、应急处置及正常停车等操作。

　　预馏塔的主要目的是除去粗甲醇中溶解的气体（如 CO_2、CO、H_2 等）及低沸点组分（如

模块五 煤制甲醇生产工艺操作实训

二甲醚、甲酸甲酯），加压塔及常压塔的目的是除去水及高沸点杂质（如异丁基油），同时获得高纯度的优质甲醇产品。另外，增设甲醇回收塔的目的是减少废水排放，进一步回收甲醇，减少废水中甲醇的含量。

项目任务

项目任务见表 5-27。

表 5-27 项目任务

序号	项目任务	总体要求
1	粗甲醇加压精馏操作	学生以操作人员的身份进入甲醇加压精制车间，理解粗甲醇加压精馏原理和影响因素，掌握加压精馏工艺条件和工艺流程，熟练掌握加压精馏关键参数指标和控制方案，能根据操作要点完成粗甲醇加压精馏操作
2	粗甲醇常压精馏操作	学生以班长的身份进入甲醇常压精制车间，熟练掌握甲醇常压精制工段工艺流程，熟知关键参数指标与控制方案，能完成甲醇常压精制车间的开、停车操作，并能对操作进行优化
3	甲醇精制预塔再沸器泄漏着火应急处置	学生以安全员身份进入甲醇精制车间，熟悉甲醇精制车间物料的理化性质及危险性，熟知岗位职责，掌握甲醇精制工段安全事故应急预案及处理方法；针对甲醇精制预塔再沸器泄漏着火事故能及时准确处理，把危害降到最低，确保甲醇精制车间生产安全

任务 一
粗甲醇加压精馏操作

一、工作任务要求

工作任务要求见表 5-28。

表 5-28 工作任务要求

任务情境	学生以操作人员的身份进入粗甲醇精制车间，在理解精制原理和操作条件的基础上，进一步掌握加压精馏工段工艺流程和工艺条件，熟知关键参数指标与控制方案，根据操作要点完成粗甲醇加压精馏过程操作
教学模式	理实一体、任务驱动
教学场所与工具	仿真实训室；电脑及仿真软件
岗位角色	操作人员
工作任务与目标	① 了解粗甲醇的主要组成及其理化性质； ② 理解精馏原理和操作条件的确定； ③ 熟悉粗甲醇加压精馏工段的精馏塔、泵、换热器等主要设备的结构及操作方法； ④ 熟练掌握粗甲醇加压精馏工段的参数指标和控制方案； ⑤ 能够根据操作要点完成粗甲醇加压精馏操作的开、停车，稳定控制及事故处理

二、必备知识

1. 加压精馏

塔顶压力高于大气压力下操作的精馏过程叫加压精馏。加压精馏常用于被分离混合物的沸点较低的情况，如在常温、常压下为气态的物料。采用加压精馏时，各组分相对

5-3-2

项目三　甲醇精制工艺（四塔精馏）操作实训

挥发度的差异程度会变小，对设备材质的特殊要求会提高。

2. 主要设备

粗甲醇加压精馏操作工段涉及的典型设备包括精馏塔、预热器、冷凝器、再沸器等，请根据仿真软件在表 5-29 中填写设备的名称及其作用。

表 5-29　粗甲醇加压精馏主要设备及其作用

序号	设备位号	设备名称	设备作用
1	E701		
2	T701		
3	E702		
4	E703		
5	E705		
6	T702		
7	E706		
8	E713		

3. 识读工艺流程

（1）预馏塔分离工艺流程　从甲醇合成工段来的粗甲醇进入粗甲醇预热器（E701）与预馏塔再沸器（E702）、加压塔再沸器（E706B）和回收塔再沸器（E714）来的冷凝水进行换热后，物料温度升高到指定温度进入预馏塔（T701）。经 T701 精馏分离后，塔顶气相为二甲醚、甲酸甲酯、二氧化碳、甲醇等轻组分蒸气，经二级冷凝冷却后，不凝气通过火炬排放，冷凝液一部分补充脱盐水返回 T701 作为塔顶回流液，另一部分冷凝液去异丁基油中间储罐（V708）。塔釜液为重组分甲醇水溶液，经 P703 增压后与加压塔（T702）塔釜出料液在预热器（E705）中进行预热，然后进入加压塔（T702）进行精馏分离。

（2）加压精馏塔分离工艺流程　料液在进入加压塔（T702）分离后，塔顶气相为轻组分甲醇蒸气，与常压塔（T703）塔釜液换热后一部分返回 T702 打回流，一部分采出作为精甲醇产品，经换热器（E707）冷却后送中间罐区产品罐，塔釜出料液在 E705 中与进料换热后作为常压塔（T703）的原料继续分离。

在粗甲醇精制过程中，加压精馏主要作用是在分离混合物系得到纯度较高精甲醇的同时，最大限度地将热能合理利用，做到节能减排，降低成本。加压精馏塔工艺废热回收主要包括四部分，其一是将转化工段的转化气作为加压塔再沸器（E706A）热源，回收了转化气的热量；其二是加压塔再沸器（E706B）的热源水蒸气换热冷凝后作为预馏塔预热器的热源，回收了冷凝水的热量；其三是加压塔塔顶气相产品作为常压塔（T703）再沸器的热源，回收了塔顶产品的热量；其四是加压塔塔釜出料与加压塔进料充分换热，回收了塔釜液的热量，通过热量的综合利用，降低了能耗，充分做到节能减排，减少了环境污染，提高了企业效益。

根据工艺流程描述，补全粗甲醇加压精馏工段的工艺流程图（图 5-6）。

5-3-3

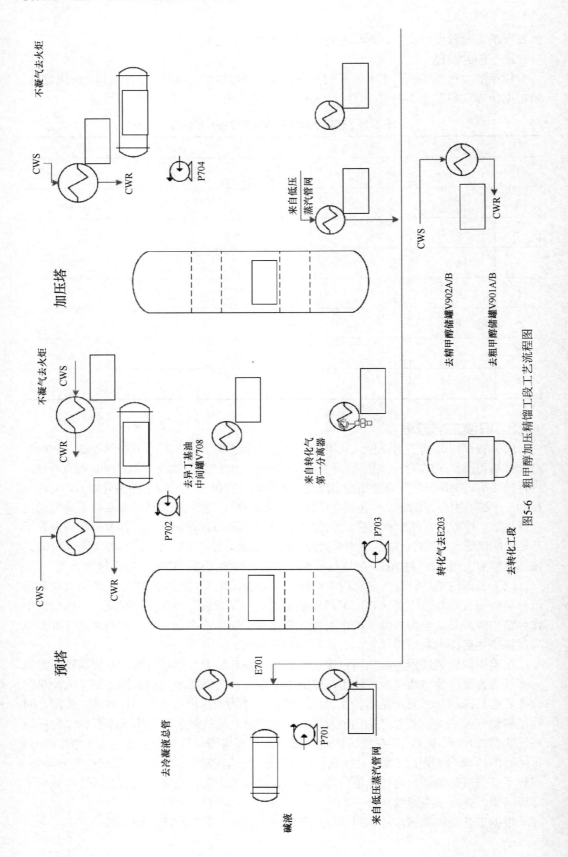

图5-6 粗甲醇加压精馏工段工艺流程图

项目三　甲醇精制工艺（四塔精馏）操作实训

4. 主要参数指标与复杂控制方案说明

（1）主要参数指标　见表 5-30（a）、表 5-30（b）。

表 5-30（a）　预馏塔主要参数指标

位号	说明	类型	正常值	工程单位
FI7001	T701 进料量	AI	33201	kg/h
FI7003	T701 脱盐水流量	AI	2300	kg/h
FIC7002	T701 塔釜采出量控制	PID	35176	kg/h
FIC7004	T701 塔顶回流量控制	PID	16690	kg/h
FIC7005	T701 加热蒸汽量控制	PID	11200	kg/h
TIC7001	T701 进料温度控制	PID	72	℃
TI7075	E701 热侧出口温度	AI	95	℃
TI7002	T701 塔顶温度	AI	73.9	℃
TI7003	T701 Ⅰ与Ⅱ填料间温度	AI	75.5	℃
TI7004	T701 Ⅱ与Ⅲ填料间温度	AI	76	℃
TI7005	T701 塔釜温度控制	PID	77.4	℃
TI7007	E703 出料温度	AI	70	℃
TI7010	T701 回流液温度	AI	68.2	℃
PI7001	T701 塔顶压力	AI	0.03	MPa
PIC7003	T701 塔顶气相压力控制	PID	0.03	MPa
PI7002	T701 塔釜压力	AI	0.038	MPa
PI7004	P703A/B 出口压力	AI	1.27	MPa
PI7010	P702A/B 出口压力	AI	0.49	MPa
LIC7005	V703 液位控制	PID	50	%
LIC7001	T701 塔釜液位控制	PID	50	%

表 5-30（b）　加压塔主要参数指标

位号	说明	类型	正常值	工程单位
FIC7007	T702 塔釜采出量控制	PID	22747	kg/h
FIC7013	T702 塔顶回流量控制	PID	37413	kg/h
FIC7014	E706B 蒸汽流量控制	PID	15000	kg/h
FI7011	T702 塔顶采出量	AI	12430	kg/h
TI7021	T702 进料温度	AI	116.2	℃
TI7022	T702 塔顶温度	AI	128.1	℃
TI7023	T702 Ⅰ与Ⅱ填料间温度	AI	128.2	℃
TI7024	T702 Ⅱ与Ⅲ填料间温度	AI	128.4	℃
TI7025	T702 Ⅲ与Ⅳ填料间温度	AI	128.6	℃
TI7026	T702 Ⅳ与Ⅴ填料间温度	AI	132	℃

（2）复杂控制方案说明　本工段复杂控制回路主要是串级回路，使用了液位与流量串级回路和温度与流量串级回路。

串级回路是在简单调节系统基础上发展起来的。在结构上，串级回路调节系统有两个闭合回路。主、副调节器串联，主调节器的输出为副调节器的给定值，系统通过副调

5-3-5

节器的输出操纵调节阀动作,实现对主参数的定值调节。所以在串级回路调节系统中,主回路是定值调节系统,副回路是随动系统。

(3) 具体实例　预馏塔(T701)的塔釜温度控制(TIC7005)和再沸器热物流进料控制(FIC7005)构成一个串级回路。温度调节器的输出值同时是流量调节器的给定值,即流量调节器(FIC7005)的给定值由温度调节器(TIC7005)的输出值控制,TIC7005 的输出值变化使 FIC7005 的给定值产生相应的变化。

粗甲醇加压
精馏工段
操作

三、任务实施

本部分内容主要训练学生对粗甲醇加压精馏工段的开、停车操作,稳定控制及事故处理。冷态开车主要包括启动预馏塔、加压塔、预热器、冷凝器及再沸器,正常停车包括预馏塔和加压塔等主要设备停车操作,事故处理包括回流控制阀(FV7004)阀卡、回流泵(P702A)故障和回流罐(V703)液位超高。请认真学习操作任务和要求,根据操作任务和要求进行操作练习,完成操作后如实填写操作中存在的问题和困难。教师根据反馈情况,组织集中研讨和答疑,以提高学生对粗甲醇加压精馏工段的理解和操作。

情境 1　加压精馏塔冷态开车训练

本情境需要完成粗甲醇加压精馏的冷态开车操作。粗甲醇加压精馏工段的所有装置处于常温、常压下,各调节阀处于手动关闭状态,各手操阀处于关闭状态,可以直接进冷物流。

启动仿真软件冷态开车工况,完成预馏塔、加压精馏塔及辅助设备的开车操作。要求完成预馏塔(T701)的启动及液位建立、加压塔(T702)的启动及液位建立、预馏塔及加压塔的升温及建立回流、维持预馏塔和加压塔稳定并采出产品等操作。操作过程注意预馏塔塔顶压力维持在 0.03MPa 左右,预馏塔顶温度控制在 73.9℃、塔底温度控制在 77.4℃,预馏塔塔底液位稳定在 50%左右,预馏塔塔顶回流量控制在 1669kg/h。加压塔塔顶压力维持在 0.7MPa 左右,加压塔回流罐压力维持在 0.65MPa,加压塔顶温度控制在 128.1℃,塔底温度控制在 134.8℃,加压塔底液位稳定在 50%左右,加压塔塔顶回流量控制在3741kg/h。认真填写工艺操作卡,要求成绩达到 80 分以上,建议操作用时 50min。

情境 2　加压精馏塔停车训练

本情境主要完成加压塔停车操作。在粗甲醇精制过程中,由于生产任务变化或设备检修等原因,常常涉及设备的停车操作,要求熟练掌握预馏塔和加压塔的安全停车方案及操作方法。

启动仿真软件正常停车工况。精馏塔停车操作先停进料再停产品采出,先降温再降压。要求完成预馏塔(T701)先降负荷、再停止进料,停再沸器加热蒸汽,回流罐液体全部打入塔内,以降低塔内温度,待回流罐液位降至 5%,停塔顶液相回流,待预馏塔温度降至 30℃左右,停冷凝器冷凝水,预馏塔塔底排料;加压塔(T702)停止进料及停止再沸器加热蒸汽、先降塔温再停塔顶液相回流,加压塔降压降温及排料等操作。停车操作过程中确保生产安全。最后 T701、T702 等主要设备温度降至室温,压力降至常压,塔釜无余液。认真填写工艺操作卡,要求成绩在 85 分以上,建议用时 30min。

情境 3　加压精馏工段事故处理

本情境主要完成加压精馏工段事故处理操作。加压精馏工段的事故处理主要包括回流控制阀(FV7004)阀卡、回流泵(P702A)故障和回流罐(V703)液位超高等。要求

项目三　甲醇精制工艺（四塔精馏）操作实训

根据仿真界面上参数的变化情况及不正常现象，分析事故发生的原因，快速判断事故类型并做出正确的处理操作。启动仿真软件对应工况完成事故处理，要求成绩在 90 分以上，建议每个事故用时 5min。

任务 二
粗甲醇常压精馏操作

一、工作任务要求

工作任务要求见表 5-31。

表 5-31　工作任务要求

任务情境	学生以班长身份进入甲醇精制车间，熟练掌握甲醇精制工段工艺流程，熟知关键参数指标与控制方案，能完成粗甲醇精制车间的开、停车操作，并能对操作进行优化
教学模式	理实一体、任务驱动
教学场所与工具	仿真实训室；电脑及仿真软件
岗位角色	班长
工作任务与目标	① 熟练掌握粗甲醇常压精馏工段工艺流程； ② 熟悉粗甲醇常压精馏工段主要设备的操作方法； ③ 熟知粗甲醇常压精馏工段的关键参数及控制方案； ④ 能够带领本班组人员完成粗甲醇常压精馏操作的开、停车操作及稳定控制； ⑤ 能针对本班组人员操作情况进行总结优化，提出改进措施

二、必备应知

1. 识读工艺流程

（1）常压塔分离工艺流程　加压塔塔釜液作为原料进入常压塔（T703），在 T703 中甲醇与重组分以及水得以彻底分离，塔顶气相为含微量不凝气的甲醇蒸气，经冷凝后，不凝气通过火炬排放，冷凝液部分返回 T703 打回流，部分采出作为精甲醇产品；经 E710 冷却后送入中间罐区产品罐，塔下部侧线采出杂醇油作为回收塔（T704）的进料；塔釜出料液为含微量甲醇的水，经 P709 增压后送污水处理厂。

（2）回收精馏塔分离工艺流程　从常压塔下部侧线采出杂醇油作为回收塔（T704）的原料，经 T704 分离后，塔顶产品为精甲醇，经 E715 冷却后部分返回 T704 打回流，部分送精甲醇罐，塔中部侧线采出异丁基油送中间罐区副产品罐，底部的少量废水与 T703 塔底废水合并送污水处理厂。

2. 主要参数指标

常压塔和回收塔工艺主要参数指标见表 5-32 和表 5-33。

表 5-32　常压塔工艺主要参数指标

位号	说明	类型	正常值	单位
FIC7022	T703 塔顶回流量控制	PID	27621	kg/h
FI7021	T703 塔顶采出量	AI	13950	kg/h
FIC7023	T703 侧线采出异丁基油量控制	PID	658	kg/h

模块五 煤制甲醇生产工艺操作实训

续表

位号	说明	类型	正常值	单位
TI7041	T703 塔顶温度	AI	66.6	℃
TI7042	T703 Ⅰ 与 Ⅱ 填料间温度	AI	67	℃
TI7043	T703 Ⅱ 与 Ⅲ 填料间温度	AI	67.7	℃
TI7044	T703 Ⅲ 与 Ⅳ 填料间温度	AI	68.3	℃
TI7045	T703 Ⅳ 与 Ⅴ 填料间温度	AI	69.1	℃
TI7046	T703 Ⅴ 填料与塔盘间温度	AI	73.3	℃
TI7047	T703 塔釜温度控制	AI	107	℃
TI7048	T703 回流液温度	AI	50	℃
TI7049	E709 热侧出口温度	AI	52	℃
TI7052	E710 热侧出口温度	AI	40	℃
TI7053	E709 入口温度	AI	66.6	℃
PI7008	T703 塔顶压力	AI	0.01	MPa
PI7024	V706 平衡管线压力	AI	0.01	MPa
PI7012	P705A/B 出口压力	AI	0.64	MPa
PI7013	P706A/B 出口压力	AI	0.54	MPa
PI7020	P709A/B 出口压力	AI	0.32	MPa
PI7009	T703 塔釜压力	AI	0.03	MPa
LIC7024	V706 液位控制	PID	50	%
LIC7021	T703 塔釜液位控制	PID	50	%

表 5-33　回收塔工艺主要参数指标

位号	说明	类型	正常值	单位
FIC7032	T704 塔顶回流量控制	PID	1188	kg/h
FIC7036	T704 塔顶采出量	PID	135	kg/h
FIC7034	T704 侧线采出异丁基油量控制	PID	175	kg/h
FIC7031	E714 蒸汽流量控制	PID	700	kg/h
FIC7035	T704 塔釜采出量控制	PID	347	kg/h
TI7061	T704 进料温度	PID	87.6	℃
TI7062	T704 塔顶温度	AI	66.6	℃
TI7064	T704 第 Ⅱ 层填料与塔盘间温度	AI	68.8	℃
TI7056	T704 第 14 与 15 塔盘间温度	AI	89	℃
TI7055	T704 第 10 与 11 塔盘间温度	AI	95	℃
TI7054	T704 塔盘 6、7 间温度	AI	106	℃
TI7065	T704 塔釜温度控制	AI	107	℃
TI7066	T704 回流液温度	AI	45	℃
TI7072	E715 壳程出口温度	AI	47	℃
PI7021	T704 塔顶压力	AI	0.01	MPa
PI7033	P711A/B 出口压力	AI	0.44	MPa
PI7022	T704 塔釜压力	AI	0.03	MPa
LIC7016	V707 液位控制	PID	50	%
LIC7031	T704 塔釜液位控制	PID	50	%

请根据常压精馏工段工艺流程描述及工艺指标填写图 5-7 中设备名称及控制点。

项目三　甲醇精制工艺（四塔精馏）操作实训

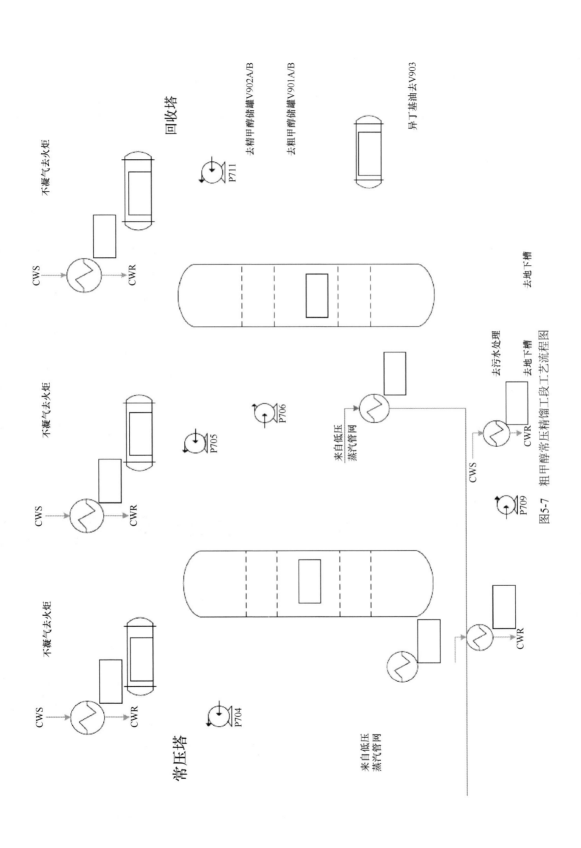

图5-7　粗甲醇常压精馏工段工艺流程图

三、任务实施

本部分内容主要训练学生对粗甲醇常压精馏工段的开、停车操作及稳定控制。冷态开车主要包括启动常压塔、回收塔、预热器、冷凝器及再沸器,正常停车包括常压塔和回收塔等主要设备正常停车操作。请根据操作任务和要求进行操作练习,完成操作后如实填写操作中存在的问题和困难。教师根据反馈情况,组织集中研讨和答疑,以提高学生对粗甲醇常压精馏工段的理解和操作。

粗甲醇常压精馏工段操作

情境 1　常压精馏塔冷态开车训练

启动仿真软件冷态开车工况,完成常压塔、回收塔及辅助设备的开车操作。要求完成常压塔(T703)的启动及液位建立、回收塔(T704)的启动及液位建立、常压塔及回收塔的升温及建立回流、维持常压塔和回收塔稳定并采出产品等操作。操作过程中注意常压塔和回收塔塔顶压力维持在 0.01MPa 左右,塔顶温度控制在 66.6℃,塔底温度控制在 77.4℃,塔底液位稳定在 50%左右,常压塔塔顶回流量控制在 27621kg/h 左右,回收塔塔顶回流量控制在 1188kg/h。认真填写工艺操作卡,要求成绩达到 80 分以上,建议操作用时 45min。

情境 2　常压精馏塔正常停车训练

本情境主要完成常压精馏工段停车操作。启动仿真软件正常停车工况,完成常压塔、回收塔和辅助设备的降温、降压及排料等操作。要求常压塔(T703)和回收塔(T704)先降负荷、再停止进料,停再沸器加热蒸汽,回流罐液体全部打入塔内,以降低塔内温度,待回流罐液位降至 5%,停塔顶液相回流,待塔内温度降至 30℃左右,塔压降至常压,停冷凝器冷凝水,然后塔底排料;停车操作过程中确保生产安全。最后 T703、T704等主要设备温度降至室温,压力降至常压,塔釜无余液。认真填写工艺操作卡,要求成绩在 85 分以上,建议用时 30min。

任务三　煤制甲醇精制预塔再沸器着火应急处置

一、工作任务要求

工作任务要求见表 5-34。

表 5-34　工作任务要求

任务情境	学生以安全员身份进入甲醇精制车间,熟悉甲醇精制车间物料的理化性质及危险性,熟知岗位职责,掌握甲醇精制工段安全事故应急预案及处理方法;针对甲醇精制预塔再沸器泄漏着火事故能及时准确处理,把危害降到最低,确保甲醇精制车间生产安全
教学模式	理实一体、任务驱动
教学场所与工具	仿真实训室;电脑及 3D 仿真软件
岗位角色	安全员
工作任务与目标	① 掌握甲醇精制车间物料的理化性质及危险性; ② 熟练掌握甲醇精制车间安全事故的应急预案及处理方法; ③ 能够组织带领本车间人员完成甲醇泄漏着火事故紧急处置; ④ 能对甲醇车间员工进行安全培训并指导应急演练; ⑤ 能针对车间安全事故进行总结,指出不足并提出改进措施

二、应急必备

1. 甲醇的危险性及消防应急处理

甲醇是无色液体，与水完全互溶，高度易燃，与空气混合能形成爆炸性混合物，遇热源和明火有燃烧爆炸危险，甲醇有中等毒性，含甲醇的酒可引起失明、肝病。在生产车间必须有"当心火灾"及"当心中毒"等安全标识。当甲醇燃烧时可以用泡沫、干粉、二氧化碳灭火剂，也可用砂土覆盖，用水灭火无效，但可喷水冷却容器。若火场中容器已变色或安全泄压装置中产生声音，必须马上撤离。

现场心肺复苏术

当甲醇有泄漏着火时，迅速撤离泄漏区人员至安全区并进行隔离，严格限制出入，切断火源，应急处理人员需佩戴呼吸器、穿静电服等防护用品。少量泄漏时可用砂土等不燃材料吸附或吸收，也可用水稀释后放入废水系统。甲醇大量泄漏时，构筑围堤或挖坑收容，用泡沫覆盖，防止蒸气灾害，用防爆泵转移至收集器内回收。

2. 甲醇中毒急救措施

当人员发生甲醇急性中毒后，要熟悉中毒急救措施，正确对伤员进行施救。首先将伤员迅速移出中毒现场，至空气新鲜处拨打急救电话120。脱去中毒人员外衣，使用流动清水冲洗皮肤，眼睛有毒物时优先迅速冲洗。保持伤员呼吸道畅通，如伤员停止呼吸，要立即做人工呼吸和心肺复苏，经抢救处理后，尽快送往医院治疗。

三、任务实施

本部分内容主要训练学生对甲醇精制预塔再沸器泄漏着火事故进行应急处置的程序和方法。此内容为3D仿真软件操作，要求学生在练习之前先下载煤制甲醇3D应急预案软件操作手册，学习并熟悉3D仿真软件的操作方法。完成操作后如实填写操作中存在的问题和困难。教师根据反馈情况，组织集中研讨和答疑，以提高学生对甲醇泄漏着火事故应急处置方案的理解和操作质量。

情境　煤制甲醇精制预塔再沸器着火应急处置

启动东方仿真煤制甲醇3D应急预案软件，学生以安全员的身份进入车间，首先明确安全员岗位职责，学习应急必备知识，掌握甲醇泄漏着火的应急处理措施，然后点击进入应急演练。外操员发现火情，向班长汇报并穿戴劳保用品尝试灭火，班长向调度室汇报火情并令安全员设置警戒线，打开消防炮进行灭火。泄漏量增大，火势逐渐蔓延，广播启动应急预案，疏散人员，命令内操紧急停车。安全员引导消防车进入厂区进行灭火，灭火后进行环境检测，待现场气体浓度恢复正常后，由主调度员命令班长通知检修人员进行泄漏处检修，并电话向应急管理当地县政府汇报事故情况，最后由副调度通过广播解除应急预案，甲醇罐区泄漏着火应急事故处理完毕，组织相关人员进行事故总结，提出改进措施并完成相应的练习题。通过学习及练习，学生应熟练掌握甲醇泄漏着火的应急处置预案，认真填写工艺操作卡，要求成绩达到85分以上，建议操作用时30min。

 小研讨

请查阅学习多效精馏等化工节能措施，分小组讨论和交流甲醇分离精制过程中的节能工艺，并深刻理解化工节能减排的意义和重要性。

模块五 煤制甲醇生产工艺操作实训

项目思考与问答

1. （单选）甲醇精馏塔主要是利用甲醇混合物系（　　）的差异分离出甲醇。

A. 密度　　　　　　　　　　　　　B. 沸点

C. 溶解度　　　　　　　　　　　　D. 不能确定

2. （单选）加压精馏适用于（　　）混合物系的分离。

A. 沸点较低　　　　　　　　　　　B. 沸点较高

C. 热敏性物料　　　　　　　　　　D. 浓度较高

3. （填空）甲醇四塔精制工艺中主要包括_____、_____、_____、_____四个塔设备。

4. （填空）甲醇精制工艺中预馏塔的主要目的是除去_____及_____。

5. （填空）在精馏塔中，塔顶得到的是_____，塔釜得到的是_____。

6. （简答）甲醇加压精馏塔工艺回收的废热主要包括哪几部分？

7. （简答）在粗甲醇精制过程中，加压精馏的主要作用有哪些？

8. （简答）在粗甲醇精制过程中，回收塔的主要作用是什么？

9. （简答）请简述在精馏塔紧急停车时的操作步骤。

5-3-12

项目操作结果评价

项目操作结果见表5-35。

表 5-35 甲醇精制工艺（四塔精馏）操作-项目综合评价表

姓名		学号		班级	
组别		组长		成员	
项目名称					

维度	评价内容	自评	互评	师评	得分
知识	甲醇的性质、用途（5分）				
	甲醇的精制原理及典型设备（5分）				
	甲醇精制的工艺流程和操作要点（5分）				
	甲醇精制操作中常见事故的现象和原因（5分）				
能力	根据操作规程，配合班组指令，进行甲醇精制的开车操作（20分）				
	根据控制方案和操作要点，正确处理参数波动，维持甲醇精制生产稳态运行（10分）				
	根据生产中的异常现象，能够及时、正确地判断事故类型，并妥善处理（10分）				
	根据操作规程，配合班组指令，进行甲醇精制的停车操作（10分）				
素质	在工作中具备较强的表达能力和沟通能力（5分）				
	遵守操作规程，具备严谨的工作态度（5分）				
	在开、停车操作中，服从班组指令，注重内外操配合，具备服从意识和团队合作意识（5分）				
	进行参数波动和生产故障时，具备沉着冷静的心理素质和敏锐的观察判断能力（5分）				
	在完成班组任务过程中，强化安全生产、清洁生产和节约意识（5分）				
	主动思考生产中的技术难点，探索提高转化率、收率、安全性等的方案，优化生产过程，具备一定的创新能力（5分）				
我对任务完成情况的评价和反思					

模块六 精细化工生产工艺操作实训

项目一 丙烯酸甲酯生产工艺操作实训

学习目标

知识目标

1. 了解丙烯酸甲酯的性质、用途。
2. 掌握丙烯酸甲酯的生产反应原理、工艺条件和典型设备。
3. 掌握丙烯酸甲酯的工艺流程和操作要点。
4. 掌握丙烯酸甲酯生产中常见事故的现象和原因。

能力目标

1. 根据操作规程,配合班组指令,能进行丙烯酸甲酯的开、停车操作。
2. 根据控制方案和调控要点,能正确处理参数波动,维持丙烯酸甲酯生产稳态运行。
3. 根据生产中的异常现象,能及时、正确地判断事故类型,并妥善处理。

素质目标

1. 具备较强的表达能力和沟通能力。
2. 具备严谨的工作态度、严守操作规程的工作习惯与职业操守。
3. 规范、及时填写工作记录和交接班日志,培养尊重客观数据的意识。
4. 在开、停车操作中,服从班组指令,注重内外操配合,具备服从意识和团队合作意识。
5. 面对参数波动和生产故障时,具备沉着冷静的心理素质和敏锐的观察判断能力。
6. 在完成班组任务过程中,强化安全生产、清洁生产和经济生产意识。
7. 主动思考生产中的技术难点,探索提高转化率、收率、安全性等的方案,优化生产过程,具备一定的创新能力。

模块六 精细化工生产工艺操作实训

项目导言

丙烯酸甲酯（图6-1）是无色液体，有辛辣气味，溶于乙醇、乙醚、丙酮及苯，微溶于水。它是一种重要的有机合成原料，是聚合速度非常快的乙烯类单体，可用作塑料和胶黏剂，其聚合物用于建材、涂料等工业部门。丙烯酸甲酯应储存于阴凉、通风的库房，库温不宜超过37℃；远离火种、热源，要求包装密封，不可与空气接触，应与氧化剂、酸类、碱类分开存放，切忌混储。

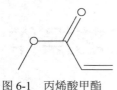

图6-1 丙烯酸甲酯

某化工公司以丙烯酸和甲醇为原料生产丙烯酸甲酯，以磺酸型离子交换树脂为催化剂。该反应在固定床反应器中进行，是一个可逆反应，采用酸过量的方法促使反应向正反应方向进行。学生以不同的身份进入生产车间，熟悉并负责完成各工段的生产操作、工艺管理、应急处置等工作。

项目任务

项目任务见表6-1。

表6-1 项目任务

序号	项目任务	总体要求
1	岗位初体验	学生以实习生身份进入丙烯酸甲酯生产车间，熟悉物料性质、反应原理、影响因素、工艺条件和典型设备，了解工艺流程等基本生产知识并体验正常交接班流程
2	丙烯酸与甲醇的酯化反应操作	学生以操作人员身份进入丙烯酸甲酯生产车间，理解反应原理和工艺条件，掌握反应工段流程，熟知关键参数指标与控制方案，根据操作要点完成酯化反应操作
3	分离操作	学生以操作人员身份进入丙烯酸甲酯生产车间，掌握分离与精制流程，熟知关键参数指标与控制方案，根据操作要点完成分离提纯操作
4	全流程开、停车操作	学生以班长身份进入待投运的丙烯酸甲酯生产车间，掌握生产工艺流程，在分工段操作的基础上，完成丙烯酸甲酯生产的全流程开、停车操作
5	丙烯酸甲酯生产应急处置-泄漏着火	学生以技术人员身份进入丙烯酸甲酯生产车间，如遇异常能及时发现事故，进行事故原因分析与排查，并根据应急方案进行处置，确保生产安全

任务一
岗位初体验

一、工作任务要求

工作任务要求见表6-2。

表6-2 工作任务要求

任务情境	作为一名实习生，在接受三级安全教育的基础上，进入丙烯酸甲酯生产车间，在师傅的带领下完成岗位初体验。本任务包括熟悉丙烯酸甲酯生产基本知识和体验生产工艺交接班两个部分
教学模式	理实一体、任务驱动
教学场所与工具	仿真实训室；电脑及仿真软件

项目一 丙烯酸甲酯生产工艺操作实训

续表

岗位角色	实习生
工作任务与目标	① 接受本装置相关培训； ② 理解丙烯酸甲酯生产原理； ③ 了解主要设备和工艺流程； ④ 了解本装置关键参数指标； ⑤ 体验正常生产工艺交接

二、必备应知

1. 反应原理

以丙烯酸和甲醇为原料生产丙烯酸甲酯的反应原理如下：

$$CH_2 = CHCOOH + CH_3OH \underset{}{\overset{H^+}{\rightleftharpoons}} CH_2 = CHCOOCH_3 + H_2O$$

该反应为可逆反应，放热量较小。为获取更多产品，通常采用酸过量的方法促使反应向正方向进行。该反应在固定床反应器内进行，反应温度为 75℃，甲醇与丙烯酸摩尔比为 0.75。

2. 主要设备

本工艺由原料预处理工段、反应工段、产品分离与精制工段构成，用到的设备有固定床、精馏塔、萃取塔、薄膜蒸发器等，请根据仿真软件的工艺流程，在表 6-3 中填写各设备的名称及其作用，并在图 6-2 中填入相应的设备位号。

表 6-3 丙烯酸甲酯生产主要设备名称及其作用

序号	设备位号	设备名称	设备作用
1	R101		
2	E101		
3	FL101A/B		
4	T110		
5	T130		
6	T140		
7	T150		
8	T160		

3. 关键参数指标

丙烯酸甲酯关键参数指标见表 6-4。

6-1-3

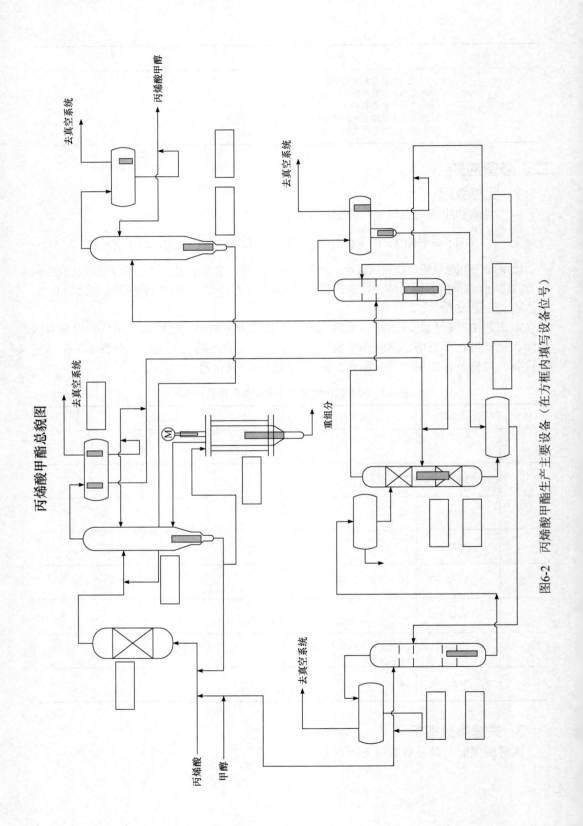

图6-2 丙烯酸甲酯生产主要设备（在方框内填写设备位号）

表 6-4　丙烯酸甲酯生产关键参数指标

项目	位号	单位	数值指标	备注
R101（酯化反应器）					
温度	TIC101	℃	75	R101 入口温度
	TI104	℃	75	R101 温度
T110（丙烯酸分馏塔）				
流量	FIC110	kg/h	1518.76	T110 塔釜至 E114
	FIC112	kg/h	6746.33	V111 至 T110 回流
	FIC113	kg/h	1962.79	V111 水相至 T130
	FIC117	kg/h	1400.00	V111 油相至 T130
温度	TI111	℃	41	T110 塔顶温度
	TI109	℃	69	T110 进料段温度
	TIC108	℃	80	T110 塔底温度
压力	PI104	kPa（A）	28.70	T110 塔顶压力
	PI103	kPa（A）	34.70	T110 塔釜压力
T130（醇萃取塔）				
流量	FIC129	kg/h	4144.91	V130 至 T130
	FIC131	kg/h	5371.94	V140 至 T140
	FI128	kg/h	3445.73	T130 至 T150
T140（醇回收塔）				
流量	FIC134	kg/h	1400.00	LPS 至 E141
	FIC135	kg/h	2210.81	V141 至 T140 回流
	FIC137	kg/h	779.16	T140 至 R101
温度	TI134	℃	60	T140 塔顶温度
	TI131	℃	92	T140 塔釜温度
压力	PI121	kPa（A）	62.70	T140 塔顶压力
	PI120	kPa（A）	76.00	T140 塔釜压力

三、任务实施

情境 1　生产前的安全穿戴

进入生产前进行安全穿戴。

情境 2　班前会与班后会

丙烯酸甲酯的生产是连续操作。某一班组在规定时间进入生产车间时，要接续上一个班组的工作，才能开展生产任务。因此，召开班前会和班后会对于完成交接班工作是非常必要的，其主要内容如下：

召集人：车间主任/班长

参会人：本班组成员

会议内容：

① 安全告知；

② 安全防护和器材使用要点；

③ 交接班工作模拟。

交接内容：操作记录本（以 R101 单元为例）

请完成表 6-5（a）和表 6-5（b）相关内容。

内操巡检和
交接班
记录表

模块六　精细化工生产工艺操作实训

表 6-5（a）　丙烯酸甲酯生产工艺 R101 操作记录表

记录时间	流量	压力	温度	液位	组分 01	组分 02	组分 03
R101 单元操作记录表					___年__月__日		
	FIC101	PIC101	TIC101	LIC101	甲醇	丙烯酸	丙烯酸甲酯
	记录人		班组		审核人		

表 6-5（b）　丙烯酸甲酯生产工艺交接班记录

日期：_____　　　　　班次：_____

接班情况

班中记事

交班情况

车间批语

交班人员签名：_____　　　接班人员签名：_____

*所有签字必须用宋体

任务 二
丙烯酸与甲醇的酯化反应操作

一、工作任务要求

工作任务要求见表 6-6。

表 6-6　工作任务要求

任务情境	学生以操作人员身份进入丙烯酸甲酯生产车间。在掌握反应原理和操作条件的基础上，进一步理解反应工段流程；熟知关键参数指标与控制方案；根据操作要点完成丙烯酸与甲醇的酯化反应操作
教学模式	理实一体、任务驱动
教学场所与工具	仿真实训室；电脑及仿真软件
岗位角色	操作人员
工作任务与目标	① 熟悉反应工段涉及的反应器、分馏塔、薄膜蒸发器等相关设备； ② 能够根据参数指标和控制方案进行温度、压力等参数的调节； ③ 能够建立分馏塔循环并维持稳定； ④ 能够根据操作要点完成酯化工段的开、停车及事故处理操作

二、必备应知

1. 熟悉典型设备

酯化反应工段涉及的典型设备包括固定床、分馏塔、薄膜蒸发器等，请根据仿真软件完成各设备的进出料情况，补全流程图，见图 6-3（a）、（b）和（c）。

6-1-6

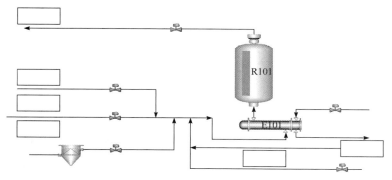

图 6-3（a） 固定床进出料情况（补全物料名称及去向）

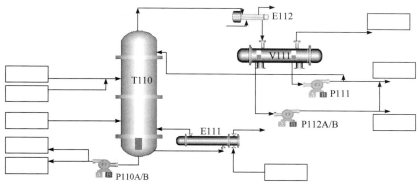

图 6-3（b） 分馏塔进出料情况（补全物料名称及去向）

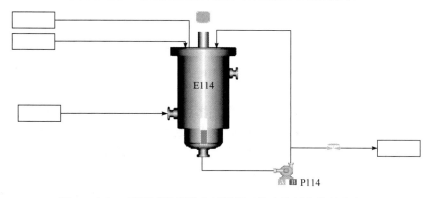

图 6-3（c） 薄膜蒸发器进出料情况（补全物料名称及去向）

2. 识读工艺流程

酯化反应工段包括原料预处理、酯化反应和回收丙烯酸。从罐区来的新鲜的丙烯酸和甲醇与从醇回收塔（T140）顶回收的循环甲醇以及从丙烯酸分馏塔（T110）底回收的经过循环过滤器（FL101）的部分丙烯酸作为混合进料，经过反应预热器（E101）预热到指定温度后送至 R101（酯化反应器）进行反应。酯化反应是可逆反应，从经济性角度考虑，将醇酸比设为 3∶4（摩尔比），醇的转化率设在 60%～70% 的中等程度较为合适。丙烯酸甲酯通过蒸馏的方法与丙烯酸在塔 T110 中分开。

根据工艺流程描述，补全丙烯酸甲酯反应工段的工艺流程图（图 6-4）。

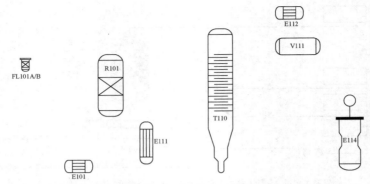

图 6-4 丙烯酸甲酯反应工段工艺流程图（补全主物料的管线）

3. 主要控制目标与控制方案

控制目标：丙烯酸和甲醇的酯化反应在酯化（固定床）反应器（R101）中进行，该反应为可逆反应。通过控制原料进料量、反应温度、反应压力，达到低风险、低成本、高转化率的生产目标。具体控制方案如下：

第一阶段【R101 引粗液】

① 流量控制。手动调节 FIC106 的开度，即开度为 60%，流量为 3637kg/h 左右。将粗液引入 R101 中至液位为 100%。

② 压力控制。调节 PIC101 的开度，控制酯化反应器（R101）的压力为 301kPa（A）左右。

③ 温度控制。引入低压蒸汽，启动换热器（E101）。调节 TIC101 的开度，使酯化反应器（R101）入口温度为 75℃左右。

第二阶段【启动分馏塔 T110】

① 液位控制。液位是 T110 系统中较难控制的条件之一。初期通过 R101 来的物料量与塔釜去 R101 的丙烯酸的量，来控制 T110 液位。待系统稳定后，通过调节塔顶采出量，保持 T110 液位在 50%左右。

② 塔釜温度控制。T110 塔釜温度主要由再沸器加热蒸汽流量 FIC107 控制。初期启动 T110 时注意控制 FIC107 的开度，稳步慢升，避免因温度升温过快导致 T110 液位快速下降。升温过程中也应注意观察 T110 塔顶温度和灵敏板温度。

③ 回流罐液位控制。T110 回流罐分为油、水两相，其中水相送往 V140，油相打回流送至 T110 内，部分送入 E130 进行萃取分离。水相液位 LIC104 与 FIC117 组成串级控制系统，初期可以微开 FIC117 采出，维持 LIC104 液位至 50%左右。油相液位 LIC103 与 FIC113 组成串级控制系统，LIC103 同时受回流量 FIC112 与油相采出 FIC113 控制。在维持油相液位在 50%的情况下，应优先保证回流量的稳定。

第三阶段【反应器进原料】

① 流量控制。为保证酯化反应器内反应温度与压力的稳定，需缓慢开启丙烯酸与甲醇原料的进料阀门，并缓慢关闭粗液的进料阀门。严禁一步到位！稳定后，保持丙烯酸和甲醇进料量为正常量的 80%，最后将 T110 底部的物料打入 R101 中。

② 压力控制。系统压力的影响主要来自于粗液和原料流量的变化，因此在操作过程中应当缓慢操作，保证反应器压力在 301kPa（A）左右。另外，当 T110 的物料引入 R101 中时，需将 FIC109 的流量关小，然后再进行原料升温引入操作，防止压力超高。

③ 温度控制。系统温度要保持在 75℃左右。粗液的关闭与新鲜原料的引入会导致反应器入口温度降低，但 T110 底部热物料的引入又会导致温度的升高。操作时可以临时关小 TIC101 的开度，待流量控制平稳后再调节温度与压力。切记操作过程中要缓慢进行物料切换工作。

三、任务实施

本部分主要训练学生对丙烯酸甲酯反应工段的操控能力，包含开车、停车和事故处理。请准备好工艺操作卡，在接到任务时填写基本信息；操作完成后，如实填写操作中存在的问题和建议。教师根据反馈情况，可组织集中研讨和答疑，以提高学生对反应工段的理解和操作质量。

情境 1　酯化反应开车训练

本情境需要完成酯化反应工段的开车操作。启动仿真软件冷态开车工况，完成酯化反应工段的开车操作。要求完成分馏塔（T110）的启动及建立塔液位、分馏塔的升温及建立回流、薄膜蒸发器建立液位及升温和反应器开始进料等操作。操作过程注意反应器塔釜液位稳定在 50%左右，塔底温度控制在 80℃，塔顶压力稳定在 27.86kPa（A），薄膜蒸发器的温度控制在 120.5℃，压力维持在 301kPa（A），进料流量为正常量的 80%。认真填写工艺操作卡，成绩达到 80 分以上，建议操作用时 40min。

评价标准：在操作过程中，系统的温度和压力要稳步上升，形成的关键指标曲线（实习报告）无剧烈波动，且最终稳定控制在正常指标范围内。如图 6-5 所示，即为操作质量优。

情境 2　酯化反应停车训练

在化工生产中由于生产任务的变化或者设备检修等原因，常常涉及设备的停车操作。本情境需要完成酯化反应工段的停车操作。

启动仿真软件正常停车工况，完成酯化工段的停车操作。要求完成 R101 停止进料及加热、T110 停止进料及加热、关闭回流、T110 降温泄压及排料等操作。停车操作过程中务必牢记先降温再降压的原则，确保生产安全。最终 T110、E114 温度降至室温，塔釜无余液。认真填写工艺操作卡，要求成绩在 85 分以上，建议用时 15min。

情境 3　酯化反应工段事故处理

本情境主要训练酯化反应工段事故的处理。酯化反应工段涉及的事故主要有 T110 塔压增大、原料中断、P110 故障及 P111 故障等。要求根据界面上参数的变化情况，对比

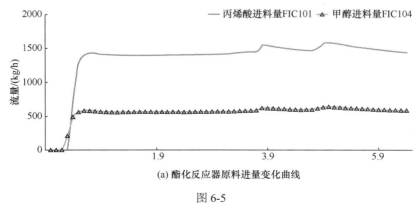

(a) 酯化反应器原料进量变化曲线

图 6-5

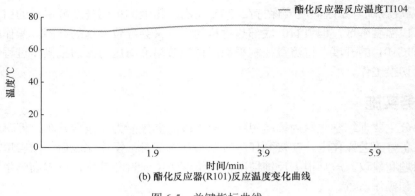

(b) 酯化反应器(R101)反应温度变化曲线

图 6-5 关键指标曲线

正常值，快速判断出事故类型、分析出事故发生原因并做出正确的处理操作。学生启动对应工况完成事故处理，要求成绩均在 90 分以上，建议每个事故用时 5min。

任务 三
分离操作

一、工作任务要求

工作任务要求见表 6-7。

表 6-7 工作任务要求

任务情境	学生以操作人员身份进入丙烯酸甲酯生产车间。在熟知分离工段流程的基础上，明确关键参数指标与控制方案；根据操作要点完成丙烯酸和甲醇的分离以及丙烯酸甲酯的精制操作
教学模式	理实一体、任务驱动
教学场所与工具	仿真实训室；电脑及仿真软件
岗位角色	操作人员
工作任务与目标	① 熟悉分离与精制工段涉及的萃取塔、精馏塔等相关设备； ② 能够根据参数指标和控制方案进行萃取塔和精馏塔的温度、压力等参数调节； ③ 能够进行多塔联合的调节操作； ④ 能够根据操作要点完成分离工段的开、停车操作及事故处理

二、必备应知

1. 熟悉典型设备

分离工段包括产物的分离与产品的精制两部分，涉及的典型设备包括萃取塔和 3 个精馏塔，请根据仿真软件完成设备的进出料情况，见图 6-6（a）～（d）。

2. 识读工艺流程

丙烯酸甲酯分离工段包括萃取回收和产品提纯精制。萃取塔（T130）的作用是将甲醇与丙烯酸甲酯分离；下部萃取液即甲醇水溶液送至醇回收塔（T140），回收的甲醇循环回反应系统；上部萃余液送至醇拔头塔（T150）脱除轻组分后，继续送至酯提纯塔（T160），在该塔顶获得合格的丙烯酸甲酯。

根据工艺流程描述，补全分离工段工艺流程图（图 6-7）。

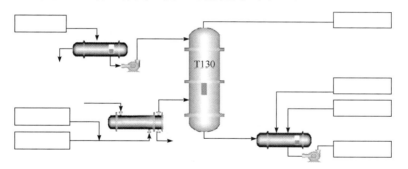

图 6-6（a） T130 萃取塔进出料情况（补全物料名称及物料走向）

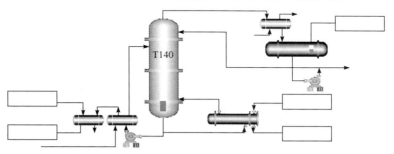

图 6-6（b） T140 醇回收塔进出料情况（填写物料名称及走向）

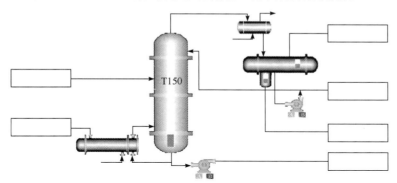

图 6-6（c） T150 醇拔头塔进出料情况（填写物料名称及走向）

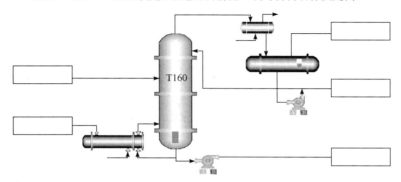

图 6-6（d） T160 酯提纯塔进出料情况（填写物料名称及走向）

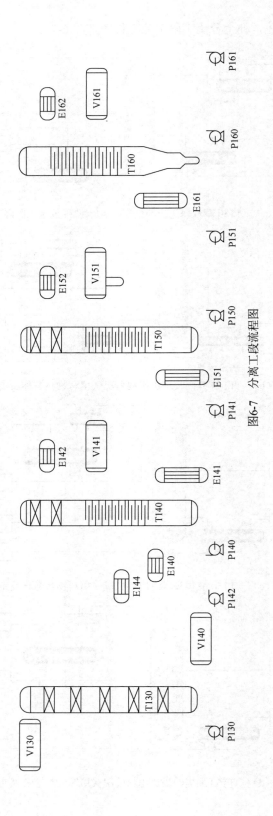

图6-7 分离工段流程图

项目一　丙烯酸甲酯生产工艺操作实训

3. 主要控制目标与控制方案

控制目标：丙烯酸甲酯分离操作是将酯化反应后的粗酯产品通过萃取、精馏等手段，提高丙烯酸甲酯的纯度，并回收未反应的甲醇。通过建立"萃取塔-醇回收塔"的水循环，回收未反应的甲醇送往酯化反应器继续参与反应；通过"醇拔头塔-酯提纯塔"双塔精馏操作，以达到节能、降耗、高质量生产目标。控制方案如下：

第一阶段【T130、T140 建立水循环】

此阶段的控制重点在于维持 T130 与 T140 的液位。难点在于在 T130 充满液位后再降低至 50%的过程中维持 T140 的平衡。

操作初期通过 V130 向 T130 充液，充满后应关小 FIC129 并开大 LIC110，T130 萃取塔内的脱盐水通过 V140 输送至 T140。

T140 的进料量受 T130 出口流量的影响，极易出现进料流量波动，对 T140 维持塔内平衡不利，故在建立水循环过程中应尽量保持各进出口的流量平稳。这需要操作者具有提前操作的意识，避免液位过高或者过低后再调整流量。

在进料稳定的情况下，注意 T140 塔顶回流罐液位与回流量调节，塔釜物料送往 V130进行循环。

第二阶段【T130、T140 进料】

T130 油相界面生成：初期自 T110 塔顶送往 T130 的粗酯暂不排放，通过调整 V130的水量与送往 T140 的水量，慢慢形成油水界面，控制界面液位 LIC110 在 50%左右。

T140 塔内平衡：由于 T130 底部送至 T140 的水相逐渐增多，使 T140 的进料也相应增多，T140 底部温度会下降，此时要及时调整 T140 再沸器的蒸汽量，控制塔底温度 TI131 在 92℃。

T140 产品：T140 塔顶产品在稳定之前排往不合格罐，待 T140 稳定后，将塔顶回收的甲醇送至 R101 继续反应。

第三阶段【启动 T150、T160】

流量控制：T150 的进料主要来自于 T130 顶部，T130 稳定后，T150 即可很快达到稳定。在 T150 未稳定前，T160 的进料量较小，需要降低负荷启动。稳定后 T150 的进料量 FI128 控制在 3445.73kg/h，T160 的进料量 FIC141 控制在 2194.77kg/h。

液位控制：需要关注的液位有 T150、T160 的塔釜液位及回流罐液位，液位过高或者过低可以适当调节出料流量。

温度控制：T150、T160 的釜温受再沸器内低压蒸汽流量的控制。稳定时，T150 的塔釜温度 TI139 为 71℃，T150 再沸器内蒸汽流量 FIC140 为 896kg/h；T160 的塔釜温度 TI147 为 56℃，T160 再沸器内蒸汽流量 FIC149 为 952kg/h。

三、任务实施

本部分内容主要训练学生对丙烯酸甲酯分离工段的开、停车操作，包含萃取回收和精制提纯两部分。请准备好工艺操作卡，在接到任务时填写基本信息；操作完成后，如实填写操作中存在的问题和建议。教师根据反馈情况，可组织集中研讨和答疑，以提高学生对分离工段的理解和操作质量。

情境 1　萃取回收开车训练

本情境需要完成萃取回收的开车操作。启动仿真软件冷态开车工况，完成萃取回收开车操作。要求完成建立萃取塔平衡、萃取塔初始液位和醇回收塔平衡等操作。操作过程中注意萃取塔塔釜液位的调节与控制，液位稳定在 50%左右，塔釜温度为 25℃，塔顶

6-1-13

模块六 精细化工生产工艺操作实训

压力为 301kPa（A）；醇回收塔塔底温度为 92℃，塔顶温度为 60℃，塔顶受液罐温度为 40℃，塔顶压力为 62.65kPa（A），塔液位稳定在 50%。认真填写工艺操作卡，成绩达到 80 分以上，建议操作用时 30min。

情境 2 萃取回收停车训练

本情境需要完成萃取回收的停车操作。启动仿真软件正常停车工况，完成 T130 和 T140 的停车操作。要求完成停阻聚剂进料、停 T130 进料、停 T140 进料、停 T130 加热、停 T140 加热的操作，并将塔内余料排出，最后关闭排液阀。认真填写工艺操作卡，成绩在 85 分以上，建议用时 10min。

情境 3 精制提纯开车训练

本情境需要完成精制提纯工段的开车操作。启动仿真软件冷态开车工况，完成精制提纯操作。要求完成建立醇拔头塔初始液位后，引塔顶气到受液罐，并将醇拔头塔调节稳定；完成醇拔头塔投运后，建立酯提纯塔初始液位，引塔顶气到受液罐，并将酯提纯塔调节稳定。酯提纯塔的塔釜温度为 56℃，塔釜液位为 50%，塔顶温度为 38℃，塔顶压力为 21.30kPa（A），塔顶受液罐水相液位为 50%，塔顶受液罐油相液位为 50%，塔顶受液罐油相温度为 36℃。认真填写工艺操作卡，成绩达到 80 分以上，建议操作用时 30min。

情境 4 精制提纯停车训练

启动仿真软件正常停车工况，完成醇拔头塔（T150）和酯提纯塔（T160）的停车操作。要求完成 T150 和 T160 的阻聚剂进料、T150 和 T160 的原料进料、停止加热、停止合格产品采出和排出塔釜余液的操作。认真填写工艺操作卡，成绩达到 85 分以上，建议操作用时 15min。

任务 四
全流程开、停车操作

一、工作任务要求

工作任务要求见表 6-8。

表 6-8 工作任务要求

任务情境	学生以班组长身份进入待投运的丙烯酸甲酯生产车间，在工段操作的基础上，根据操作规程完成丙烯酸甲酯的全流程开、停车操作
教学模式	理实一体、任务驱动
教学场所与工具	仿真实训室；电脑及仿真软件
岗位角色	班组长
工作任务与目标	① 能够组织班组实施丙烯酸甲酯的全流程开、停车操作和生产事故处理； ② 能够根据参数指标和控制方案进行参数调节，给予实习生操作指导

二、必备应知

学习本工艺操作规程。

6-1-14

三、任务实施

情境 1　全流程开车

启动仿真软件冷态开车工况，完成冷态开车操作。认真填写工艺操作卡，成绩达到 80 分以上，建议操作用时 120min。

情境 2　全流程停车

启动仿真软件正常停车工况，完成停车操作。认真填写工艺操作卡，成绩在 80 分以上，建议用时 30min。

情境 3　生产事故处理

启动仿真软件事故处理工况，完成丙烯酸甲酯的事故处理操作。本工艺涉及的事故有：超温、超压、液位偏低、进料阀卡、泵坏等。系统温度、压力、设备故障等造成界面上的参数变化均不相同。要求根据界面上参数的变化，对比正常值，快速分析出事故原因，做出相应处理操作，并认真填写工艺操作卡，要求成绩均在 90 分以上。建议每个事故操作用时 5min。

冷态开车操作

正常停车操作

事故处理

任务五　丙烯酸甲酯生产应急处置——泄漏着火

一、任务目标及要求

工作任务要求见表 6-9。

表 6-9　工作任务要求

任务情境	接到生产现场某再沸器附近因泄漏着火的报警后，学生以技术人员的身份进入丙烯酸甲酯生产车间
教学模式	理实一体、任务驱动
教学场所与工具	仿真实训室；电脑及仿真软件
岗位角色	技术人员
工作任务与目标	① 接到事故报警后快速到达事故处置岗位； ② 能够快速判断事故类型、分析事故原因； ③ 能够根据应急预案及时稳妥地组织和处理事故； ④ 能够发现班组的技术问题并给予操作指导，根据问题设计技术改造方案

二、必备应知

1. 事故原因分析和应急处置方案

填写表 6-10。

表 6-10　事故处理方案记录表

事故类型	事故原因	处置方案
泄漏着火		

2. 应急处置所需工具

在表 6-11 中选择应急处置所需工具。

表 6-11 应急处置工具表

物品选择	物品选择（画√）				
物品选择	□安全帽	□对讲机	□测温枪	□防火服	□F 扳手
	□听针	□灭火器	□防爆手电	□采样专用防油手套	□测振仪
	□防爆头灯	□空气呼吸器	□护耳罩	□防喷溅面罩	□劳保手套
	□护目镜	□四合一巡检仪			

三、任务实施

1. 完成事故处理流程

泄漏着火事故处理流程见图 6-8。

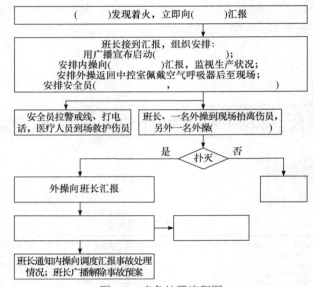

图 6-8 应急处置流程图

2. 完成仿真操作——泄漏着火的事故处理操作

启动仿真软件应急处理工况，在班组长的组织下，内外操配合完成泄漏着火的事故处理操作，并认真填写应急处理相关记录，要求成绩在 90 分以上。建议用时 5min。

 小研讨

浙江省安吉县余村村口的巨石上，刻着"绿水青山就是金山银山"十个大字。2005 年 8 月 15 日，时任浙江省委书记的习近平在浙江安吉县余村调研时，首次提出"绿水青山就是金山银山"的重要论述。

党的十八大以来，习近平总书记多次强调"绿水青山就是金山银山"，"两山理论"已成为引领我国走向绿色发展之路的基本国策。

化学工业在国民经济发展过程中发挥重要作用，但化工项目开展过程中也对环境产生了较大影响。

请结合丙烯酸甲酯生产中的"三废"情况，谈谈你对环保重要性的理解。

项目一　丙烯酸甲酯生产工艺操作实训

项目思考与问答

1. （简答）写出丙烯酸甲酯的结构式及本工艺的反应方程式。

2. （填空）丙烯酸甲酯是以_____与_____为原料进行制取的。

3. （单选）本工艺中的酯化反应在（　　）内进行。
A. 固定床反应器　　　　　　　　　　B. 流化床反应器
C. 气流床反应器　　　　　　　　　　D. 熔融床

4. （单选）本工艺的酯化反应是可逆反应，适宜的反应温度为（　　）℃。
A. 65　　　　　　B. 75　　　　　　C. 70　　　　　　D. 90

5. （单选）结合经济性和技术性来分析，本工艺的酯化反应适宜的醇/酸摩尔比为
（　　）。
A. 1∶1　　　　　B. 1∶2　　　　　C. 3∶4　　　　　D. 4∶3

6. （填空）丙烯酸甲酯、甲醇和水能够形成共沸物，本工艺采用了_____的方法
使其分离。

7. （填空）经 T130 萃取分离后，塔内上部液体是_____，塔内下部液体是_____。

8. （简答）在本工艺生产中，哪些设备需要抽真空？

9. （简答）在丙烯酸甲酯生产中，哪些设备需要投用阻聚剂？为什么？

10. （简答）在稳态运行过程中，如发现 T110 塔釜温度偏高，该如何调控？

11. （简答）请结合丙烯酸甲酯的生产，讲述自己对习近平总书记提出的"绿水
青山就是金山银山"的理解。

12. （简答）试分析 R101 温度变化曲线图，并结合操作步骤简要说明你在操作过程
中是如何控制 R101 的温度在 75℃左右的。

模块六

项目一

6-1-17

项目操作结果评价

项目操作结果评价见表 6-12。

表 6-12 丙烯酸甲酯生产工艺操作实训-项目综合评价表

姓名		学号		班级	
组别		组长		成员	
项目名称					
维度	评价内容	自评	互评	师评	得分
知识	丙烯酸甲酯的性质、用途（5分）				
	丙烯酸甲酯的生产反应原理、工艺条件和典型设备（5分）				
	丙烯酸甲酯的工艺流程和操作要点（5分）				
	丙烯酸甲酯生产中常见事故的现象和原因（5分）				
能力	根据操作规程，配合班组指令，进行丙烯酸甲酯生产工艺的开车操作（20分）				
	根据操作规程，配合班组指令，进行丙烯酸甲酯生产工艺的停车操作（10分）				
	根据控制方案和调控要点，正确处理参数波动，维持丙烯酸甲酯生产稳态运行（10分）				
	根据生产中的异常现象，能够及时、正确地判断事故类型，并妥善处理（10分）				
素质	在工作中具备较强的表达能力和沟通能力（5分）				
	遵守操作规程，具备严谨的工作态度（5分）				
	在开、停车操作中，服从班组指令，注重内外操配合，具备服从意识和团队合作意识（5分）				
	面对参数波动和生产故障时，具备沉着冷静的心理素质和敏锐的观察判断能力（5分）				
	在完成班组任务过程中，强化安全生产、清洁生产和经济生产意识（5分）				
	主动思考生产中的技术难点，探索提高转化率、收率、安全性等的方案，优化生产过程，具备一定的创新能力（5分）				
我对任务完成情况的评价和反思					

项目二　乙酸乙酯生产工艺操作实训

学习目标

 知识目标

1. 了解乙酸乙酯的性质、用途。
2. 掌握乙酸乙酯的生产反应原理、工艺条件和典型设备的使用。
3. 掌握乙酸乙酯的工艺流程和操作要点。
4. 掌握乙酸乙酯生产中常见事故的现象和原因。

 能力目标

1. 根据操作规程，配合班组指令，能进行乙酸乙酯的开、停车操作。
2. 根据控制方案和调控要点，能正确处理参数波动，维持乙酸乙酯生产稳态运行。
3. 根据生产中的异常现象，能及时、正确地判断事故类型，并妥善处理。

 素质目标

1. 具备较强的表达能力和沟通能力。
2. 具备严谨的工作态度、严守操作规程的工作习惯与职业操守。
3. 培养学生耐心细致的工匠精神和独立学习的能力。
4. 在完成班组任务过程中，强化安全生产、清洁生产和经济生产意识。
5. 主动思考生产中的技术难点，探索提高转化率、收率、安全性的方案，培养学生善于探究新知识、新技术的意识和能力。

项目导言

乙酸乙酯是乙酸的一种重要的下游产品。乙酸乙酯具有优异的溶解性和快干性，在工业生产中有广泛应用，既可用作生产涂料、黏合剂、乙基纤维素、油毡着色剂以及人造纤维等的溶剂，也可用作印刷油墨、人造珍珠等的黏合剂，以及医药、有机酸产品的提取剂等。乙酸乙酯综合生产实训装置是石油化工企业酯类产品制备的重要装置之一，其工艺主要有四类：即国内常用的乙酸乙酯直接酯化法，欧美常用的乙醛缩合法、乙醇脱氢一步法以及乙烯加成法。本训练项目选用了国内应用最为广泛的直接酯化工艺。学生以不同的身份进入生产车间，熟悉并负责完成乙酸乙酯的生产操作、工艺管理等工作。

项目任务

项目任务见表 6-13。

表 6-13 项目任务表

序号	项目任务	总体要求
1	岗位初体验	学生以实习生身份进入乙酸乙酯生产车间，熟悉物料性质、反应原理、影响因素、工艺条件和典型设备，了解工艺流程等基本生产知识
2	酯化与中和反应操作	学生以操作人员身份进入乙酸乙酯生产车间，理解反应原理和工艺条件，掌握反应工段流程，熟知关键参数指标与控制方案，根据操作要点完成乙酸和乙醇的酯化反应操作
3	乙酸乙酯萃取精馏操作	学生以操作人员身份进入乙酸乙酯精馏工段，掌握萃取精制流程，熟知关键参数指标与控制方案，根据操作要点完成乙酸乙酯产品与原料、副产物的分离精制操作
4	乙二醇精馏操作	学生以操作人员身份进入乙二醇精馏回收工段，掌握乙二醇与乙醇分离回收操作流程，熟知关键参数指标与控制方案，根据操作要点完成萃取剂乙二醇的回收操作

任务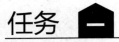
岗位初体验

一、工作任务要求

工作任务要求见表 6-14。

表 6-14 工作任务要求

任务情境	作为一名实习生，在接受三级安全教育的基础上，初次进入乙酸乙酯生产车间，在师傅的带领下学习物料性质、反应原理、典型设备、工艺流程等生产基本知识
教学模式	理实一体、任务驱动
教学场所与工具	仿真实训室；电脑及仿真软件
岗位角色	新到岗的实习生
工作任务与目标	① 接受本装置相关培训； ② 理解酯化法生产原理； ③ 了解主要设备和工艺流程； ④ 了解本装置关键参数指标

二、必备应知

1. 反应原理

酯化法是以乙醇和乙酸为原料，磷钼酸为催化剂，其反应原理如下：

$$CH_3COOH + C_2H_5OH \xrightleftharpoons{\text{磷钼酸}} CH_3COOC_2H_5 + H_2O$$

该反应是可逆反应，反应温和。生产中采取乙醇过量，乙醇、乙酸两者体积比为 2∶1，反应温度 80℃，可采用常压或减压操作。

2. 工艺流程

本装置由乙酸乙酯反应和产品分离两部分组成。反应工段以反应釜、中和釜双釜系统为主体，配套有原料罐、反应釜蒸馏柱、反应釜冷凝器、轻相罐、重相罐等设备；产品分离工段以萃取精馏（筛板塔）分离乙酸乙酯和萃取剂分离提纯（填料塔）为主体，配套有冷凝器、产品罐、残液罐等设备。

在反应釜中，乙醇和乙酸在75～80℃下全回流反应3h。之后在中和釜内将粗乙酸乙酯处理至中性，粗乙酸乙酯进入筛板精馏塔与萃取剂混合并进行萃取精馏分离，产品直接到产品罐中，粗酯中的水分、乙醇与萃取剂一起进入乙二醇回收塔，乙二醇回收后可循环使用。

三、任务实施

本工艺由原料预处理工段、反应工段、产品分离与精制工段构成，用到的设备有反应釜、筛板塔、填料塔等，请根据仿真软件中对工艺流程的描述，在表6-15中填写各设备的名称及其作用。

表6-15　乙酸乙酯生产主要设备名称及其作用

序号	设备位号	设备名称	设备作用
1	R101		
2	R102		
3	T102		
4	T103		

任务 二
酯化与中和反应操作

一、工作任务要求

工作任务要求见表6-16。

表6-16　工作任务要求

任务情境	学生以操作人员的身份进入乙酸乙酯生产车间。在掌握反应原理和操作条件的基础上，进一步理解反应工段流程；熟知关键参数指标与控制方案；根据操作要点完成乙酸乙酯的酯化反应和产物的中和反应操作
教学模式	理实一体、任务驱动
教学场所与工具	仿真实训室；电脑及仿真软件
岗位角色	操作人员
工作任务与目标	① 熟悉反应工段涉及的反应器、蒸馏柱、冷凝器等相关设备； ② 能够根据参数指标和控制方案进行温度、压力等参数的调节； ③ 能够建立回流并维持稳定； ④ 能够根据操作要点完成反应工段的开、停车及事故处理操作

6-2-3

二、必备应知

1. 熟悉典型设备

酯化和中和反应工段涉及的典型设备包括间歇釜、蒸馏柱、冷凝器等，请根据仿真软件完成各设备的进出料情况，补全物料名称及去向，完成流程图6-9（a）、（b）。

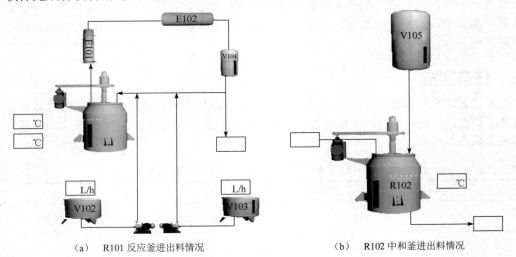

（a） R101反应釜进出料情况　　　　　（b） R102中和釜进出料情况

图6-9　各设备进出料情况

2. 识读工艺流程

原料乙酸和乙醇按比例分别加到乙酸原料罐（V102）、乙醇原料罐（V103）后，分别由乙酸原料泵（P102）、乙醇原料泵（P103）送入反应釜（R101）内，再加入催化剂，搅拌混合均匀后，加热进行液相酯化反应。从反应釜出来的气相物料，先经蒸馏柱（E101）粗分，再进入冷凝器（E102）管程与水换热冷凝，然后进入冷凝液罐（V104）。V104中的液体出料分为两路：一路回流至反应釜（R101）；一路直接进入中和釜（R102）内。反应一定时间后，当ZI101的显示为76℃时，关闭回流，停止R101加热，开R101夹套冷却水，将反应产物粗乙酸乙酯出料到中和釜（R102）。向中和釜（R102）内加入碱性中和液，将粗乙酸乙酯处理至中性后，并静置油水分层15min左右。然后用中和釜出料泵（P104）先把水相（重组分相）送入重相罐（V107），待视盅内基本无重组分时，再把油相（轻组分相）经中和釜出料泵（P104）输送到轻相罐（V106）。根据工艺流程描述，补全主物料管线，完成反应和中和工段的工艺流程图（图6-10）。

3. 主要控制目标与控制方案

控制目标：乙酸和乙醇的酯化反应在反应釜（R101）中进行，中和反应在中和釜（R102）中进行。通过控制原料反应温度、反应时间、转化率、回流量，达到低风险、低成本、高转化率的生产目标。具体控制方案如下：

第一阶段【反应釜操作】

① 液位控制。确保V101中冷却水的液位在30%～70%之间。将准备好的乙酸、乙醇溶液分别加入原料罐（V102、V103）中，到其容积2/3处。

② 加料控制。按乙醇、乙酸两者体积比为2∶1将原料加入反应釜（R101）内，乙酸达到5L，乙醇10L。注意：加料过程和反应过程中都要关注系统内压力变化，一旦超压应及时稍开冷凝液罐（V104）放空阀泄压，泄压完毕必及时关闭放空阀，以免系统内漏入空气。

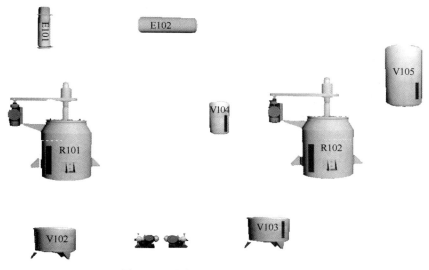

图 6-10　反应和中和工段工艺流程图

③ 温度控制。调节夹套加热功率，控制夹套温度在 115～125℃、反应釜内温度 75～82℃。注意：加热系统的开度过大，则反应釜的蒸发量过大，会引起系统压力上升过快。保持全回流反应 3h。取样分析确认反应是否完全，当 ZI101 的显示值达到 76.9%左右时，反应完全。最后开启反应釜冷却水进口阀门 VA084，将夹套内的导热油降温，使反应釜内物料快速降到室温。

第二阶段【中和釜操作】

① 液位控制。打开中和釜（R102）放空阀（VA024），打开 V104 出料阀（VA020、VA022）向中和釜加入反应物料，当 V104 的液位为 0 后，关闭 VA020 和 VA022，同时打开碱液罐（V105）出料阀（VA039），向中和釜内加入适量的饱和碳酸钠溶液，直到中和剂显示的量为 4L 时，关闭阀门 VA039。

② 加料控制。观察中和釜下视盅内的液位，出现明显分层时，启动中和釜出料泵（P104），将重相液打入重相罐（V107）。待视盅内轻重相的分界线刚好消失时，关闭重相进料阀（VA033），打开轻相进料阀（VA029），将轻相液打入轻相罐（V106），至视盅内无明显液位。

三、任务实施

本部分主要训练学生对乙酸乙酯反应和中和工段的操控能力，包含开车、停车和事故处理。请准备好工艺操作卡，在接到任务时填写基本信息；操作完成后，如实填写操作中存在的问题和建议。教师根据反馈情况，可组织集中研讨和答疑，以提高学生对反应工段的理解和操作质量。扫描二维码可获取更多生产操作指导。

情境 1　酯化与中和反应开车训练

本情境需要完成酯化与中和反应工段的开车操作。启动仿真软件冷态开车工况，完成酯化反应工段的开车操作。要求完成公用工程开车、向乙酸和乙醇原料罐加原料、R101 启动及建立液位、釜升温及建立回流、R102 启动及建立液位、釜中反应等操作。操作过程注意冷却水箱（V101）的液位保持在 50%左右，乙酸、乙醇原料罐液位保持在 50%，关注系统内压力变化，确认反应釜夹套内的导热油已加到规定液位，控制夹套温

模块六　精细化工生产工艺操作实训

度在 115～125℃、反应釜内温度 75～82℃，控制中和釜反应温度在 25℃左右，轻重组分分别打入对应罐中。认真填写工艺操作卡，成绩达到 80 分以上，建议操作用时 40min。

情境 2　酯化与中和反应停车训练

本情境需要完成酯化与中和反应工段的停车操作。认真填写工艺操作卡，成绩达到 90 分以上，建议操作用时 20min。

情境 3　酯化与中和反应工段事故处理

本情境主要训练酯化与中和反应工段事故的处理技术方案。酯化反应工段涉及的事故主要有反应釜压力过大、R101 上的冷凝柱温度过高、冷凝液温度偏高及 R101 物料温度过高等。要求根据界面上参数的变化情况，对比正常值，快速判断出事故类型、分析出事故发生原因并做出正确的处理操作。学生启动对应工况完成事故处理，要求成绩均在 90 分以上，建议每个事故用时 5min。

任务 三
乙酸乙酯萃取精馏操作

一、工作任务要求

工作任务要求见表 6-17。

表 6-17　工作任务要求

任务情境	学生以操作人员的身份进入乙酸乙酯生产车间。在熟知分离工段流程的基础上，明确关键参数指标与控制方案；根据操作要点完成萃取精馏操作
教学模式	理实一体、任务驱动
教学场所与工具	仿真实训室；电脑及仿真软件
岗位角色	操作人员
工作任务与目标	① 熟悉萃取精馏工段涉及的萃取塔等相关设备； ② 能够根据参数指标和控制方案进行萃取塔的温度、流量等参数调节； ③ 能够根据操作要点完成萃取精馏的开、停车操作

二、必备应知

1. 熟悉典型设备

通过萃取精馏可得到精乙酸乙酯，并用萃取剂带走粗酯中的水分和乙醇，请根据仿真软件，补全物料名称及去向，完成流程图（图 6-11）。

2. 识读工艺流程

乙酸乙酯的萃取精馏包括萃取回收和产品提纯精制。轻相罐（V106）内的粗乙酸乙酯由筛板塔进料泵（P106）打入筛板精馏塔（T102），与萃取剂混合并进行萃取精馏分离。粗酯中的水分、乙醇被萃取剂萃取，经塔釜进入筛板精馏塔残液罐（V111）。塔顶出来的精乙酸乙酯进入冷凝器（E103）管程与水换热冷凝后，到筛板塔冷凝罐（V109）。冷凝罐（V109）中的冷凝液一部分回流至筛板精馏塔（T102），另一部分作为成品到筛板塔产品罐（V110）。根据工艺流程描述，补全主物料的管线，完成萃取精馏的工艺流程图（图 6-12）。

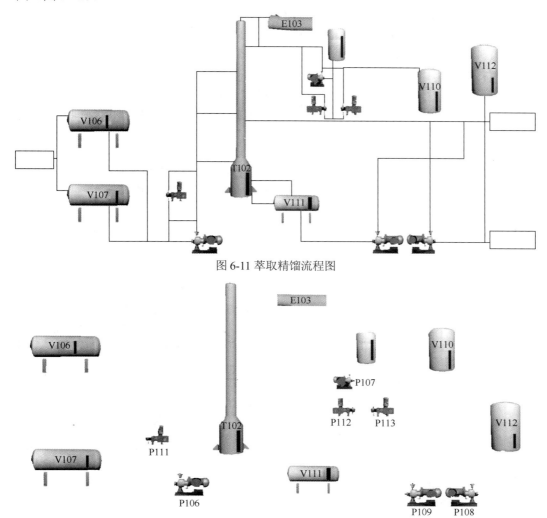

图 6-11 萃取精馏流程图

图 6-12 乙酸乙酯萃取精馏操作工段工艺流程图

3. 主要控制目标与控制方案

控制目标：乙酸乙酯萃取精馏操作是将中和反应后的粗酯产品通过萃取、精馏等手段，将中和反应中产生的水和未反应的乙醇分离，得到精乙酸乙酯。

筛板塔萃取精馏操作控制方案：

第一阶段【精馏准备】

① 液位控制。向萃取剂罐（V112）内加入乙二醇，至其液位的 2/3 处左右。向筛板塔（T101）进萃取剂，到筛板塔塔釜液位的 2/3 左右。打开筛板塔出料阀（VA053）至筛板塔残液灌有 1/3 左右液位时，停萃取剂泵（P108）。

② 温度控制。当筛板塔塔顶温度接近 60℃时，打开筛板塔冷凝器（E103）进冷却水阀（VA087）。当筛板塔（T101）塔釜缓慢升温到 90～110℃。注意观察各塔节和塔顶温度，当塔顶温度≥80℃，且稳定一段时间后可以准备投料。

模块六 精细化工生产工艺操作实训

第二阶段【连续精馏】

开启轻相罐（V106）出料阀，启动筛板塔进料泵（P106），打开筛板塔进料口阀门（VA044），开启筛板塔进料泵回流阀（VA037），调节进料流量。

当观察到筛板冷凝罐（V111）液位计指示为 1/3 时，启动筛板塔回流泵（P107），通过筛板塔回流阀（VA050）调节回流流量，控制塔顶温度。当产品符合要求时，可转入连续精馏操作，通过调节产品流量控制塔顶冷凝液槽液位。

当塔釜液位开始下降时，启动筛板塔进料泵（P106），将原料打入筛板塔内；当塔釜液位高于正常液位时，调节塔釜排残液阀（VA053）的开度，控制塔釜液位稳定。

第三阶段【精馏停车】

待塔顶温度明显上升时，停止回流操作。

将筛板塔加热功率变为 0，停止塔釜加热，等到塔内温度冷却至 60℃左右时，关闭筛板塔冷凝器进水阀（VA087）。残液全部排放到残液罐（V111）内。

三、任务实施

情境 1 萃取精馏开车训练

本情境需要完成萃取回收的开车操作。启动仿真软件冷态开车工况，完成（T102）开车操作。要求完成筛板塔 T102 的启动及建立筛板塔液位，筛板塔升温及建立回流，萃取剂罐加料，调节塔顶压力最后进行排液。操作过程注意筛板塔液位稳定在 60%，轻相进料流量控制在 6L/h，筛板塔（T102）塔釜温度控制在 90～110℃，塔顶温度控制在 75℃左右，塔顶压力维持在 2kPa（A）。认真填写工艺操作卡，成绩达到 80 分以上，建议操作用时 20min。

情境 2 萃取精馏停车训练

本情境需要完成萃取回收的停车操作。启动仿真软件正常停车工况，完成 T102 停车操作。要求完成停 T102 进料、停 T102 加热，并将塔内余料排出，关闭排液阀，最后停控制台、仪表盘电源。认真填写工艺操作卡，成绩在 85 分以上，建议用时 10min。

任务 四
乙二醇精馏操作

一、工作任务要求

工作任务要求见表 6-18。

表 6-18　工作任务要求

任务情境	学生以操作人员的身份进入乙酸乙酯生产车间。在熟知分离流程的基础上，明确关键参数指标与控制方案；根据操作要点完成萃取剂乙二醇的分离操作
教学模式	理实一体、任务驱动
教学场所与工具	仿真实训室；电脑及仿真软件
岗位角色	操作人员
工作任务与目标	① 熟悉乙二醇精馏工段涉及的萃取塔等相关设备； ② 能够根据参数指标和控制方案进行填料塔的温度、流量等参数调节； ③ 能够根据操作要点完成乙二醇精馏的开、停车操作

二、必备应知

1. 熟悉典型设备

乙二醇精馏操作主要是为了通过精馏分离萃取剂乙二醇和粗乙酸乙酯中的乙醇和水，请根据仿真软件完成各设备的进出料情况，完成流程图（图6-13）。

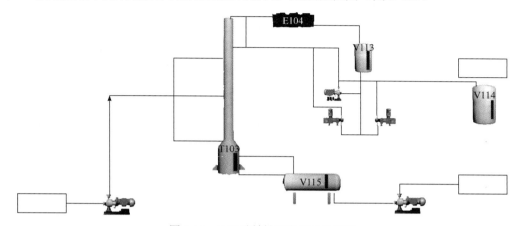

图6-13　乙二醇精馏工段进出料情况

2. 识读工艺流程

在乙酸乙酯萃取精馏工段中，粗酯中的水分、乙醇被萃取剂萃取，经塔釜进入筛板塔残液罐（V111）。在本工段，残液罐（V111）内的混合液体，经填料塔进料泵（P109）打入填料塔（T103）内进行精馏，回收萃取剂乙二醇和未反应的原料乙醇。塔顶出来的乙醇和水蒸气冷凝后到填料塔产品罐（V114）可收集补充原料乙醇或排放；从塔釜出来的残液萃取剂乙二醇到达填料塔残液罐（V115），由萃取剂泵（P108）将乙二醇送至筛板塔（T102）循环使用或排放。

根据工艺流程描述，补全主物料的管线，完成乙二醇精馏的工艺流程图（图6-14）。

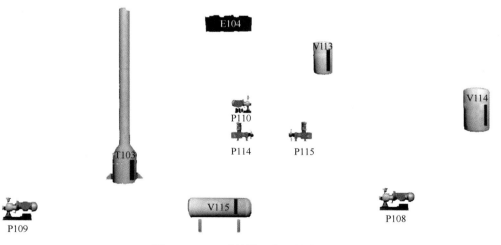

图6-14　乙二醇精馏工段工艺流程图

3. 主要控制目标与控制方案

控制目标：通过精馏，将萃取后的乙二醇、乙醇和水的混合物分离，萃取剂乙二醇回收循环使用，水和乙醇可收集循环使用或排放。

填料塔精馏操作控制方案：

第一阶段【精馏准备】

① 液位控制。当筛板塔残液罐（V111）液位达到 1/2 以上时，需用填料塔将残液进行精馏分离。启动泵 P109 向填料塔（T103）进料。

② 温度控制。当塔釜液位达到 2/3 左右时，打开填料塔加热开关，在 DCS 上手动控制加热功率约 20%，使填料塔塔釜缓慢升温到 120～150℃，塔顶温度为 80～100℃。

当填料塔顶温度接近 60℃时，打开填料塔冷凝器进水阀（VA088），调节此阀门的开度，控制冷凝液温度。

第二阶段【连续精馏】

当填料塔冷凝罐（V113）有 1/3 左右液位时，建立回流，控制塔顶温度。当产品符合要求时，转入连续精馏操作，通过调节产品流量控制塔顶冷凝液槽液位。

第三阶段【精馏停车】

当塔顶温度明显上升时，关闭填料塔，停止回流操作。将填料塔加热功率变为 0，停止塔釜加热，等到填料塔冷却至 60℃左右时，停填料塔冷凝器（E104）进冷却水阀（VA088）。将回收的乙二醇排入填料塔残液罐（V114）。

三、任务实施

情境 1　萃取精馏开车训练

本情境需要完成萃取回收的开车操作。启动仿真软件冷态开车工况，完成 T103 开车操作。要求完成填料塔（T103）的启动及建立填料塔液位、填料塔升温及建立回流，调节塔顶压力最后进行排液。操作过程注意填料塔液位稳定在 50%，填料塔（T103）塔釜温度控制在 120～150℃，塔顶温度控制在 80～100℃，塔顶压力维持在 2kPa(A)。认真填写工艺操作卡，成绩达到 80 分以上，建议操作用时 20min。

情境 2　萃取精馏停车训练

本情境需要完成萃取回收的停车操作。启动仿真软件正常关断工况，完成 T103 停车操作。要求完成停 T103 进料、停 T103 加热，并将塔内余料排出，关闭排液阀，最后停控制台、仪表盘电源，将调速器调为"0"。认真填写工艺操作卡，成绩在 85 分以上，建议用时 10min。

 小研讨

2022 年北京冬奥会，火炬"飞扬"犹如丝带飘扬的外形不仅夺人眼球，还蕴含着不少"黑科技"。外壳耐火抗高温，可抗 10 级大风和暴雨，还能在极寒天气中使用，安全可靠性极高。请学习火炬研发小分队勇于攻坚克难的精神，并用于指导个人的学习和工作。

项目二　乙酸乙酯生产工艺操作实训

项目思考与问答

1.（简答）本工艺中乙酸乙酯的合成采用了什么方法？写出其反应方程式。

2.（单选）本工艺反应釜釜内温度为（　　　）。

A. 80℃　　　　　　　　　　　　　B. 120℃

C. 25℃　　　　　　　　　　　　　D. 100℃

3.（简答）在中和反应釜中加入饱和碳酸钠的目的及意义是什么？能否用饱和氢氧化钠替代饱和碳酸钠溶液？

4.（简答）请启动仿真软件，观察事故发生后的现象，分析原因并采取正确的处理方法。试将下表补充完整。

序号	事故名称	现象	原因	处理方法
1	物料反应器（R101）温度过高	TI101 温度过高，夹套油温度 TIC103 过高		
2	反应釜冷凝液温度偏高，R101 物料温度过高	TI101，TI104 温度超高		
3	反应釜压力过大	PI103 的压力超过常压		
4	筛板塔塔压过大	PI108 压力超高		

6-2-11

项目操作结果评价

项目操作结果评价见表 6-19。

表 6-19 乙酸乙酯生产工艺操作实训-项目综合评价表

姓名		学号		班级	
组别		组长		成员	
项目名称					

维度	评价内容	自评	互评	师评	得分
知识	乙酸乙酯的性质、用途（5分）				
	乙酸乙酯的生产反应原理、工艺条件和典型设备（5分）				
	乙酸乙酯的工艺流程和操作要点（10分）				
能力	根据操作规程，配合班组指令，进行乙酸乙酯生产工艺的开车操作（20分）				
	根据操作规程，配合班组指令，进行乙酸乙酯生产工艺的停车操作（10分）				
	根据控制方案和调控要点，正确处理参数波动，维持乙酸乙酯生产稳态运行（10分）				
	根据生产中的异常事故，能够及时、正确地判断事故类型，并妥善处理（10分）				
素质	在工作中具备较强的表达能力和沟通能力（5分）				
	遵守操作规程，具备严谨的工作态度（5分）				
	面对事故时，具备沉着冷静的心理素质和敏锐的观察判断能力（10分）				
	在完成班组任务过程中，强化安全生产、清洁生产和经济生产意识（5分）				
	主动思考生产中的技术难点，探索提高转化率、收率、安全性等的方案，优化生产过程，具备一定的创新能力（5分）				
我对任务完成情况的评价和反思					

附表 1　工艺操作卡

作业项目名称		作业内容		
操作日期	指令发布人	指令接受人	指令发布时间	指令完成时间

本次生产操作内容：

本次操作存在的问题和建议：

附表 2　研讨记录表

时间		地点	
主持人		参与人员	
研讨主题			
本人交流内容			
同伴交流摘要			
本次研讨感悟			

参 考 文 献

[1] 杨百梅, 刁香, 赵世霞. 化工仿真——实训与指导. 3 版. 北京: 化学工业出版社, 2019.
[2] 吴重光. 化工仿真实习指南. 3 版. 北京: 化学工业出版社, 2012.
[3] 陈群. 化工仿真操作实训. 3 版. 北京: 化学工业出版社, 2014.
[4] 靳海波. 石油化工仿真装置实践教程. 北京: 化学工业出版社, 2017.
[5] 徐仿海, 李恺翔, 朱玉高. 化工工艺仿真实训. 北京: 化学工业出版社, 2015.
[6] 叶向群, 单岩. 化工原理实验及虚拟仿真. 北京: 化学工业出版社, 2017.
[7] 徐宏. 化工生产仿真实训. 2 版. 北京: 化学工业出版社, 2014.
[8] 何灏彦, 刘绚艳, 禹练英. 化工单元操作. 3 版. 北京: 化学工业出版社, 2020.
[9] 北京东方仿真软件技术有限公司. 仿真软件操作手册, 2019.